Animate 2022 中文版
入门与提高实例教程

胡仁喜　杨雪静 编著

机械工业出版社

本书介绍网页动画创作软件——Animate 2022 的基本使用方法与技巧。全书用丰富的实例，大量的图示，详细地介绍了 Animate 2022 的基本功能与技巧。本书从快速入门、技能提高和实战演练 3 个方面介绍了动画制作的完整过程。编者从概念入手，引导读者快速入门，达到灵活应用的目的。本书内容包括 Animate 2022 的特点与功能，操作环境的基础知识，基本图形与文本的操作，图层、帧、元件、实例和库的使用方法，基础动画、交互动画的制作与创建多媒体动画的方法以及如何将制作好的作品导出与发布，最后提供了 6 个当今很流行、也很经典的综合实例的制作方法。

本书内容翔实，提供了编者多年的网页制作经验，既适合初级用户入门学习，也适合中、高级用户作为参考。

图书在版编目（CIP）数据

Animate 2022中文版入门与提高实例教程 ／ 胡仁喜，杨雪静编著.
—北京：机械工业出版社，2023.5
ISBN 978-7-111-72890-0

Ⅰ．①A… Ⅱ．①胡… ②杨… Ⅲ．①动画制作软件—教材
Ⅳ．①TP391.414

中国国家版本馆 CIP 数据核字(2023)第 051228 号

机械工业出版社（北京市百万庄大街 22 号　邮政编码 100037）
策划编辑：曲彩云　　　责任编辑：王　珑
责任校对：刘秀华　　　责任印制：任维东
北京中兴印刷有限公司印刷
2023 年 4 月第 1 版第 1 次印刷
184mm×260mm・20.75 印张・512 千字
标准书号：ISBN 978-7-111-72890-0
定价：79.00 元

电话服务　　　　　　　　　网络服务
客服电话：010-88361066　　机 工 官 网：www.cmpbook.com
　　　　　010-88379833　　机 工 官 博：weibo.com/cmp1952
　　　　　010-68326294　　金 书 网：www.golden-book.com
封底无防伪标均为盗版　　机工教育服务网：www.cmpedu.com

前　言

Animate 2022 是著名影像处理软件公司 Adobe 最新推出的网页动画制作工具，其前身是 Flash Professional CC。Animate 2022 不仅继续支持创作 Flash 内容，而且已转型为制作 HTML5、SVG 和 WebGL 等更安全的视频和动画的全功能型动画工具。

本书是一本全面介绍使用 Animate 2022 制作动画的书籍，从快速入门、技能提高和实战演练 3 个方面介绍了动画制作的完整过程。

全书共分为 3 篇 19 章。第 1 篇 1~7 章是 Animate 2022 的入门训练，分别介绍了 Animate 20122 的有关概念和基本的操作方法。内容包括 Animate 2022 的特点与功能、基本操作环境等基础知识与基本图形绘制、使用颜色与填充、使用图层与帧。使用元件、实例和库等动画制作中常用到的基本操作技巧。第 2 篇 8~13 章是 Animate 2022 的技巧提高部分，第 8 章介绍了 Animate 2022 的滤镜和混合模式；第 9 章详细介绍了 Animate 基础动画的创作过程；第 10、11 章主要介绍交互动画的制作以及 Animate 自带的脚本语言的相关知识；第 12 章介绍了如何创建多媒体动画，如何通过在动画中添加声音、视频以及组件美化和修饰创作的作品，使得创作的作品更生动、更活泼；第 13 章介绍了如何将制作好的作品发布与导出；第 3 篇 14~19 章提供了 6 个当今很流行也很经典的综合实例，带领读者一起创作动画作品。

本书力求内容丰富、结构清晰、实例典型、讲解详尽、富于启发性；在风格上力求文字精炼、脉络清晰。另外，各章包括了大量的"注意"与"技巧"，它们能够提醒读者注意可能出现的问题、容易犯下的错误以及如何避免，还提供了操作上的一些捷径，使读者在学习时能够事半功倍，技高一筹。在有些章的末尾，还精心设计了"动手练一练"，读者可以通过这些操作熟悉、掌握本章的操作技巧和方法。

本书面向初中级用户、各类网页设计人员，也可作为大专院校相关专业师生或社会培训班的教材。

对于初次接触 Animate 的读者，本书是一本很好的启蒙教材和实用的工具书。通过书中一个个生动的实际范例，读者可以一步一步地了解 Animate 2022 的各项功能，学会使用 Animate 2022 的各种创作工具，掌握 Animate2022 的创作技巧。对于已经使用过 Animate 早期版本的网页创作高手来说，本书将为他们尽快掌握 Animate2022 的各项新功能助一臂之力。

为了配合各学校师生利用此书进行教学的需要，随书配送的电子资料包中包含所有实例的素材源文件，并制作了全程实例动画 AVI 文件，总时长达 200 多分钟。内容丰富，是读者配合本书学习提高的最方便的帮手。读者可以登录百度网盘地址：https://pan.baidu. com/s/ 11LHToIclonvYr2YlzDyVBA 或者扫描下面二维码下载本书电子资料，密码：swsw（读者如果没有百度网盘，需要先注册一个才能下载）。

　　读者可以登录三维书屋图书学习交流群 QQ：512809405，编者随时在线提供学习指导以及诸如软件下载、软件安装、授课 PPT 下载等一系列的后续服务，让读者无障碍地快速学习本书。

　　本书由河北交通职业技术学院的胡仁喜博士和石家庄三维书屋文化传播有限公司的杨雪静编写。其中胡仁喜执笔编写了第 1~12 章，杨雪静执笔编写了第 13~19 章。本书的编写和出版得到了很多朋友的大力支持，值此图书出版发行之际，向他们表示衷心的感谢。同时，也深深感谢支持和关心本书出版的所有朋友。

　　书中主要内容来自于编者几年来使用 Animate 的经验总结。虽然笔者几易其稿，但由于水平有限，书中纰漏与不足在所难免，恳请广大读者联系 714491436@qq.com 提出宝贵的批评意见。

编　者

目　录

第 1 章　Animate 2022 概述

本章将向读者介绍 Animate 的基本情况，内容包括 Animate 的发展历史、软件特色、文件类型、Animate 2022 的新增功能与新特性，以及 Animate 的应用范围等知识。

- ◉ Animate 软件的特色
- ◉ Animate 的文件格式
- ◉ Animate 2022 的新增功能与新特性
- ◉ Animate 的应用

1.1　Animate 的特色

Animate 的前身是 Adobe Flash Professional CC，是知名图形设计软件公司 Adobe 推出的一款制作网络交互动画的优秀工具，支持动画、声音以及交互，具有强大的多媒体编辑功能，可以直接生成主页代码。

Animate 更名后，在维持原有 Flash 开发工具及继续支持 Flash SWF、AIR 格式的同时，还新增了 HTML 5 创作工具，支持 HTML5 Canvas、WebGL，并能通过可扩展架构支持包括 SVG 在内的几乎任何动画格式，为网页开发者提供更适应现有网页应用的音频、图片、视频、动画等创作支持。同时，Adobe 还推出了适用于桌面浏览器的 HTML 5 播放器插件，作为现有移动端 HTML 5 视频播放器的延续。

Animate 使用矢量图形和流式播放技术。基于矢量图形的 Animate 动画在尺寸上可以随意调整缩放，且不影响图形文件的质量；流式技术允许用户在动画文件全部下载完之前播放已下载的部分，而在播放中下载剩余的动画。Animate 提供的透明技术和物体变形技术使创建复杂的动画更容易，给 Web 动画设计者的丰富想象提供了实现手段；交互设计可以让用户随心所欲控制动画，赋予用户更多主动权；优化界面设计和强大的工具使 Animate 更简单实用。同时，Animate 还具有导出独立运行程序的能力，其优化下载的配置功能更令人为之赞叹。

值得强调的是，最新推出的 Animate 2022 允许开发者将新旧 Flash 作品直接转换成 HTML5 Canvas 格式并优化输出，这就使得那些支持 HTML5 格式的浏览器可以在不安装 Flash 插件的前提下直接播放 Flash 动画。目前，各大顶级浏览器都增加了对 HTML5 Canvas 格式的支持，可以说，纳入了 HTML5 Canvas 和 WebGL 支持的 Aniamte 为制作适合新的 Web 标准的 Web 动画开辟了新的道路。

1.2　Animate 2022 的新功能

在之前较早版本的基础上，Animate 2022 在众多功能上都有了有效的改进，本节将介绍 Animate 2022 一些较为重要的新功能。

1. 引入图层深度

使用新增的"图层深度"面板，可以在 Z 深度级别排列图层。通过在不同的平面中放置资源，可以在动画中创建深度感；修改图层深度并创建补间，可以在特定平面上放大指定内容。

2. 新增操作代码向导

在"动作"面板中新增了操作代码向导，使用该向导，不需编码，就可为 HTML5 Canvas 事件添加基本操作。

3. 增强的时间轴

Animate 2022 的时间轴新增了多项使其更易于使用的增强功能。时间标尺上显示时间，便于查看时间和帧；可轻松地延长或缩短选定帧跨度的时间、将空白跨度转换为时间；

利用帧频调整帧跨度；使用"时间划动工具"可以在舞台上平移动画。

4．增强缓动预设

Animate 2022 使用增强的缓动预设定义传统补间和形状补间的速度，可以为所有补间创建属性级缓动预设，管理动画的速度。

5．引入资源面板

Animate 2022 引入了资源面板，用于跨文档存储、管理和重复利用现成的资源。在库面板中使用上下文菜单，可以将任何图像或元件导出为资源。

6．增加"自动插入关键帧"

在 Animate 中，可以自动插入关键帧或空白关键帧。在编辑舞台或属性面板时，使用"自动关键帧"选项可向选定帧添加"关键帧"或"空白关键帧"。随即会在现有帧范围之外显示蓝点，以指示自动插入关键帧的帧编号。

7．增强"图层父子关系"

从 Animate 2022 开始，"图层父子关系"功能有所增强，除了父对象的位置和旋转属性外，还可以传播缩放、倾斜和翻转属性。默认情况下，系统会传播所有属性，但可以通过"时间轴"面板中的长按显示"显示父子视图"按钮，在"调整"面板中关闭或打开"缩放"、"倾斜"和"翻转"传播，如下所示。

总地来说，Animate 2022 的改进还是令人兴奋的，它在动画制作功能上的改进，使得动画行业可以节省成本，提高制作效率。

1.3　Animate 的应用

Animate 软件主要用于动画制作，使用该软件可以制作网页交互动画，还可以将一个较大的交互式动画作为一个完整的网页输出。

用 Animate 软件制作的动画可编辑文件格式是.fla。在浏览器中预览.fla 格式的动画时，.fla 格式的动画会自动打包，生成.swf 格式的动画文件并保存到.fla 文件同一目录下。.swf 文件可以直接通过 Animate 自身播放器播放，还可以直接用于 Dreamweaver 网页制作软件，当用户浏览网页时，可轻松地观看动画。

Animate 还被广泛用于多媒体领域，如交互式软件开发、产品展示等。随着 Animate 的广泛使用，出现了许多完全使用 Animate 制作的多媒体作品。由于 Animate 动画支持交互、数据量小等特性，并且不需要媒体播放器之类的软件支持，因此制作的作品取得了很好的效果，应用范围不断扩大。

1.4　思考题

1．什么是 Animate？Animate 软件的特色有哪些？

2．与之前版本相比，Animate 2022 增加了哪些新功能？

3．Animate 软件可应用在哪些方面？

第 2 章 Animate 2022 基础

本章将向读者介绍 Animate 2022 的操作界面以及如何对 Animate 2022 的工作环境进行设置。内容包括：菜单栏、工具栏、绘图工具箱、浮动面板等功能区菜单或按钮的功用介绍，以及时间轴、工具栏、工具面板、首选参数、快捷键、动画属性和工作区网格等工作环境的设置。

- ◎ 熟悉 Animate 2022 的工作环境
- ◎ 掌握 Animate 2022 环境设置的操作方法

2.1 工作环境

启动 Animate 2022 后，执行"文件"|"新建"命令，在弹出的"新建文档"对话框中选择"HTML5 Canvas"或"ActionScript 3.0"，然后单击"创建"按钮，即可进入 Animate 2022 中文版的工作界面，如图 2-1 所示。

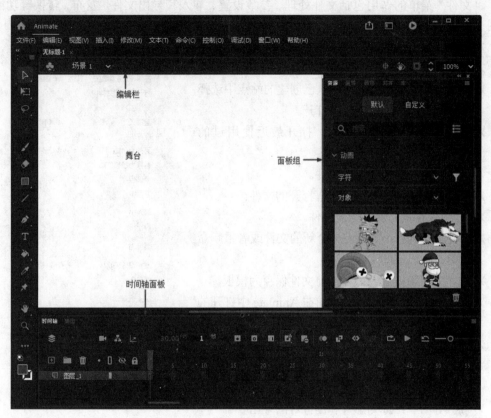

图 2-1 Animate 2022 中文版工作界面

2.1.1 标题栏

标题栏位于整个工作界面的最上方。菜单栏与标题栏合在一起，使得界面整体感觉很人性化，而且扩展了工作区域。

在 Animate 2022 中，工作区预设有 8 种外观模式（传统、动画、基本、基本功能、小屏幕、开发人员、设计人员、调试），方便不同用户群的喜好选择。单击标题栏右上角的"工作区"按钮，可以快速更换工作区外观模式。

2.1.2 菜单栏

标题栏的下方是菜单栏，如图 2-2 所示。菜单是应用程序中最基本、最重要的部件之一，除了某些特殊要求需要鼠标操作之外，绝大部分的功能都可以使用菜单实现。因此，只要熟练掌握每个菜单及其子菜单的使用规则与大致功能，学会 Animate 2022 也就成功了一大半！

图 2-2 菜单栏

1．"文件"菜单

"文件"菜单的作用包括文件处理、参数设置、导入和导出文件、发布、转换等功能，如图 2-3 所示。下面对各个选项逐一进行介绍：

- ➤ "新建"：创建一个新的 Animate 文档。
- ➤ "打开"：打开一个已有的 Animate 项目。
- ➤ "在 Bridge 中浏览"：从已创建的站点中选择一个 Animate 文件，并打开。
- ➤ "打开最近的文件"：打开最近使用过的 Animate 文件。
- ➤ "关闭"：关闭当前文件。
- ➤ "全部关闭"：关闭所有打开的文件。
- ➤ "保存"：保存当前文件。
- ➤ "另存为"：可命名一个新的文件或者重新命名一个已有的文件。
- ➤ "另存为模板"：将当前文件保存为模板。
- ➤ "全部保存"：保存当前在 Animate 中打开的所有文件。
- ➤ "还原"：还原到上次保存过的文件。

图 2-3 "文件"菜单

- ➤ "导入"：导入声音、位图、QuickTime 视频和其他文件。
- ➤ "导出"：分为影片和图像等的导出。
  - ✓ 导出影片：将当前 Animate 项目导出为 SWF 影片、JPEG 序列、GIF 序列或 PNG 序列。
  - ✓ 导出图像：打开"导出图像"对话框，对图像格式和属性可进行优化设置并导出。
  - ✓ 导出视频：将当前文件的全部或部分导出为 MOV 视频。
  - ✓ 导出动画 GIF：将当前文件导出为具有动画效果的 GIF 图像。
- ➤ "转换为"：将现有的 FLA 项目直接转换成 HTML5 Canvas 或 WebGL 文档，并指定转换后的文件保存路径。
- ➤ "发布设置"：调整设置以便将动画项目发布为 HTML、SVG 或其他格式。
- ➤ "发布"：发布动画作品。
- ➤ "AIR 设置"：配置 AIR 程序文件。在 AIR 程序配置完成后，软件会自动启动 Adobe CONNECTNOW 程序，把注册地址发送给对方。
- ➤ "ActionScript 设置"：设置 ActionScript 高级选项，如文档类路径、库路径和配置常数等。
- ➤ "退出"：关闭程序。

注意：

用"保存"和"另存为"保存的.fla文件只是用户作品的源文件，而用"导出影片"输出的.swf文件才是最后的影片。最后作品也可用"发布"输出，不过要首先设置"发布设置"。

2. "编辑"菜单

"编辑"菜单中的选项可帮助用户处理文件，如图2-4所示。该菜单包括以下几项：
- ➤ "撤消"：撤消上一次操作。

提示：通过"首选参数"中的"编辑首选参数"命令可以在打开的"首选参数"对话框中重新设定文档层级或对象层级允许的最多撤消步骤数，如图2-5所示。

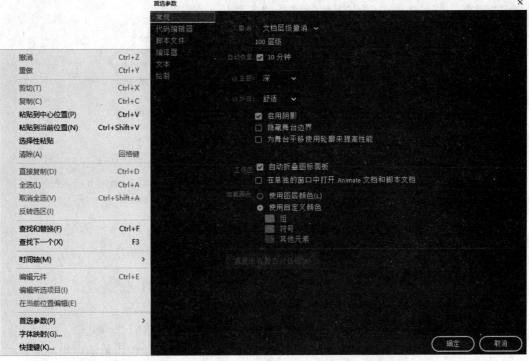

撤消	Ctrl+Z
重做	Ctrl+Y
剪切(T)	Ctrl+X
复制(C)	Ctrl+C
粘贴到中心位置(P)	Ctrl+V
粘贴到当前位置(N)	Ctrl+Shift+V
选择性粘贴	
清除(A)	回格键
直接复制(D)	Ctrl+D
全选(L)	Ctrl+A
取消全选(V)	Ctrl+Shift+A
反转选区(I)	
查找和替换(F)	Ctrl+F
查找下一个(X)	F3
时间轴(M)	>
编辑元件	Ctrl+E
编辑所选项目(I)	
在当前位置编辑(E)	
首选参数(P)	>
字体映射(G)...	
快捷键(K)...	

图2-4 "编辑"菜单　　　　　　　　图2-5 "首选参数"对话框

- ➤ "重做"：恢复刚刚撤消的操作。
- ➤ "剪切"：剪切所选的内容并将它放入剪贴板。
- ➤ "复制"：复制所选的内容并将它放入剪贴板。
- ➤ "粘贴到中心位置"：将当前剪贴板中的内容粘贴到舞台中心位置。
- ➤ "粘贴到当前位置"：将剪贴板中的内容粘贴到当前复制或剪切的位置。
- ➤ "选择性粘贴"：设置将剪贴板中的内容插入文档中的方式。
- ➤ "清除"：删除舞台上所选的内容。
- ➤ "直接复制"：创建舞台中所选内容的副本。

➢ "全选"：选择舞台中的所有内容。

➢ "取消全选"：取消对舞台中所选内容的选择。

➢ "反转选区"：反向选择当前在舞台上选中的对象或形状。

➢ "查找和替换"：对文档中的文本、图形、颜色等对象进行查找和替换操作。

➢ "查找下一个"：查找相关的下一个对象。

➢ "时间轴"：对帧进行复制，剪切，删除，移动等操作。

➢ "编辑元件"：切换到元件编辑模式，以便编辑元件的舞台和时间轴。

➢ "编辑所选项目"：将所选的元件放入元件编辑模式。

➢ "在当前位置编辑"：在当前位置对所选内容进行编辑。

➢ "首选参数"：对操作的环境进行参数选择。

➢ "字体映射"：对字体进行映射操作。

➢ "快捷键"：设置常用的快捷键。

3."视图"菜单

"视图"菜单中的选项用于控制屏幕的各种显示效果，它可控制文件的外观。如图2-6所示，它包括显示比例、显示轮廓及使用辅助工具作图时的"捕捉（Snap）"功能，这些都是为了设计制作的方便，不用担心其会对作品有什么不良影响。

图2-6 "视图"菜单

➢ "转到"：选择该选项，将弹出一个可导航到影片中的任意场景的子菜单。

➢ "放大"：将舞台进行放大。

➢ "缩小"：将舞台进行缩小。

➢ "缩放比率"：对舞台进行相应比率缩放。

➢ "预览模式"：包括以下几项：

✓ "整个"：使舞台和工作区域中的所有对象可见。

✓ "轮廓"：将所有的舞台对象转化为无填充的轮廓以便快速重绘。

✓ "高速显示"：关闭消除锯齿功能以便快速重绘对象。

✓ "消除锯齿"：对除了文本以外的所有对象的边缘进行平滑处理。

✓ "消除文字锯齿"：为包括文本在内的全部舞台对象使用消除锯齿功能。

➢ "标尺"：显示或隐藏水平和垂直标尺。

➢ "网格"：显示或隐藏网格。

➢ "辅助线"：显示、锁定或编辑辅助线。

➢ "贴紧"：将各个元素彼此自动对齐。包括以下几个选项：

✓ "贴紧对齐"：按照指定的贴紧方式对齐容差、对象与其他对象之间或对象与舞台边缘之间的预设边界对齐对象。

✓ "贴紧至网格"：使用网格精确定位或对齐文档中的对象。

✓ "贴紧至辅助线"：使用辅助线精确定位或对齐文档中的对象。

✓ "贴紧至像素"：在舞台上将对象直接与单独的像素贴紧。

- ✓ "贴紧至对象"：将对象沿着其他对象的边缘直接与它们贴紧。
- ✓ "将位图贴紧至像素"：将舞台上的位图直接与像素贴紧。
- ✓ "编辑贴紧方式"：编辑以上各种贴紧方式的参数。
- ➤ "隐藏边缘"：显示或隐藏项目边缘。
- ➤ "显示形状提示"：显示对象上的形状提示。
- ➤ "显示 Tab 键顺序"：显示或隐藏各对象的 Tab 键顺序。
- ➤ "屏幕模式"：切换屏幕布局方式。

4. "插入"菜单

"插入"菜单主要用来创建元件、图层、关键帧和舞台场景等内容，如图 2-7 所示。

- ➤ "新建元件"：创建一个新的空白元件。
- ➤ "创建传统补间"：一种作用于关键帧的补间动画形式。传统补间与补间动画类似，但在某种程度上，其创建过程更为复杂，也不那么灵活。不过，传统补间所具有的某些类型的动画控制功能是补间动画所不具备的。

图 2-7 "插入"菜单

- ➤ "创建补间动画"：基于对象的动画形式。与传统补间动画相比，功能强大且易于创建。

这种动画形式可对补间的动画进行最大限度地控制。补间动画提供了更多的补间控制，而传统补间仅提供了一些用户可能希望使用的某些特定功能。

- ➤ "创建补间形状"：创建从一个关键帧到下一个关键帧的外形渐变动画。
- ➤ "时间轴"：包含对图层和帧的一些操作。包括以下几项：
  - ✓ "图层"：在时间轴的当前层之上创建一个新的空白层。
  - ✓ "图层文件夹"：在所选图层之上创建一个图层文件夹。
  - ✓ "帧"：在所选帧的右边创建一个新的空白帧。
  - ✓ "关键帧"：将时间轴上所选的帧转换为关键帧，它包含与该层中的最后一个关键帧相同的内容。
  - ✓ "空白关键帧"：将时间轴上的所选帧转换为空白关键帧。
- ➤ "场景"：在文件中插入新的舞台场景。

5. "修改"菜单

使用"修改"菜单可以设置对象的各种属性，如图 2-8 所示。该菜单包括以下几项：

图 2-8 "修改"菜单

- ➤ "文档"：打开"文档设置"对话框，在其中配置所选文档的属性。
- ➤ "转换为元件"：将选择的对象转换为元件。
- ➤ "转换为位图"：将矢量图形转换为位图。
- ➤ "分离"：将选择的对象打散。
- ➤ "位图"：将所选的位图转换为一个矢量图，或交换位图。

> ➤ "元件"：对元件进行复制或交换操作。
> ➤ "形状"：对元件的形状进行修改。
> ➤ "合并对象"：对选中的多个对象进行联合、交集、打孔、裁切或封套操作。
> ➤ "时间轴"：对时间轴上的层属性和帧属性进行设置。
> ➤ "变形"：用于改变、编辑和修整所选对象或形状。
> ➤ "排列"：用于改变对象的叠放顺序或者锁定和解锁对象。
> ➤ "对齐"：对齐选中的多个对象。
> ➤ "组合"：将所选的对象进行组合，形成一个整体。
> ➤ "取消组合"：取消对所选对象的组合。

6."文本"菜单

文本菜单的内容主要包括"字体""大小""样式""对齐"等，这些都是读者早已熟悉的操作，这里不做介绍。

> ➤ "字母间距"：在字符之间插入统一数量的空格调整选定字符或整个文本块的间距。
> ➤ "可滚动"：将动态文本和输入文本设置为可滚动模式。
> ➤ "字体嵌入"：在动画文件中嵌入字体，以确保发布的 SWF 文件在任何位置实现一致的文本外观。

7."命令"菜单

"命令"菜单包括"管理保存的命令""获取更多命令""运行命令"等内容，如图 2-9 所示。

> ➤ "管理保存的命令"：显示已经保存过的所有命令。
> ➤ "获取更多命令"：通过 Internet 连接到相关网站下载更多的命令。
> ➤ "运行命令"：执行一个已经保存的命令。
> ➤ "复制 ActionScript 的字体名称"：执行该命令，可以获取 ActoinScript 使用的字体名称。
> ➤ "将动画复制为 XML"：将定义时间轴中某个补间动画的属性复制为 ActionScript 3.0 ，并将该动画应用于其他元件。
> ➤ "导出动画 XML"：导出被转换为 XML 文件的时间轴动画。
> ➤ "导入动画 XML"：导入被转换为 XML 文件的时间轴动画。

管理保存的命令(M)...
获取更多命令(G)...
运行命令(R)...

复制 ActionScript 的字体名称
将动画复制为 XML
导出动画 XML
导入动画 XML

图 2-9 "命令"菜单

8."控制"菜单

"控制"菜单可用来控制对影片的操作，如图 2-10 所示。该菜单包括以下几项：

> ➤ "播放"：从时间轴的当前位置开始放映。
> ➤ "后退"：将时间轴退回到当前舞台的第一帧。
> ➤ "转到结尾"：跳转到当前时间轴的最后一帧。
> ➤ "前进一帧"：将时间轴从当前位置向前移动一帧。

- ➢ "后退一帧"：将时间轴从当前位置向后退回一帧。
- ➢ "向前步进至下一个关键帧"：播放头移至当前帧的下一个关键帧。
- ➢ "向后步进至上一个关键帧"：播放头移至当前帧的上一个关键帧。
- ➢ "测试"：在 Animate 编辑环境中打开一个播放窗口测试影片。
- ➢ "测试影片"：在指定的平台上测试导出的 SWF 文件。
- ➢ "测试场景"：使用"发布设置"对话框中的设置将当前所选内容发布为 SWF 文件，在一个新窗口中打开，并立即开始播放。
- ➢ "清除发布缓存"：编辑 FLA 文件时删除发布缓存文件并继续进行编辑。
- ➢ "清除发布缓存并测试影片"：编辑 FLA 文件时删除发布缓存文件并测试影片。
- ➢ "时间轴"：控制时间轴的中心位置和绘图纸外观。
- ➢ "循环播放"：到达最后一帧后重新放映时间轴。
- ➢ "播放所有场景"：放映项目中的所有场景。若关闭此功能，则放映将在当前场景的最后一帧停止。
- ➢ "启用简单按钮"：启用编辑环境中的按钮，以反映它们在响应鼠标指针时的弹起、指针经过、按下和单击状态，并执行一些按钮动作。
- ➢ "静音"：关闭所有的声音。

图 2-10 "控制"菜单

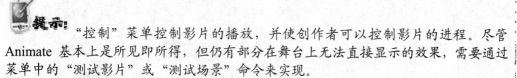

提示： "控制"菜单控制影片的播放，并使创作者可以控制影片的进程。尽管 Animate 基本上是所见即所得，但仍有部分在舞台上无法直接显示的效果，需要通过菜单中的"测试影片"或"测试场景"命令来实现。

9. "调试"菜单

"调试"菜单可用来对影片代码进行测试和调试，如图 2-11 所示。

- ➢ "调试"：从 FLA 文件或 ActionScript 3.0 AS 文件开始调试 ActionScript 3.0。
- ➢ "调试影片"：选择调试环境。所有调试会话都将在选择的环境中发生。
- ➢ "继续"：当 ActionScript 执行在断点处中断或由于运行时错误而中断后，恢复正常代码执行。
- ➢ "结束调试会话"：退出调试模式。
- ➢ "跳入"：逐行对代码进行单步调试。
- ➢ "跳过"：跳过函数调用。
- ➢ "跳出"：跳出函数调用。

> ➢ "切换断点":切换到其他断点。
> ➢ "删除所有断点":删除所有断点。
> ➢ "开始远程调试会话":打开 ActionScript 3.0 调试器,连接调试版 Flash Player,调

试远程 ActionScript 3.0 SWF 文件。

10. "窗口"菜单

通过"窗口"菜单可获得 Animate 中的各种工具栏和浮动面板,使它们显示在用户的工作界面上。如图 2-12 所示,"窗口"菜单常用选项包括:

> ➢ "直接复制窗口":打开一个新窗口显示当前文档。
> ➢ "编辑栏":显示或隐藏工作区上方的编辑栏。
> ➢ "时间轴":显示或隐藏时间轴线。
> ➢ "工具":显示或隐藏绘图工具箱。
> ➢ "属性":显示或隐藏属性设置面板。
> ➢ "库":打开或关闭库窗口以处理影片中可重复使用的对象。
> ➢ "隐藏面板":使用这个命令可以隐藏所有 Animate 浮动面板。

直接复制窗口(D)	Ctrl+Alt+K
在 Exchange 上查找扩展名...	
扩展	>
✓ 编辑栏(E)	
✓ 时间轴(M)	Ctrl+Alt+T
✓ 工具(T)	Ctrl+F2
属性(P)	Ctrl+F3
✓ 资源	
装配映射	
CC Libraries	
库(L)	Ctrl+L
画笔库	
动画预设	
VR 视图	
帧选择器	
图层深度	
动作(A)	F9
代码片断(C)	
编译器错误(E)	Alt+F2
调试面板(D)	>
输出(U)	F2
对齐(N)	Ctrl+K
颜色(C)	Ctrl+Shift+F9
信息(I)	Ctrl+I
样本(W)	Ctrl+F9
变形(T)	Ctrl+T
组件(C)	Ctrl+F7
组件参数(C)	
历史记录(H)	Ctrl+F10
场景(S)	Shift+F2
工作区(W)	>
隐藏面板	F4
✓ 1 无标题-1	

调试(D)	Ctrl+Shift+Enter (数字)
调试影片(M)	>
继续(C)	Alt+F5
结束调试会话(E)	Alt+F12
跳入(I)	Alt+F6
跳过(V)	Alt+F7
跳出(O)	Alt+F8
切换断点(T)	Ctrl+Alt+B
删除所有断点(A)	Ctrl+Alt+Shift+B
开始远程调试会话(R)	

图 2-11 "调试"菜单 　　　　　　图 2-12 "窗口"菜单

11. "帮助"菜单

"帮助"菜单可以用作学习指南，如图 2-13 所示。这里只介绍常用的几个选项，其他选项请读者自己使用后归纳总结。

- ➢ "Animate 帮助"：在默认浏览器中打开"Adobe Animate 学习和支持"。
- ➢ "在线教程"：提供 Animate 的基础在线教程。
- ➢ "Adobe Exchange"：链接到 Adobe Exchange 网站。可以在其中下载助手应用程序、扩展功能以及相关信息。

2.1.3 绘图工具箱

使用 Animate 2022 进行动画创作，必须绘制各种图形和对象，这就需要使用到各种绘图工具。绘图工具箱中包含十多种绘图工具，使用这些工具可以对图像或选区进行操作。单击工作区左侧的工具箱缩略图标，即可展开工具箱面板，如图 2-14 所示。

图 2-13 "帮助"菜单   图 2-14 Animate 2022 的绘图工具

单击绘图工具箱顶部的"展开面板"图标 或"折叠为图标"图标 ，可以将绘图工具箱伸缩成单列/多列或面板，还可以缩为精美的图标。将绘图工具箱拖放到工作区之后，通过拖拽工具箱的左右侧边或底边，可以调整工具箱的尺寸。

绘图工具箱通常固定在窗口的左侧，通过鼠标拖动绘图工具箱，可以改变它在窗口中的位置。绘图工具箱中工具的使用方法及属性设置将在第 3 章进行详细介绍。

2.1.4 时间轴

Animate 2022 的时间轴面板默认位于舞台下方，是处理帧和层的地方，而帧和层是动画的主要组成部分。选择一个层，然后在舞台上绘制内容或者将内容导入舞台上时，该内容将成为这个层的一部分。时间轴上的帧可根据时间改变内容。舞台上出现的每一帧的内容是该时间点上出现在各层上的所有内容的反映。可以移动、添加、改变和删除不同帧在各层上的内容以创建运动和动画。在时间轴上使用多层层叠技术可将不同内容放置在不同层，从而创建一种有层次感的动画效果。

时间轴面板分为两大部分，即图层控制区和时间轴控制区，如图 2-15 所示。

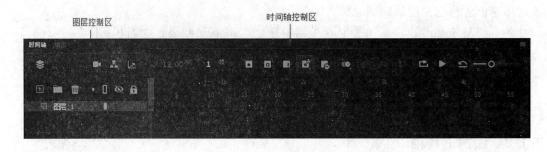

图 2-15 时间轴面板

1．图层控制区

时间轴窗口的左边区域就是图层控制区，用来进行与图层有关的操作。它按顺序显示了当前正在编辑的文件的所有层的名称、类型和状态等。图层控制区中各个工具按钮的功能如下：

> 显示/隐藏：用来切换选定层的显示或隐藏状态。
> 锁定/解锁：用来切换选定层的锁定或解锁状态。
> 显示/隐藏轮廓：用来切换选定层轮廓的显示或隐藏状态。
> 新建图层：增加一个新图层。新建一个 Animate 文档时，文件默认的图层数为 1。尽管用一个图层也可以制作动画，但是在 Animate 中，同一时间一个图层只能设置一个动画，所以制作较复杂的动画时，就需要多个图层了。

> **提示**：如果要添加运动引导层，可在需要添加运动引导层的图层名称栏上右击，在弹出的上下文菜单中选择"添加传统运动引导层"选项。

> 新建文件夹：增加一个新的文件夹。文件夹主要用来分类并管理图层。
> 删除图层：删除选定图层。删除图层的同时，该图层上的所有对象也会被一并删除。
> 添加摄像头：添加虚拟摄像头，模拟摄像头移动和镜头切换效果。
> 图层深度：可以打开"图层深度"面板，在 Z 深度级别排列图层。
> 显示图层：用来切换仅查看现有图层和所有图层。
> 显示/隐藏父级视图：用来切换选定层父级视图的显示或隐藏状态。

2．时间轴控制区

时间轴面板的右边区域就是时间轴控制区，用于控制当前帧、执行帧操作、创建动画及设置帧的显示方式等。舞台上出现的每一帧的内容是该时间点上出现在各层上的所有内容的反映。时间轴控制区中各个工具按钮的功能如下：

> 插入关键帧：单击此按钮，在时间轴上添加关键帧，用实心圆点表示。关键帧是动画中具有关键内容的帧，或者说是能改变内容的帧。关键帧的作用就在于能够使对象在动画中产生变化。

➢ 插入空白关键帧：单击此按钮，在时间轴上添加空白关键帧，用空心圆点表示。插入一个空白关键帧时，它可以将前一个关键帧的内容清除掉，画面的内容变成空白，其目的是使动画中的对象消失。在一个空白关键帧中加入对象以后，空白关键帧就会变成关键帧。

➢ 插入帧：单击此按钮，在时间轴上添加一个普通帧。

➢ 自动插入关键帧：使用"自动关键帧"选项可向选定帧添加"关键帧"或"空白关键帧"。随即会在现有帧范围之外显示蓝点，以指示自动插入关键帧的帧编号。

➢ 删除帧：选取关键帧或空白关键帧，单击此按钮，将其删除。

➢ 播放控件：用于调试或预览动画效果的播放控件。

➢ 循环：循环播放当前选中的帧范围。如果没有选中帧，则循环播放当前整个动画。

➢ 绘图纸外观：可以让用户一次看到多帧画面，各帧内容就像用半透明的绘图纸绘制的一样叠放在一起。

➢ 将时间轴缩放重设为默认级别：将缩放后的时间轴调整为默认级别。

➢ ————○———— ▲（调整时间轴视图大小）：单击右侧的 ▲，可以在视图中显示较少帧；拖动滑块，可以动态地调整视图中可显示的帧数。

2.1.5 动画舞台

舞台是一个矩形区域，相当于实际表演中的舞台，可以在其中绘制和放置影片内容。任何时间看到的舞台仅显示当前帧的内容。

舞台的默认颜色为白色，可用作影片的背景。在最终影片中的任何区域都可看见该背景，可以将位图导入Animate，然后将它放置在舞台的最底层，这样它可覆盖舞台，作为背景。

舞台周围的深灰色区域称为粘贴板，通常用作动画的开始和结束点，即对象进入和离开影片的地方。

2.1.6 元件库

默认情况下，启动 Animate 2022 的时候，"库"面板不会出现在工作界面上。由于"库"面板是使用频率比较高的一个工具，很多操作都需要它，下面就对它做一个简单的介绍。

"库"面板可帮助用户组织动画项目中可重复使用的元素。选择"窗口"菜单中的"库"选项，就可以打开"库"面板，如图 2-16 所示。

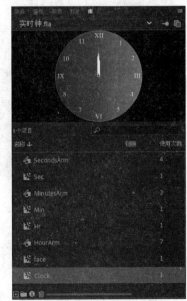

图 2-16 "库"面板

用户之间可能希望交换彼此的动画元件来使用，尤其是共同制作同一个网站、方案的小组，库功能可以很方便地达到这个目的。它可以将影片使用的对象单独开放为库，放到另一个影片中使用。如果修改了库文件，所有使用这个库元素的影片都会自动更新。

2.2 环境设置

在 Animate 2022 中，用户可以根据自己的需要与习惯对工作界面进行设置。

2.2.1 设置时间轴

时间轴面板默认位于工作区的下方，两者相对固定。如果经常需要移动时间轴，并不希望它固定在屏幕的底部，可以将鼠标指针移动到时间轴面板标题栏上，然后按住鼠标左键进行拖动，将时间轴从 Animate 主窗口中脱离并保持漂浮，这时便可以将它移动到屏幕的任何地方，如图 2-17 所示。

单击浮动的时间轴标题栏右上角的"折叠为图标"按钮 ，即可将时间轴面板折叠为图标；单击折叠后的时间轴面板图标 或标题栏右上角的"展开面板"按钮 ，可以展开时间轴面板。

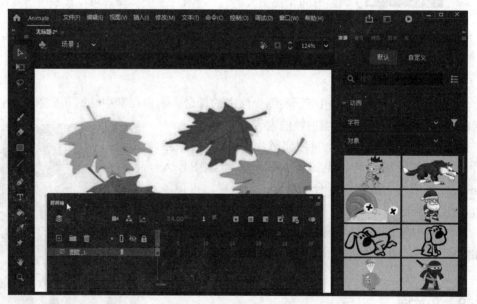

图 2-17 浮动的时间轴面板

读者也可以通过增加或减少分配给舞台的屏幕空间来调整时间轴面板的大小，以便根据需要显示时间轴面板中图层的数量。还可以将时间轴面板从编辑环境的默认位置移动到屏幕的任何一边。

调整时间轴面板大小的步骤如下：

1）将鼠标指针置于分隔时间轴面板和工作区的直线上，此时鼠标指针将变为双向箭头。

2）按住鼠标左键拖动到合适的位置，然后释放鼠标左键。

2.2.2 设置工具栏和浮动面板

通过"窗口"菜单及其子菜单下的各项命令，可以方便地显示工具栏和工具面板。工具面板有很多种，同时显示出来会使工作界面凌乱不堪，用户可以根据实际工作需要选择其中几种，或修改面板的显示方式。单击面板右上角的按钮可以将面板缩为精美图标。单击按钮即可展开为面板。

此外，工具栏、工具面板以及工作区等都可以在屏幕上任意拖动，用户可以将其拖放到最适合自己操作的位置。例如，绘图工具栏默认情况下出现在屏幕的左侧，用户也可以将其拖动到工作区的中间作为一个独立的浮动面板，方法是将鼠标指针移动到绘图工具栏的标题栏，按住鼠标左键将绘图工具栏拖动到合适的地方再释放，结果如图 2-18 所示。

默认情况下，工具面板是几个面板组合在一起放置的。这种组合可能不符合实际操作的需要，可以对其进行重组，也可以让某个面板单独悬浮在屏幕上。例如，"颜色"面板和"对齐"面板叠放在工作区右侧，要将"颜色"面板释放出来，方法与上述拖动绘图工具栏的方法一样，如图 2-19 所示。

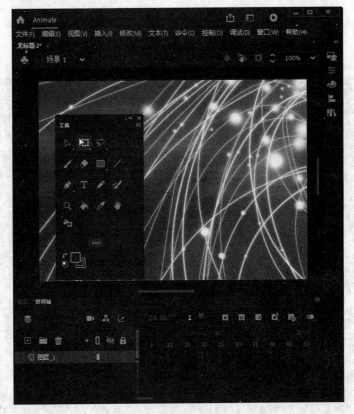

图 2-18 浮动的绘图工具栏

此外，还可以通过单击各个面板的标题栏来展开或折叠面板。如果单击各个面板右上角的"关闭"按钮，则可以关闭相应的面板。这样，在暂时不需要用到某个面板的时候将它折叠或关闭，便于进行其他的编辑工作。

图 2-19 拖动"颜色"面板

2.2.3 设置首选参数

执行"编辑"|"首选参数"|"编辑首选参数"命令，即可弹出"首选参数"对话框，如图 2-20 所示。

图 2-20 "首选参数"对话框

在该对话框中可以进行工作环境参数设置。其中几个子面板的功能简要说明如下：

➢ "常规"：进行某些常用设置，如设置允许取消或恢复的次数、界面风格、自动恢复时间、设置加亮颜色、绘图纸外观颜色、指定拖动对象时是否显示轮廓等。

> "代码编辑器"：设置代码的语言、自动格式以及字体、样式等内容。

> ·"脚本文件"：指定打开、保存、导入和导出 ActionScript 文件时使用的字符编码，以及加载修改文件的方式。"总是"表示发现更改时不显示警告，自动重新加载文件；"从不"表示发现更改时不显示警告，文件保留当前状态；"提示"表示发现更改时显示警告，可以选择是否重新加载文件，该选项为默认选项。

> "编译器"：设置 ActionScript 3.0 类文件的源路径、库路径以及外部库路径。

> "文本"：设置默认映射字体、样式以及字体预览大小等内容。

> "绘制"：主要是对图像编辑时的设置，包括钢笔工具、IK 骨骼工具的设置和对鼠标定位精确度的设置等。

2.2.4 设置快捷键

选择"编辑"菜单下的"快捷键"选项，即可弹出"键盘快捷键"对话框，如图 2-21 所示。在该对话框中可以设置各种操作命令的键盘快捷方式。

创建快捷键的步骤如下：

1）在"键盘布局预设"下拉列表中选择"默认组（只读）"。

2）在"命令"列表中，单击命令名称左侧的展开图标 >，即可展开选中命令中的所有操作。

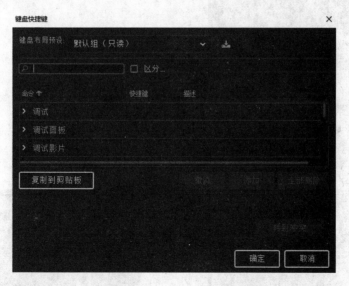

图 2-21 "键盘快捷键"对话框

3）选中其中的一个操作，"添加"按钮将变为可用状态。单击"添加"按钮可以定义一个新的快捷键，单击"撤消"按钮可撤消已添加的快捷键。

快捷键是制作动画的一个好帮手，使用得当可以大大提升工作效率。利用导出快捷键功能，可以把 Animate 快捷键导出为 HTML 文件，并可以用标准 Web 浏览器查看和打印此文件，极大地方便了用户。单击"键盘快捷键"对话框右上角的"以新名称保存当前的快捷键组"按钮，即可保存快捷键设置。

2.2.5 设置动画属性

在开始动画创作之前，最好先设置动画的放映速度和屏幕大小，因为如果要在中途改变这些参数，可能会大大增加工作量。

设置动画属性的步骤如下：

1）在舞台上的空白区域单击，此时，工作区右侧的"属性"面板会显示整个动画的属性，如图 2-22 所示。

2）在"文档设置"区域直接修改帧频、尺寸和舞台颜色，或者单击"更多设置"按钮，将弹出如图 2-23 所示的"文档设置"对话框。在该对话框中也可以设置动画的播放速度和舞台大小、颜色。

"帧频"表示动画的放映速度，单位为帧/s。默认值 24 对于大多数项目已经足够。帧频越高，速度较慢的计算机则越难放映。

Animate 2022 增强了时间轴功能。如果勾选"文档设置"区域中的"缩放间距"选项，如果中途更改动画的每秒帧数（fps)时动画播放时间可以保持不变。

3）在"单位"下拉列表中选择舞台大小的度量单位；在"舞台大小"区域输入影片的宽度和高度值，然后单击"匹配内容"按钮，则自动将舞台大小设置为能刚好容纳舞台上所有对象的尺寸。

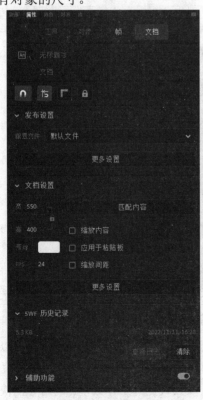

图 2-22 "属性"面板

图 2-23 "文档设置"对话框

4）根据需要选择"缩放内容"选项。如果选中该项，则在调整舞台大小后，舞台上的内容会随舞台比例进行缩放。

5）在"锚记"区域设置舞台尺寸变化时舞台扩展或收缩的方向。

6）单击"舞台颜色"右侧的色框，在弹出的颜色面板中可以选择动画背景的颜色。将鼠标指针移到一个色块上，面板左上角会显示对应的颜色，同时以 RGB 格式显示对应的数值，如图 2-24 所示。

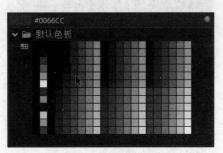

图 2-24 设置舞台背景颜色

提示：设置文档属性以后，如果希望以后新建的动画文件都沿用这种设置，可以单击"文档设置"对话框底部的"设为默认值"按钮，将它作为默认的属性设置；如果不想设置为默认属性，单击"确定"按钮即可。

7）单击"确定"按钮，屏幕即可反映出刚才所做的改动。

在"属性"面板中还可以查看 SWF 大小历史记录。单击如图 2-22 所示的"属性"面板中的"查看日志"按钮，可以查看在测试影片、发布和调试影片期间生成的所有 SWF 文件的大小。单击"清除"按钮，则清除历史记录。

使用 ActionScript 3.0 时，SWF 文件可以关联一个顶级类，此类称为文档类。Flash Player 载入这种 SWF 文件后，将创建此类的实例作为 SWF 文件的顶级对象。SWF 文件的顶级对象可以是用户选择的任何自定义类的实例。

如果要为当前文档关联一个文档类，可以在"发布设置"|"高级 ActionScript 3.0 设置"对话框中输入文档类信息。

2.2.6 设置网格

为了更好地进行创作，有时需要显示工作区网格。网格用于精确地对齐、缩放和放置对象，它不会导出到最终影片，仅在 Animate 的编辑环境中可见。

设置工作区网格的步骤如下：

1）在"视图"菜单的"网格"子菜单中选择"编辑网格"选项，打开"网格"对话框，如图 2-25 所示。

2）若要改变网格线的颜色，可单击颜色图标进行颜色设置。默认的颜色与舞台背景色是相互反衬的。

3）选中"显示网格"复选框可以显示网格，反之则隐藏网格。

4）选中"在对象上方显示"复选框，则舞台上的对象将被网格覆盖。

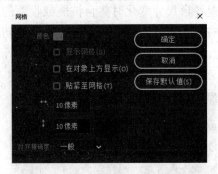

图 2-25 "网格"对话框

5）选中"贴紧至网格"复选框，则移动舞台上的对象时，网格对对象会有轻微的黏附作用。

6）根据需要，可以在 ↔ 和 ↕ 右侧的文本框中输入网格单元的宽度和高度，以像素为单位。

7）在"对齐精确度"下拉列表中选择对齐网格的精确程度。默认为"一般"。

2.3 思考题

1．Animate 2022 的操作界面由哪几部分组成？请简述每个部分的作用。

2．"文件"菜单中的"导入"命令提供了"导入到舞台"和"导入到库"两个命令，这两个命令有什么区别？

3．如何设置"编辑"菜单中"撤消"命令所允许的最多的撤消步骤数？

4．为什么要对 Animate 2022 进行环境设置？环境设置的内容有哪些？

5．如何设置菜单命令的"键盘快捷键"？

第 3 章 绘制图形

　　本章将向读者介绍绘图工具箱中各种绘图工具的使用方法，内容包括线条、铅笔、钢笔、椭圆、矩形、画笔 6 种图形绘制工具的使用和吸管、墨水瓶、颜料桶 3 种填充工具的使用，以及橡皮擦、手形工具和放大镜工具等辅助工具的使用和 3D 工具和宽度工具的使用方法。最后还将向读者介绍如何选择色彩，以美化绘制的图形。

- ◎ 线条、铅笔、钢笔和矢量画笔工具绘制线条的方法
- ◎ 椭圆、矩形、墨水瓶、颜料桶工具填充图形的方法
- ◎ 3D 工具的使用方法
- ◎ 宽度工具的使用方法

3.1 线条绘制工具

在 Animate 2022 中，绘制线条是最简单的绘图操作，用户可以通过绘图工具箱中的直线工具、铅笔工具以及钢笔工具在舞台上绘制线条。

3.1.1 线条工具

线条工具用于绘制各种不同方向的矢量直线段，可以在绘制的起点和终点之间建立精确的线段。

线条工具的使用方法如下：

1）新建一个文档，选择绘图工具箱中的线条工具。

2）在线条工具属性面板中对线条的笔触颜色、线条宽度和风格、笔触样式和路径终点的样式进行设置，如图 3-1 所示。

➢ 笔触颜色：单击笔触颜色图标中的色块，在弹出的颜色选择面板中可以选择线条的颜色。

➢ 对象绘制模式关闭：关闭/打开对象绘制模式。默认情况下关闭对象绘制模式，单击打开。

➢ 笔触大小：在线条工具属性面板的中间，有一个滑块和一个文本输入框，这就是笔触大小的设定选项。可以直接在文本框中输入线条的宽度值，也可以拖动滑块调节线条的宽度，如图 3-2 所示。

➢ 样式：用于设置线条风格。包括 7 种可以选择的线条风格，如图 3-3 所示。

图 3-1 线条工具属性面板

图 3-2 设置笔触大小

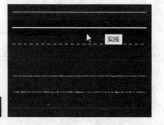

图 3-3 线条风格

➢ 宽度：设置可变宽度的样式。默认情况下，使用线条工具绘制的线条各部分的宽度是相同的，使用可变宽度选项，可以绘制笔触大小不均匀的线条。该选项的下拉列表中包括 7 种可变宽度样式，如图 3-4 所示，默认为"均匀"。

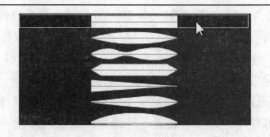

图 3-4 可变宽度的样式

Animate 2022 还可以精确地绘制笔触的接合及端点。

➤ 缩放：在"缩放"下拉列表中可以选择在 Flash Player 中缩放笔触的方式。其中，"一般"指始终缩放粗细，是 Animate 2022 的默认设置；"水平"表示仅水平缩放对象时不缩放粗细；"垂直"表示仅垂直缩放对象时不缩放粗细；"无"表示从不缩放粗细。

➤ 提示：单击选中"提示"复选框，可以在全像素下调整线条锚记点和曲线锚记点，防止出现模糊的垂直或水平线。

➤ 平头/圆头/矩形端点：设定路径终点的样式。

➤ 尖角/斜角/圆角连接：定义两条路径的相接方式。若要更改开放或闭合路径中的转角，请选择一个路径，然后选择另一个接合选项。

➤ 尖角：当接合方式选择为"尖角"时，为了避免尖角接合倾斜而输入的一个尖角限制。超过这个值的线条部分将被切成方形，而不形成尖角。

3）在舞台上按住鼠标左键拖动到线条的终点处释放鼠标，即可显示绘制的线条。

提示：按住 Shift 键拖动鼠标，可将线条方向限定为水平、垂直或斜向 45° 方向。

如果要对矢量线进行更详细的设置，可单击线条工具属性面板中"样式"右侧的按钮，在下拉菜单中选择 "编辑笔触样式"选项，打开"笔触样式"对话框，如图 3-5 所示。

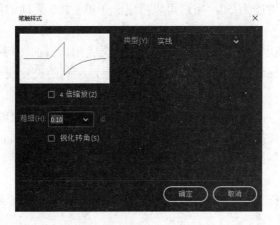

图 3-5 "笔触样式"对话框

该对话框中各个属性的含义如下：

> ➤ "4倍缩放": 将预览区域放大4倍, 便于用户观看设置属性后的效果。
> ➤ "粗细": 定义矢量线的宽度, 单位是"点"。该下拉列表框中给出了一些默认设置, 用户也可以输入需要的宽度。
> ➤ "锐化转角": 使直线的转折部分更加尖锐。
> ➤ "类型": 设置线型。当用户从该下拉列表框中选择具体的线型后, 会显示不同的选项, 方便用户进一步设置各种线型的属性。注意, 选择非实心笔触样式会增加文件的大小。

注意:
用户对矢量线的线型、线宽以及颜色的修改结果都会显示在"笔触样式"对话框左边的预览框内。如果在舞台上没有选择矢量线, 则当前的设置会对以后绘制的直线、曲线发生作用, 否则将只修改当前选择的矢量线。

3.1.2 铅笔工具

利用 Animate 2022 提供的铅笔工具, 可以绘制随意、变化灵活的直线或曲线。

铅笔工具的使用方法如下:

1）新建一个 Animate 文件, 然后单击绘图工具箱中的铅笔工具 。

2）在如图 3-6 所示的铅笔工具属性面板中设置矢量线的宽度、线型、颜色。

3）在绘图工具箱的底部, 可以选择一种绘画模式。

单击铅笔工具的"铅笔模式"按钮 , 将弹出一个下拉菜单, 如图 3-7 所示。其中有"伸直""平滑""墨水"3个选项, 系统默认的铅笔模式是"伸直"选项。各选项的具体含义及功能如下:

> ➤ "伸直": 使绘制出来的曲线趋向于规则的图形。选择这种模式后, 使用铅笔绘制图形时, 只要按事先预想的轨迹描绘, Animate 2022 会自动规整曲线。
> ➤ "平滑": 使用这种模式可以尽可能地消除图形边缘的棱角, 使矢量线更加光滑。此时, 可利用铅笔工具属性面板上的"平滑"选项指定笔触平滑的程度。默认情况下, 平滑度为 50, 用户可以指定介于 0~100 之间的值。平滑值越大, 线条越平滑。
> ➤ "墨水": 使用这种模式, Animate 2022 会关闭所有的图形处理功能, 不对绘制的曲线做任何调整, 显示实际的绘制效果, 绘制的矢量线更加接近手工绘制的矢量线。

单击"对象绘制"按钮 , 可以切换到对象绘制模式。在对象绘制模式下创建的形状是独立的对象, 且在叠加时不会自动合并, 分离或重排重叠图形时, 也不会改变它们的外形。支持"对象绘制"模式的绘画工具有铅笔、线条、钢笔、画笔、椭圆、矩形和多边形工具。

4）按下鼠标左键在舞台上移动即可进行绘画。按住 Shift 键拖动可将线条限制为垂直或水平方向。

图 3-6　铅笔工具属性面板　　　　　　　　图 3-7　铅笔模式

3.1.3　钢笔工具

　　Animate 2022 中的钢笔工具，功能类似于 Illustrator 的高级画笔，可以对点和线进行 Bezier 曲线控制，绘制更加复杂、精确的曲线。选择钢笔工具后，在绘图工具栏的底部会显示"对象绘制"按钮。用户可以通过钢笔工具属性面板对钢笔的线型、颜色进行设置，如图 3-8 所示。

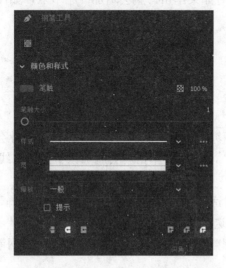

图 3-8　钢笔工具属性面板

钢笔工具的使用方法如下：

1）新建一个文件，单击绘图工具箱中的钢笔工具按钮 。

2）在钢笔工具属性面板中设置钢笔的线型、线宽与颜色。

3）在舞台上单击，可以看到绘制出一个点。

4）在舞台上单击绘制第二个点，Animate 会在起点和第二个点之间绘制出一条直线，如图 3-9a 所示；如果在第二个点按下鼠标并拖动鼠标，就会出现图 3-9b 所示的情况，这样就可以在第一个点和第二个点之间绘制出一条曲线，这两个点被称为节点。可以看到图中有一条经过第二个节点并沿着鼠标拖动方向的直线，且这条直线与两个节点之间的曲线相切。松开鼠标后，绘制出的曲线如图 3-9c 所示。

5）绘制第三个点。重复步骤 4），就会在第二个点和第三个点之间绘制出一段曲线，这一段曲线不但与在第三个节点处拖动的直线相切，而且与在第二个节点处拖动的直线相切，如图 3-9d 所示。依此类推，直到曲线制作完成。

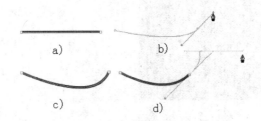

图 3-9 使用钢笔工具绘制的线条

6）绘制完成，如果要结束开放的曲线，可以双击最后一个节点，或再次单击绘图工具箱中的钢笔工具。如果要结束封闭曲线，可以将鼠标指针放置在开始的节点上，这时在鼠标指针上会出现一个小圆圈，单击就会形成一个封闭的曲线。

绘制曲线后，还可以在曲线中添加、删除以及移动某些节点。

7）选择钢笔工具，在曲线上移动鼠标指针，当鼠标指针变成钢笔形状并且在钢笔的左下角出现一个"+"号时如果单击，就会增加一个节点，如图 3-10 所示。

图 3-10 添加节点

8）如果将鼠标指针移动到一个已有的节点上，鼠标指针会变成钢笔形状，并且在钢笔的左下角出现一个"-"号，此时单击就会删除该节点，曲线也将重新绘制，如图 3-11 所示。

利用"首选参数"对话框可以设置钢笔的一些属性，选择"编辑"菜单中的"首选参数"子菜单中的"编辑首选参数"选项，则会出现"首选参数"对话框，再单击其中的"绘制"标签，即可显示如图 3-12 所示的对话框。选中"显示钢笔预览"复选框，在绘制曲线时可以预览曲线效果。

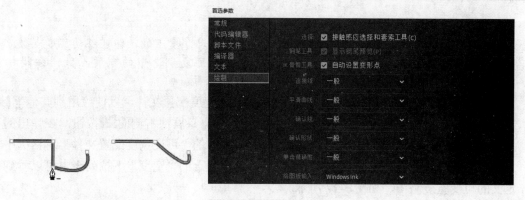

图 3-11 删除节点　　　　　　　　　图 3-12 "首选参数"对话框

3.1.4 宽度工具

使用宽度工具![] 可以通过改变路径笔触的粗细度来修饰笔触和形状。

宽度工具的使用方法如下:

1)在绘图工具箱中选择宽度工具![]。

2)将鼠标指针悬停在一个需要修饰的笔触上,笔触上将显示带有手柄(宽度手柄)的点数(宽度点数),如图 3-13 所示。

3)按下鼠标左键并拖动,可调整笔触粗细,如图 3-14 所示。修改笔触的宽度时,宽度信息会显示在"信息"面板中。释放鼠标,即可显示修改宽度后的笔触,如图 3-15 所示。

注意:
　　　　　　在宽度点数的每一条边上,宽度大小限定在 100 像素。对于多个笔触,宽度工具仅调整活动笔触。如果想调整某个指定的笔触,可使用宽度工具将鼠标指针悬停在该笔触上。

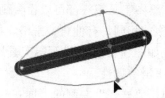

图 3-13 显示宽度点数　　　　　　　图 3-14 修改宽度

4)按照步骤 3)的方法添加其他宽度点数,为笔触添加可变宽度,效果如图 3-16 所示。

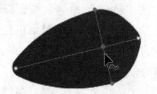
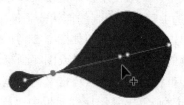

图 3-15 修改宽度后的效果 1　　　　　图 3-16 修改宽度后的效果 2

选择一个已有的宽度点数，沿笔触拖动宽度点数，即可移动宽度点数；如果按 Alt 键的同时沿笔触拖动宽度点数，则可复制选中的宽度点数；按退格键（Backspace）或删除键（Delete）可删除宽度点数。

创建可变宽度的笔触后，可将可变宽度另存为宽度配置文件，以便应用到其他笔触。选中修改后的笔触，在宽度工具属性面板上单击"宽"属性右侧的■■■按钮，在弹出的下拉菜单中选择"添加到配置文件"选项，即可在弹出的"可变宽度配置文件"对话框中输入配置文件名称并保存。此时，在宽度工具属性面板上的"宽度"下拉列表中可以看到自定义的可变宽度略图，如图 3-17 所示。

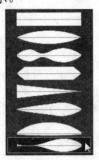

图 3-17　添加的可变宽度配置文件

3.1.5　画笔工具

Animate 引入了画笔（艺术画笔和图案画笔），用户可将在 Animate 中创建的形状自定义为画笔，并与其他动画制作人员共享。

画笔工具的使用方法如下：

1）新建一个文档，单击选中绘图工具箱中的画笔工具■。

2）在绘图工具箱底部可以设置画笔的绘制模式和画笔模式，如图 3-18 所示。画笔模式与铅笔模式相同，有伸直、平滑、墨水三项。

3）在如图 3-19 所示的画笔工具属性面板中选择笔触颜色、笔触大小、样式、宽度、连接点、平滑等属性。

4）单击"样式"右侧的"样式选项"按钮■■■，在弹出的下拉菜单中选择 "画笔库"选项，可以打开"画笔库"面板，如图 3-20 所示。

5）双击"画笔库"中的任一图案画笔，可以将画笔添加到"属性"面板的"样式"下拉列表中，然后使用该画笔绘制线条。

6）选中舞台上绘制的形状，画笔工具属性面板上的"创建新画笔"按钮■■变为可用状态，单击该按钮，弹出如图 3-21 所示的"画笔选项"对话框。在该对话框中用户可以设置画笔的类型（艺术画笔或图案画笔），并设置画笔的属性。设置完成后，单击"添加"按钮，即可将绘制的形状自定义为画笔，并显示在"样式"下拉列表中，如图 3-22 所示。

单击"画笔工具"属性面板中"样式"右侧的"样式选项"按钮■■■，在弹出的下拉菜单中选择 "管理画笔"选项，可以打开如图 3-23 所示的"管理文档画笔"对话框。在该对话框中也可以看到自定义的画笔，选中画笔名称左侧的复选框，即可选中画笔，然后将画笔保存至画笔库，或直接删除。

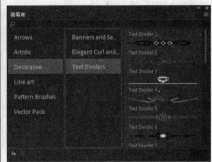

图 3-18 绘制模式和画笔模式　图 3-19 画笔工具属性面板　　　图 3-20 "画笔库"面板

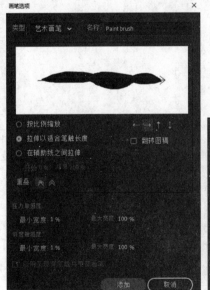
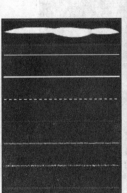

图 3-21 "画笔选项"对话框　　　图 3-22 自定义画笔　　图 3-23 "管理文档画笔"对话框

3.2　填充图形绘制工具

使用填充图形绘制工具绘制出来的图形不仅包括矢量线，还能在矢量线内部填充色块。除此之外，用户还可以根据具体的需要，取消矢量线内部的填充色块或外部的矢量线。

3.2.1 椭圆工具

使用椭圆工具不但可以绘制椭圆，还可以绘制椭圆轮廓线。椭圆的绘制方法如下：

1）新建一个文档，在绘图工具箱中选择椭圆工具 。

2）在椭圆工具属性面板中设置椭圆的线框颜色、笔触大小、样式、起始/结束角度、内径大小等线框属性与填充颜色的属性，如图 3-24 所示。

Animate 2022 拥有丰富的绘图功能，可以通过设置椭圆工具的内径绘制出圈环，或取消选择"闭合路径"绘制弧线。

3）如果要绘制椭圆轮廓线，在使用椭圆工具之前，可以先将填充色设置为无色，即单击椭圆工具属性面板上的"填充颜色"图标 填充 ，在弹出的颜色选择面板中单击按钮 。

4）在舞台上按下鼠标左键并拖动，在确定椭圆的轮廓后释放鼠标，则指定长度与宽度的椭圆即可显示在舞台上。

5）绘制椭圆或正圆后，用户还可以通过"窗口"菜单中的"颜色"面板来修改填充颜色。

打开"颜色类型"下拉列表，可以看到该面板提供了"无""纯色""线性渐变""径向渐变"和"位图填充"5 种填充模式，如图 3-25 所示。下面对这 5 种填充模式进行简单的介绍。

图 3-24　椭圆工具属性面板

图 3-25　"颜色"面板

➢　"无"：不使用任何颜色对椭圆进行填充。此时舞台上绘制的椭圆只有轮廓线。

➢ "纯色"：使用单一的颜色对椭圆进行填充。此时，该面板上会显示一个色块，单击该色块可以设置填充色，并使用选择的颜色填充椭圆的内部。

➢ "线性渐变"：使用线性渐变模式进行填充。此时可以使用"颜色"面板底部的颜色条和颜色游标■■■■■■调制渐变色。

➢ "径向渐变"：使用径向渐变模式进行填充。该模式与选择"线性渐变"类似，只不过填充时的效果是辐射渐变。

➢ "位图填充"：在矢量图内部填充位图。使用该模式时必须先导入外部的位图素材，或者在库中选择位图素材进行填充。

选择不同填充模式绘制的椭圆如图 3-26 所示。

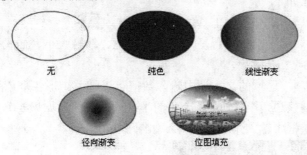

图 3-26 不同填充模式绘制的椭圆

当选择"线性渐变"或"径向渐变"两种填充模式时，面板上还会出现以下两项：

➢ "流"：控制超出线性或径向渐变限制的颜色。溢出模式有扩展（默认模式）、反射和重复模式。

   ✓ "扩展颜色"■指将指定的颜色应用于渐变末端之外。

   ✓ "反射颜色"■指以反射镜像效果来填充形状。指定的渐变色以这样的模式重复：从渐变的开始到结束，再以相反的顺序从渐变的结束到开始，直到选定的形状填充完毕。

   ✓ "重复颜色"■指从渐变的开始到结束重复渐变，直到选定的形状填充完毕。

➢ "线性 RGB"：创建 SVG 兼容的线性或径向渐变。

"颜色"面板中的 Alpha（透明度）选项可将纯色填充设为不透明，或者将渐变填充的当前所选滑块设为不透明。如果 Alpha 值为 0%，则创建的填充不可见（即透明）；如果 Alpha 值为 100%，则创建的填充不透明。

在 Animate 2022 中，除了"合并绘制"和"对象绘制"模式以外，"椭圆"和"矩形"工具还提供了图元对象绘制模式。

使用图元椭圆工具或图元矩形工具创建的椭圆或矩形，不同于使用对象绘制模式创建的形状，Animate 将形状绘制为独立的对象。在绘图工具箱中选择"基本椭圆工具"■，在属性面板上设置笔触颜色、填充色和笔触大小，然后在舞台上拖动鼠标，确定椭圆的轮廓后，释放鼠标，即可绘制一个图元椭圆。利用椭圆工具属性面板可以指定图元椭圆的开始角度、结束角度、内径以及图元矩形的边角半径。

> **提示：** 使用椭圆工具时，按住 Shift 键可以绘制出正圆。只要选中图元椭圆工具或图元矩形工具中的一个，椭圆工具属性面板就将保留上次编辑的图元对象的值。

3.2.2 矩形工具

使用矩形工具不但可以绘制矩形，还可以绘制矩形轮廓线。矩形工具的使用方法与椭圆工具类似。

矩形的绘制方法如下：

1）新建一个文档，选择绘图工具箱中的矩形工具 。

2）在矩形工具属性面板中设置矩形的线框颜色、笔触大小、样式等线框属性与填充颜色的属性，如图 3-27 所示。

3）在"矩形选项"区域的文本框中输入数值可以调整矩形各个角的边角半径。

默认情况下，调整边角半径时，4 个角的半径同步调整。如果要分别调整每一个角的半径，则在四个调整框中输入角的半径值，如图 3-28 所示。

图 3-27 矩形工具属性面板　　　　　　图 3-28 设置边角半径

4）在舞台上按下鼠标左键并拖动，确定矩形的轮廓后释放鼠标，则规定尺寸与边角半径的矩形即可显示在舞台上。

采用不同边角半径绘制出的矩形如图 3-29 所示。

Chapter 03

边角半径为0

边角半径为30

边角半径为999

图 3-29 不同边角半径的矩形

> **提示：** 使用矩形工具时，按住 Shift 键可以绘制出正方形。边角半径的范围是 -9999~9999 之间的任何数值。值越大，矩形的圆角就越明显。设置为 0 时，可得到标准的矩形；设置为 9999 时，绘制出来的图形是圆形；设置为-999 时，绘制出来的图形是星形。

3.2.3 传统画笔工具

传统画笔工具可以用来建立自由形态的矢量色块，可以随意绘制出形状多变的色块。

传统画笔工具的使用方法如下：

1）新建一个文档，单击选中绘图工具箱中的传统画笔工具 。

2）在如图 3-30 所示的传统画笔工具属性面板中选择填充颜色。

3）在绘图工具箱底部可以设置画笔模式、是否使用压力和斜度，如图 3-31 所示。

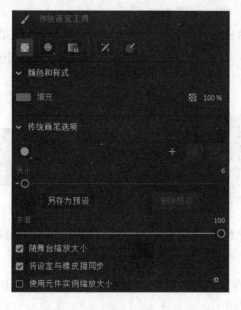
图 3-30 传统画笔工具属性面板

图 3-31 传统画笔工具的选项

4）确定是否选择"锁定填充"选项 。

Animate 2022 中文版入门与提高实例教程

5）在舞台上拖动鼠标即可绘制出相应的色块。按住 Shift 键拖动可将画笔笔触限定为水平或垂直方向。

下面具体介绍传统画笔工具的选项。

1．画笔模式

画笔模式可以设置画笔对舞台上其他对象的影响方式，单击"画笔模式"按钮，弹出如图 3-32 所示的菜单。其中各个选项的功能简要介绍如下：

➢ "标准绘画"：在这种模式下，新绘制的线条覆盖同一层中原有的图形，但是不会影响文本对象和引入的对象，如图 3-33 所示。

➢ "仅绘制填充"：在这种模式下，只能在空白区域和已有矢量色块的填充区域内绘图，并且不会影响矢量线的颜色，如图 3-34 所示。

➢ "后面绘画"：在这种模式下，只能在空白区域绘图，不会影响原有的图形，只是从原有图形的背后穿过，如图 3-35 所示。

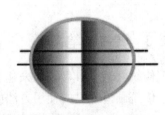

图 3-32 画笔模式菜单　　　图 3-33 "标准绘画"模式　　　图 3-34 "颜料填充"模式

➢ "颜料选择"：在这种模式下，可以将新的填充应用到选择区。该模式与简单地选择一个填充区域应用新填充一样，如图 3-36 所示。

➢ "内部绘画"：这种模式可分为两种情况，如图 3-37 所示。第一种情况是当画笔起点位于图形之外的空白区域，在经过图形时从其背后穿过；第二种情况是当画笔的起点位于图形的内部时，只能在图形的内部绘制图。

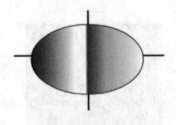
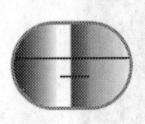
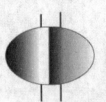

图 3-35 "后面绘画"模式　　　图 3-36 "颜料选择"模式　　　图 3-37 "内部绘画"模式

2．画笔大小

在传统画笔工具属性面板中"大小"右侧的文本框中输入数值或者拖动"大小"下边的滑块，可以设置画笔的大小，如图 3-38 所示。

Animate 2022 可根据舞台缩放级别的变化按比例缩放画笔大小，实现无缝绘制，并可以在绘制时预览所做的工作。默认的是开启该功能，如果要关闭该功能，可以在画笔工具

Chapter 03

36

属性面板上取消选中"随舞台缩放大小"选项。

如果要将当前设置的画笔大小设置为预设大小,可以在传统画笔工具属性面板上单击"另存为预设"按钮。

3. 画笔类型

利用"画笔类型"选项,可以设置不同的画笔形状,用于绘制不同的效果。单击"画笔类型"按钮,会弹出如图 3-39 所示的画笔形状示意图下拉菜单,单击其中一种,即可设置画笔的形状。

如果预设的画笔形状不能满足设计需求,Animate 2022 还允许用户自定义画笔形状。在传统画笔工具属性面板上单击"添加自定义画笔形状"按钮➕,在弹出的如图 3-40 所示的"笔尖选项"对话框中可以自定义画笔形状、角度和平度。

4. 锁定填充🔒

锁定填充选项用于切换在使用渐变色进行填充时的参照点,单击"锁定填充"按钮🔒,即可进入锁定填充模式。

图 3-38 设置画笔大小　　　　　　　图 3-39 画笔形状示意图

在非锁定填充模式下,对现有图形进行填充时,在画笔经过的地方都包含着一个完整的渐变过程。当画笔处于锁定状态时,以系统确定的参照点为准进行填充,完成渐变色的过渡是以整个动画为完整的渐变区域,画笔涂到什么区域,就对应出现什么样的渐变色,如图 3-41 所示。

图 3-40 "笔尖选项"对话框　　　　　图 3-41 锁定填充的对比

3.3　填充工具

填充工具用于对形状进行颜色填充。墨水瓶工具和颜料桶工具可以直接为图形填充颜色；滴管工具可以采集填充颜色，然后通过墨水瓶工具或颜料桶工具应用到其他图形上。

3.3.1　墨水瓶工具

墨水瓶工具用于改变已经存在的线条或形状的轮廓线的笔触颜色、宽度和样式。它经常与滴管工具结合使用。

墨水瓶工具的使用方法如下：

1）单击选择绘图工具箱中的墨水瓶工具。

2）在墨水瓶工具属性面板中设置墨水瓶使用的笔触颜色、线宽以及线型，如图 3-42 所示。

3）单击舞台上要修改笔触样式的对象，即可对笔触进行修改。

注意：

使用墨水瓶工具时，如果单击一个没有轮廓线的区域，墨水瓶工具会为该区域增加轮廓线；如果该区域已经存在轮廓线，则它会把该轮廓线改为墨水瓶工具设定的样式。

图 3-42　墨水瓶工具属性面板

3.3.2　颜料桶工具

颜料桶工具用于填充纯色、渐变色以及位图到封闭的区域。它既可以填充空的区域，也可以更改已经涂色区域的颜色。颜料桶工具经常与滴管工具配合使用。当滴管工具单击的对象是填充物的时候，它将首先获得填充物的各种属性，然后自动转换成颜料桶工具。

颜料桶工具的使用方法如下：

1）单击选择绘图工具箱中的颜料桶工具 。

2）在颜料桶工具属性面板中设置填充颜色，如图 3-43 所示。

3）在工具箱底部单击颜料桶工具的"间隔大小"选项按钮 ，然后在弹出的下拉菜单中选择一个空隙大小选项，如图 3-44 所示。

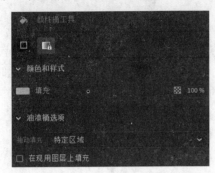

图 3-43 颜料桶工具属性面板

图 3-44 空隙大小选项

➢ 不封闭空隙：只有区域完全闭合时才可以填充。

➢ 封闭小空隙：当区域存在较小空隙时可以填充。

➢ 封闭中等空隙：当区域存在中等空隙时可以填充。

➢ 封闭大空隙：当区域存在较大空隙时可以填充。

注意：
　　　　上面所说的填充区域空隙的大小只是相对的，当填充区域缺口太大时，"间隔大小"命令将不能完成填充任务，而只能手动将其闭合。

4）确定是否选择"锁定填充"选项 。

5）单击要填充的形状或者封闭区域，即可完成颜色的填充。

3.3.3 滴管工具

在 Animate 中，使用滴管工具 可以吸取选定对象的某些属性，再将这些属性赋给其他目标图形。滴管工具可以吸取矢量线、矢量色块的属性，还可以吸取导入的位图和文字的属性。使用滴管的优点是，用户不必重复设置各种属性，只要从已有的矢量对象中吸取就可以了。

滴管工具的使用方法如下：

1）在绘图工具栏中单击滴管工具按钮 ，这时鼠标指针变为滴管形状 。

2）单击要应用到其他笔触或填充区域的笔触或填充区域。

将鼠标指针移动到线条上时，在滴管工具的下方会显示空心方块 ；当滴管工具在填充区域内移动时，在滴管工具的下方会显示实心方块 。这时如果单击，即可拾取该线条的颜色或该区域的填充样式，如图 3-45 所示。

3）单击其他笔触或已填充区域以应用新拾取的属性。

图 3-45 滴管的不同状态

使用滴管工具对线条进行拾取操作以后，墨水瓶工具转变为当前工具，而此时墨水瓶工具具有的填充颜色就是滴管工具刚才拾取的颜色，如图 3-46 所示。

图 3-46 颜色的拾取

使用滴管工具对填充区域进行拾取操作以后，颜料桶工具转变为当前工具，而此时颜料桶工具具有的填充颜色就是滴管工具刚才拾取的样式或颜色，如图 3-47 所示。

图 3-47 填充区域的拾取

3.4 橡皮擦工具

橡皮擦工具主要用来擦除舞台上的对象，选择绘图工具箱中的橡皮擦工具◆后，工具属性面板中会出现 5 个按钮选项，分别是水龙头模式❞、橡皮擦模式⬛、"使用压力" ◉、"使用斜度" ◢和橡皮擦类型⬛。下面分别对其中的 3 个选项进行介绍。

3.4.1 橡皮擦模式

在绘图工具箱底部单击"橡皮擦模式"按钮⬛，打开擦除模式选项。可以看到如图 3-48 所示的 5 个选项，也就是说，可以设置 5 种不同的擦除模式，下面对这 5 种擦除模式进行简单的介绍。

➤ 标准擦除⬛：这是系统默认的擦除模式，可以擦除矢量图形、线条、打散的位图和文字。

图 3-48 橡皮擦模式

> 擦除填色⊙：在这种模式下，用鼠标拖动擦除图形时，只可以擦除填充色块和打散的文字，但不会擦除矢量线。

> 擦除线条⊙：在这种模式下，用鼠标拖动擦除图形时，只可以擦除矢量线和打散的文字，但不会擦除矢量色块。

> 擦除所选填充⊙：在这种模式下，用鼠标拖动擦除图形时，只可以擦除已被选择的填充色块和打散的文字，但不会擦除矢量线。使用这种模式之前，必须先用选择工具或套索工具选择一块区域。

> 内部擦除⊙：在这种模式下，用鼠标拖动擦除图形时，只可以擦除连续的、不能分割的填充色块。在擦除时，矢量色块被分为两部分，而每次只能擦除一个部分的矢量色块。

提示： 选择绘图工具箱中的橡皮擦工具后，按住 Shift 键不放，在舞台上单击并沿水平方向拖动鼠标时，可进行水平方向的擦除。在舞台上单击并沿垂直方向拖动鼠标时，可进行垂直方向的擦除。如果需要擦除舞台上所有的对象，在绘图工具箱中双击橡皮擦工具即可。

3.4.2 水龙头模式

选择了水龙头模式 之后，鼠标指针会变成水龙头形状 ，此时可以使用水龙头工具擦除对象。

水龙头工具与橡皮擦工具的区别在于，橡皮擦只能够进行局部擦除，而水龙头工具可以一次性擦除。只需单击线条或填充区域中的某处就可擦除线条或填充区域。它的作用有如先选择线条或填充区域，然后按 Delete 键。

3.4.3 橡皮擦类型

打开橡皮擦类型下拉列表框，可以看到 Animate 2022 提供了 9 种大小不同的橡皮擦形状选项，单击即可选择橡皮擦形状。

注意： 在舞台上创建的矢量文字或者导入的位图图形都不可以直接使用橡皮擦工具擦除，必须先使用"修改"菜单中的"分离"命令将文字和位图打散后才能够擦除。

3.5　3D 转换工具

Animate 2022 提供了两个 3D 转换工具——3D 平移工具█和 3D 旋转工具█。借助这两个工具，可以在舞台的 3D 空间中移动和旋转影片剪辑，创建 3D 效果，这是通过影片剪辑实例的 z 轴属性实现的。

在 3D 术语中，在 3D 空间中移动一个对象称为"平移"，在 3D 空间中旋转一个对象称为"变形"。若要使对象看起来离观察者更近或更远，可以使用 3D 平移工具沿 z 轴移动该对象；若要使对象看起来与观察者之间形成某一角度，可以使用 3D 旋转工具绕对象的 z 轴旋转影片剪辑。通过组合使用这些工具，可以创建逼真的透视效果。

将这两种效果中的任意一种应用于影片剪辑后，Animate 会将其视为一个 3D 影片剪辑，选择该影片剪辑时，会显示一个彩轴指示符（x 轴为红色、y 轴为绿色，z 轴为蓝色）。

3D 平移和 3D 旋转工具都允许在全局 3D 空间或局部 3D 空间中操作对象。全局 3D 空间即为舞台空间，全局变形和平移与舞台相关。局部 3D 空间即为影片剪辑空间，局部变形和平移与影片剪辑空间相关。例如，如果影片剪辑包含多个嵌套的影片剪辑，则嵌套的影片剪辑的局部 3D 变形与容器影片剪辑内的绘图区域相关。3D 平移和旋转工具的默认模式是全局，若要切换到局部模式，可以单击工具面板底部的"全局转换"按钮█。

注意：
在为影片剪辑实例添加 3D 变形后，不能在"在当前位置编辑"模式下编辑该实例的父影片剪辑元件。

若要使用 Animate 的 3D 功能，FLA 文件的发布设置必须设置为 Flash Player 10.3（及以上）和 ActionScript 3.0。

注意：
不能对遮罩层上的对象使用 3D 工具，包含 3D 对象的图层也不能用作遮罩层。

3.5.1　3D 平移工具

使用 3D 平移工具█可以在 3D 空间中移动影片剪辑实例。使用该工具选择影片剪辑后，影片剪辑的 x 轴、y 轴和 z 轴将显示在对象上，如图 3-49 所示。

影片剪辑中间的黑点即为 z 轴控件。

若要移动 3D 空间中的单个对象，可以执行以下操作：

1）在工具面板中选择 3D 平移工具█，根据需要在工具箱底部选择"全局转换"模式。

2）用 3D 平移工具单击舞台上的一个影片剪辑实例。

3）将鼠标指针移动到 x、y 或 z 轴控件上，此时鼠标指针的形状将发生相应的变化。例如，移到 x 轴上时鼠标指针变为█，移到 y 轴上时鼠标指针显示为█。

4）按控件箭头的方向按下鼠标左键并拖动，即可沿所选轴移动对象。上下拖动 z 轴控件可在 z 轴上移动对象。

Chapter 03

沿 x 轴或 y 轴移动对象时，对象将沿水平方向或垂直方向直线移动，图像大小不变；沿 z 轴移动对象时，对象大小发生变化，从而使对象看起来离观察者更近或更远。

此外，还可以打开如图 3-50 所示的 3D 平移工具属性面板，在"3D 定位和视图"区域通过设置 x、y 或 z 轴的值平移对象。在 z 轴上移动对象，或修改 3D 平移工具属性面板上 z 轴的值时，"高"和"宽"的值将随之发生变化，表明对象的外观尺寸发生了变化。

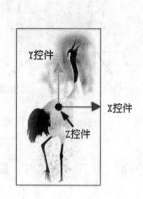

图 3-49 3D 轴叠加

图 3-50 3D 平移工具属性面板

如果在舞台上选择了多个影片剪辑，按住 Shift 键并双击其中一个选中对象，可将轴控件移动到该对象上；双击 z 轴控件，可以将轴控件移动到多个所选对象的中间。

5）在 3D 平移工具属性面板上的"3D 定位和视图"区域，单击"透视角度" ▢右侧的文本框，可以设置 FLA 文件的透视角度。

透视角度属性值的范围为 1°～180°，该属性会影响应用了 3D 平移或旋转的所有影片剪辑。默认透视角度为 55°视角，类似于普通照相机的镜头。增大透视角度可使 3D 对象看起来更近，减小透视角度可使 3D 对象看起来更远。

6）展开属性面板上"消失点"选项，在 X、Y 右侧文本框中可以设置 FLA 文件的消失点。

该属性用于控制舞台上 3D 影片剪辑的 z 轴方向。消失点是一个文档属性，它会影响应用了 z 轴平移或旋转的所有影片剪辑，更改消失点将会更改应用了 z 轴平移的所有影片剪辑的位置。消失点的默认位置是舞台中心。

Animate 文件中所有 3D 影片剪辑的 z 轴都朝着消失点后退。重新定位消失点，可以更改沿 z 轴平移对象时对象的移动方向。

若要将消失点移回舞台中心，单击 3D 平移工具属性面板上的"重置"按钮即可。

3.5.2 3D 旋转工具

使用 3D 旋转工具 ![icon] 可以在 3D 空间中旋转影片剪辑实例。选择 3D 旋转工具后，在影片剪辑实例上单击，3D 旋转控件即可出现在选定对象之上，如图 3-51 所示。

x 控件显示为红色、y 控件显示为绿色、z 控件显示为蓝色，自由旋转控件显示为橙色。使用橙色的自由旋转控件可同时绕 x 轴和 y 轴旋转。

若要旋转 3D 空间中的单个对象，可以执行以下操作：

1）在绘图工具箱中选择 3D 旋转工具 ![icon]，并根据需要在工具箱底部选择"全局转换"模式。

2）用 3D 旋转工具单击舞台上的一个影片剪辑实例。

3D 旋转控件将叠加显示在所选对象上。如果这些控件出现在其他位置，双击控件的中心点可移动到选定的对象。

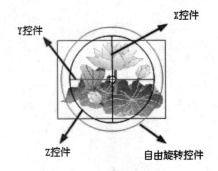

图 3-51 3D 旋转轴叠加

3）将鼠标指针移动到 x、y、z 轴或自由旋转控件上，此时鼠标指针的形状将发生相应的变化。例如，移到 x 轴上时，鼠标指针变为 ![icon]×，移到 y 轴上时，鼠标指针显示为 ![icon]Y。

4）拖动一个轴控件，影片剪辑即可绕该轴旋转，或拖动自由旋转控件（外侧橙色圈）同时绕 x 轴和 y 轴旋转。

左右拖动 x 轴控件，可绕 x 轴旋转；上下拖动 y 轴控件，可绕 y 轴旋转。拖动 z 轴控件进行圆周运动，可绕 z 轴旋转。

若要相对于影片剪辑重新定位旋转控件中心点，则拖动中心点。若要按 45°增量约束中心点的移动，则在按住 Shift 键的同时进行拖动。

移动旋转中心点可以控制旋转对于对象及其外观的影响。双击中心点可将其移回所选影片剪辑的中心。所选对象的旋转控件中心点的位置可以在"变形"面板的"3D 中心点"区域查看或修改。

若要重新定位 3D 旋转控件中心点，可以执行以下操作之一：

➢ 拖动中心点到所需位置。

➢ 按住 Shift 键双击一个影片剪辑，可以将中心点移动到选定的影片剪辑的中心。

➢ 双击中心点，可以将中心点移动到选中影片剪辑组的中心。

5）调整透视角度和消失点的位置。

3.6 辅助工具

在绘图工具箱中，Animate 2022 还提供了方便用户进行绘图操作的手形工具、旋转工具、时间划动工具和放大镜工具。

3.6.1 手形工具

手形工具 ![hand] 能够帮助用户抓住舞台，以便轻松地在工作区域周围的各个方向移动。手形工具没有选项栏，使用时在舞台上的任意位置单击，并按下鼠标左键拖动即可。

3.6.2 旋转工具

旋转工具 ![rotate] 位于手形工具组中，用于旋转舞台。

单击"旋转工具"图标 ![rotate]，舞台中心位置显示旋转中心 ![center]，且鼠标指针变为 ![cursor]，按下鼠标左键并拖动，将以舞台中心位置为中心点，旋转舞台及舞台上的所有对象，如图3-52 所示。

图 3-52　旋转舞台的效果

旋转时，默认以舞台中心为旋转中心点。单击舞台上的其他位置，即可将旋转中心移到单击的位置，如图 3-53 所示。

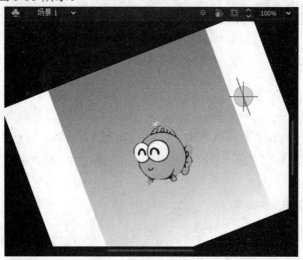

图 3-53　改变旋转中心后的旋转效果

如果要取消旋转效果，单击编辑栏上的"舞台居中"按钮![icon]即可。

3.6.3　时间划动工具

时间划动工具![icon]用于在舞台上平移时间轴。

在工具箱中选中"时间划动工具"图标![icon]，鼠标指针变为![icon]，按下鼠标左键向左或向右拖动，可以在平移方向上查看整个时间轴。

3.6.4　缩放工具

缩放工具![icon]用于放大或缩小图形以查看细小部分或进行总览。

缩放工具有以下两个选项：

➢　放大![icon]：将工作区中的图形放大。

➢　缩小![icon]：将工作区中的图形缩小。

![icon] 提示：若要放大舞台的某个区域，可以选择放大按钮![icon]，然后在舞台上按下鼠标左键并拖动，所定义的区域将由一个细的蓝框标示出来，如图 3-54 左图所示，释放鼠标完成区域的选择。Animate 将自动放大指定的区域 (放大比例最大为 2000%)，并显示在当前窗口中，如图 3-54 右图所示。

图 3-54　放大选择区域

3.7　色彩选择

合理地搭配和应用各种色彩是创作成功作品的必要技巧，这就要求用户除了具有一定的色彩鉴赏能力，还要有丰富的色彩编辑经验和技巧。Animate 2022 为用户发挥色彩的创造力提供了强有力的支持。这一节将主要介绍 Animate 2022 提供的色彩编辑工具。

3.7.1　颜色选择面板

Animate 2022 的绘图颜色由笔触颜色和填充颜色两个部分构成。可以在工具箱的笔触颜色和填充颜色工具按钮![icon]中看到当前的颜色设定，如图 3-55 所示。单击该按钮可以打开颜色选择面板，重新设置笔触颜色或填充颜色。

在工具箱中，笔触颜色和填充颜色工具的左侧还有两个按钮，这两个按钮从上至下依次为"交换笔触填充颜色"  和"黑白" 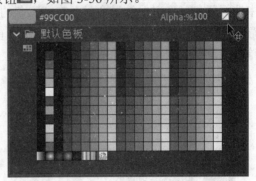 。

这两个按钮的作用如下：

➢ "黑白" ：无论当前笔触颜色和填充颜色是什么颜色，单击这个按钮后，可以同时将笔触颜色设定为黑色，将填充颜色设定为白色。

➢ "交换笔触填充颜色" ：单击这个按钮可以将当前的笔触颜色和填充颜色进行互换。

如果希望将笔触颜色或填充颜色设定为无色，可以单击笔触颜色或填充颜色工具中的色块，在弹出的调色板中单击面板右上角的按钮 ，如图 3-56 所示。

图 3-55 颜色选择工具

图 3-56 选择"无颜色"按钮

除了可以使用工具箱中的颜色设置按钮，还可以使用如图 3-57 所示的"颜色"面板指定需要的颜色。

与使用工具箱中的颜色设置按钮相比，"颜色"面板的功能更强大。例如，可以在"颜色"面板中通过设置 RGB 三原色获得一个准确的颜色；还可以通过"颜色"面板中的"颜色类型"列表选择填充颜色的风格。颜色类型有无、纯色、线性渐变、径向渐变和位图填充 5 种，如图 3-58 所示。

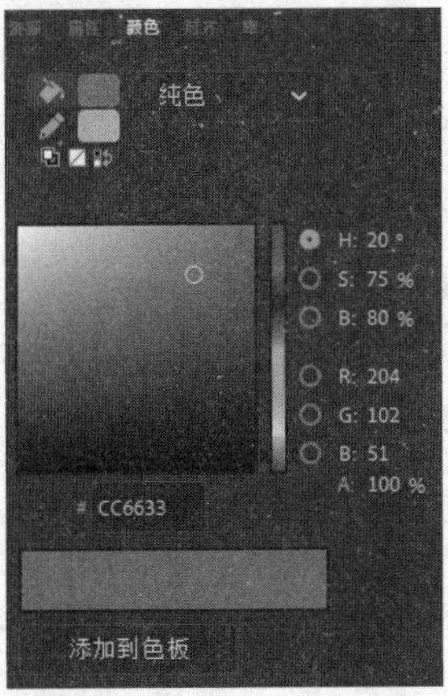

图 3-57 "颜色"面板

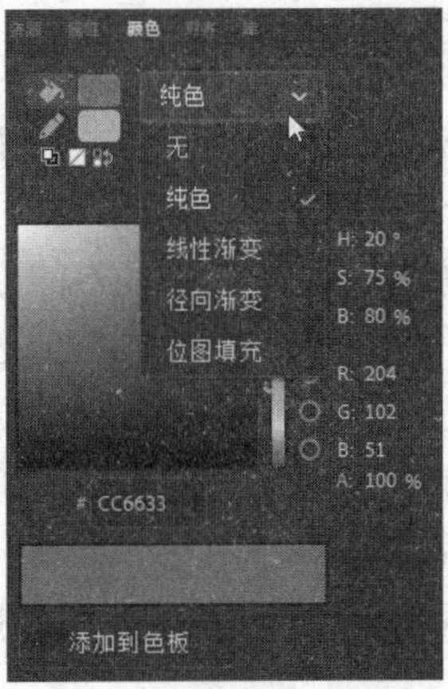

图 3-58 颜色类型

3.7.2 颜色面板的类型

Animate 2022 的颜色面板分为两种类型：一种是进行单色选择的颜色面板，如图 3-59 所示，它提供了 252 种颜色供用户选择；另一种是包含单色、渐变色以及位图的颜色面板，如图 3-60 所示，它除了提供 252 种单色，还提供了 7 种渐变颜色。

> **提示：** 如果当前文档中有导入的图片，则导入的图片将作为位图填充的图案显示在颜色面板中，如图 3-60 所示。

出现了这两个窗口之一后，鼠标指针就会变成滴管的形状，此时可以在"颜色"面板中选择颜色，选取的结果会显示在左上角的颜色框内，并且与之对应的 16 进制数值也会显示在"颜色值"文本框中。复合颜色面板的右上方还有一个按钮 ，单击这个按钮可以绘制无笔触或无填充颜色的图形。

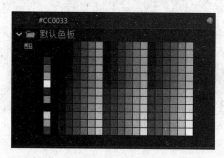

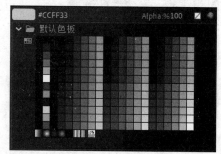

图 3-59 单色颜色面板　　　　　　　　　　图 3-60 复合颜色面板

3.7.3 创建新的渐变色

如果复合颜色面板中的 7 种渐变色不能满足创作的需要，用户可以通过下列步骤自定义新的渐变色：

1）在"窗口"菜单选中"颜色"选项，调出"颜色"面板。

2）在面板右上方的"颜色类型"下拉列表中选择一种渐变类型，在"颜色"面板底部将显示一个横向颜色条和两个已经定义好位置的颜色游标，如图 3-61 所示。

3）单击游标，在颜色条上方的色谱中指定所需的颜色。

4）调整色谱右侧的滑块位置，选择需要的颜色。拖动游标的位置可以改变不同颜色间的渐变宽度，在颜色条上单击，可以添加一个颜色游标，如图 3-62 所示。

5）在 Alpha 文本框中指定当前颜色的透明度。

6）设置渐变色后，单击"颜色"面板右上角的选项菜单按钮 ，在弹出的菜单中选择"添加样本"选项，即可将创建的渐变色添加到复合颜色面板中，如图 3-63 所示。

图 3-61 "颜色"面板

图 3-62 添加颜色游标

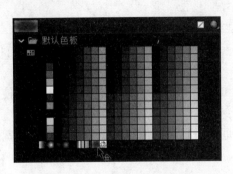

图 3-63 创建的径向渐变色

> **提示:** 如果需要增加更多的色块以便调整渐变色的渐变宽度，可在横向颜色条的任意位置单击；如果需要删除渐变色中的某种颜色，只需要将代表该颜色的游标拖离横向颜色条即可。

3.7.4 自定义颜色

单击如图 3-63 所示的面板右上角的色盘按钮 ，打开如图 3-64 所示的"颜色选择器"对话框。用户可以根据自己的需要定制喜爱的颜色。定制颜色有如下 4 种方法：

➢ 在"色调（H）""饱和度（S）""亮度（B）"文本框中输入数值。
➢ 在"红（R）""绿（G）""蓝（B）"文本框中输入数值。
➢ 在色彩选择区域内选择一种颜色，然后通过拖动旁边的滑块调整色彩的亮度。
➢ 在对话框底部的文本框中输入 16 进制颜色值。
单击"确定"按钮后，定制的颜色将出现在颜色框内。

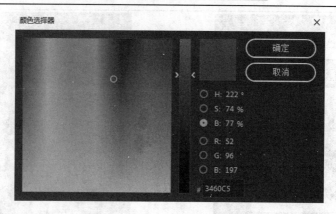

图 3-64 "颜色选择器"对话框

3.8 思考题

1. 简述 Animate 2022 工具箱中绘图工具的名称与作用。
2. 钢笔、铅笔、画笔这 3 种工具各有什么用途？它们各自包含哪些内容选项？每个选项有什么特殊作用？
3. 墨水瓶、颜料桶和滴管工具分别用在什么场合？如何使用它们？
4. 如何创建新的渐变效果？
5. 宽度工具的作用是什么？如何使用宽度工具创建可变宽度的笔触？

3.9 动手练一练

1. 使用绘图工具栏中的绘图工具，绘制如图 3-65 所示的图形。
2. 创建一种线性渐变色，然后使用创建的渐变色填充一个笔触大小为 5lb，颜色为红色，边角半径为 100 的矩形，如图 3-66 所示。

图 3-65 绘制图形

图 3-66 使用创建的渐变色绘制填充图形

第4章 文本处理

本章导读

    本章将向读者介绍如何使用 Animate 2022 对文本进行处理,内容包括:文本的类型、文本的属性设置、段落的属性设置与文本的输入和编辑方法。其中文本的创建包括横向文本的输入与垂直文本的输入;文本的属性设置包括字体与字号、颜色与样式的设置。

- ◎ 静态文本、动态文本和输入文本的区别
- ◎ 创建文本
- ◎ 设置文本属性
- ◎ 分散文字

4.1 文本类型

在 Animate 2022 的应用程序中，可以多种方式包含文本，可以创建包含静态文本的文本框，还可以创建动态文本框和输入文本框。动态文本框显示不断更新的文本，如股票报价或头条新闻；输入文本框用于输入表单或调查表的文本。

> **注意：**
> 在 Animate 2022 中，Text Layout Framework（TLF）功能已停止使用。在 Animate 中打开一个包含 TLF 文本的 FLA 文件时，其中的 TLF 文本将转换为传统文本。

4.1.1 静态文本

Animate 2022 中的文本可分为 3 种：静态文本、动态文本、输入文本。

静态文本在动画播放过程中，文本区域的文本是不可编辑和改变的。但是可以对静态文本块进行缩放、旋转、转移或者扭曲，指定不同的颜色和透明度效果。Animate 会把静态文本中使用的任何字体的轮廓都嵌入文件中，以便在其他设备上显示文字。此外，用户可以选择特定的设备字体以减小最终的输出文件大小，还可以消除对小文字的抗锯齿或是平滑功能。

单击绘图工具箱中的"文本工具"按钮**T**，弹出对应的属性面板，在"文本类型"下拉列表中选择"静态文本"选项，此时，属性面板如图 4-1 所示。

在属性面板上可以设置文本的以下属性：

图 4-1 "静态文本"属性面板 1

- ➢ 字体：在"字符"区域的"系列"下拉列表中选择计算机中已安装的字体。
- ➢ 字号：单击"大小"右侧的字段，可以直接输入字号。或者在字段上按下鼠标左键并拖动，改变字体的大小。
- ➢ 颜色：单击"填充"左侧的色块，可在打开的调色板中选择颜色。
- ➢ 文字风格：在"样式"下拉列表中可以设置文本的样式，如粗体、斜体和粗斜体。
- ➢ 文本方向：单击"改变文本方向"按钮█可以改变文本的方向，有 3 种方式：水平、垂直、垂直（从左向右）。
- ➢ 字距调节：单击"字母间距"右侧的字段，在出现的文本框中输入一个-60~60之间的整数，可以设置文本的字距；也可以按下鼠标左键并拖动，设置文本间距大小。如果字体包括内置的紧缩信息，勾选"自动调整字距"选项可自动将其紧缩。

➤ 格式：在"段落"区域单击中的一个按钮，可以设置文本的对齐方式。

➤ 间距和边距：在"段落"区域的"缩进""行距"和"边距"右侧的字段中可以设置文本的缩进量、行距和左/右边距。

➤ 垂直偏移：单击按钮，可从下拉列表中选择文字的位置。

默认情况下，文本显示在输入框的中间；单击按钮，表示将选中的文字向上移动，变成上标；单击按钮，表示将选中的文字向下移动，变成下标。

➤ 消除锯齿：指定字体的消除锯齿属性。有以下几项可供选择：

1）"使用设备字体"：指定 SWF 文件使用本地计算机上安装的字体来显示字体。使用设备字体时，应只选择通常都安装的字体系列，否则可能不能正常显示。

2）"位图文本（无消除锯齿）"：关闭消除锯齿功能，不对文本进行平滑处理。位图文本的大小与导出大小相同时，文本比较清晰，但对位图文本缩放后，文本显示效果较差。

3）"动画消除锯齿"：创建较平滑的动画。使用"动画消除锯齿"呈现的字体在字体较小时会不太清晰。建议在指定该选项时使用 10lb 或更大的字型。

4）"可读性消除锯齿"：创建高清晰的字体，即使在字体较小时也是这样。但是，它的动画效果较差，并可能导致性能问题。

5）"自定义消除锯齿"：自定义字体属性。

"自定义消除锯齿"属性如下：

①"粗细"：确定字体消除锯齿转变显示的粗细。较大的值可以使字符看上去较粗。

②"清晰度"：确定文本边缘与背景过渡的平滑度。

➤ 选中该图标，表示在播放输出的 Flash 文件中可以用鼠标拖拽选中的这些文字，并可以进行复制和粘贴。如果不选择这项，则在播放输出的 Animate 文件时不能用鼠标选中这些文字。

在舞台上输入文本后，选中文本，此时对应的"静态文本"属性面板如图 4-2 所示。除了可以修改如图 4-1 所示的属性之外，还可以设置文本的链接属性或应用滤镜。

图 4-2 "静态文本"属性面板 2

➤ 链接：在"选项"区域的"链接"文本框中输入网址，就可以给动画中的字符建立超级链接。

➤ 目标：打开超级链接的方式。

4.1.2　动态文本

动态文本就是可编辑的文本。在动画播放过程中，文本区域的文本内容可通过事件的激发来改变。它提供了一种实时跟踪和显示信息的方法。

在"文本类型"下拉列表中选择"动态文本"选项时的属性面板如图 4-3 所示。

该面板的很多内容在 4.1.1 节已经介绍，在"实例名称"文本框中可以为该文本框命名，通过程序可以动态地改变文本框显示的内容。

> ➢ "将文本呈现为 HTML" ：保留丰富的文本格式，如字体和超级链接，并带有相应的 HTML 标记。
>
> ➢ "在文本周围显示边框"：显示文本字段的黑色边框和白色背景。
>
> ➢ "嵌入"：选择要嵌入的字体轮廓。在"字体嵌入"对话框中，将选定文本字段的所有字符都嵌入文档。

图 4-3　"动态文本"属性面板

注意：

为了与静态文本相区别，动态文本的控制手柄出现在右下角，有圆形手柄和方形手柄两种方式。圆形手柄表示可变宽度文本框，文本框宽度随输入的文本宽度自动扩展；方形手柄表示以固定宽度显示文本。双击方形控制手柄，可以切换到圆形控制手柄。

4.1.3　输入文本

输入文本在动画播放过程中可供用户输入文本，实现用户与动画的交互，如填充表格、回答调查的问题或者输入密码等。

在"文本类型"下拉列表框中选择"输入文本"时的属性面板如图 4-4 所示。

创建输入文本的操作步骤如下：

1）新建一个 Animate 文件，单击绘图工具箱中的文本工具按钮 T，调出对应的属性设置面板。

2）在属性面板中的"文本类型"下拉列表中选择"输入文本"选项。

3）在"名称"文本框中键入输入文本的名称。该名称可在代码中被引用。

> **提示：**文本字段实例也是具有属性和方法的 ActionScript 对象。通过为文本字段指定实例名称，可以用 ActionScript 控制它。

4）在"段落"区域的"行为"下拉列表中选择行类型。

5）在"选项"区域的"最大字符数"文本框中输入文本可容纳的最多字符数。

6）在舞台上单击，确定文本区域的位置。

7）在文本区域中输入文字。

如果在"输入文本"对应的属性面板中单击"将文本呈现为 HTML"按钮 ，表示在文本区域内输入 HTML 代码。如果单击"在文本周围呈现边框"按钮 ，则显示文本区域的边界以及背景。如果不选择该项，则在动画播放过程中，文本区域的边框以及文本区域的背景是不可见的，文本区域的背景被整个动画的背景代替，此时，文本区域与普通的文本框在外观上没有区别。

"输入文本"与"静态文本"的属性基本相同，这里主要介绍"输入文本"特有的选项。

➢ 行类型：在"行为"下拉列表中有 4 个选项，即"单行""多行""多行不换行"以及"密码"，其中"密码"为输入文本所特有，选择"密码"类型，则输入的信息将以星号（*）代替。

图 4-4 "输入文本"属性面板

➢ 最大字符数：用于设置文本框内可见信息的最大字符数，最大值为 65535。

4.2 设置文本属性

Animate 2022 提供了多种处理文本的方法。例如，水平或垂直排列文本；设置字体、大小、样式、颜色和行距等属性；检查拼写；旋转、倾斜或翻转文本；将字体用作共享库的一部分。还可以使用 HTML 标签和属性，在文本字段中保留丰富文本格式。在"动态文本"字段或"输入文本"字段中使用 HTML 文本，可以使文本围绕图像（如 SWF 或 JPEG 文件或影片剪辑）排列。

4.2.1 设置字体与字号

字体与字号是文本属性中最基本的两个属性，在 Animate 2022 中，用户可以通过菜单命令或属性面板进行设置。

1. 设置字体

单击绘图工具箱中的文本工具按钮 ，调出属性面板，在"字符"选项中打开"字体"

第 4 章 文本处理

下拉列表框，如图 4-5 所示。在该下拉列表框中可以预览并选择字体。

图 4-5 "字体"下拉列表框　　　　图 4-6 "字号"子菜单

2．设置字号

选择"文本"菜单中的"大小"选项，弹出"字号"子菜单，如图 4-6 所示。用户可以从中选择一种字号。也可以调出属性面板，在"大小"文本框中输入数值，范围是 0~2500 之间的任意一个整数。

4.2.2　设置文本的颜色及样式

1．设置文本颜色

在属性面板中，单击"颜色"色块会打开颜色选择器，可以为当前选择的文字设置新的颜色。如果用户对颜色选择器内显示的颜色不满意，还可以选择自定义的颜色。

2．设置文本的样式

在属性面板中的"样式"下拉列表中可以设置文本的样式。或选择"文本"菜单中的"样式"选项，在弹出的子菜单（见图 4-7）中也可以设置不同的样式。

该子菜单中各个菜单命令的含义如下：

图 4-7 "样式"子菜单

- ➤ "粗体"：设置文本为粗体。
- ➤ "斜体"：设置文本为斜体。
- ➤ "仿粗体"：仿粗体样式。
- ➤ "仿斜体"：仿斜体样式。

在 Animate 2022 中，如果所选字体不包括"粗体"或"斜体"样式，如常见的"宋体"，则可选择"仿粗体"或"仿斜体"样式。仿样式效果可能看起来不如包含真正粗体或斜体样式的字体好。

- ➤ "下标"：将文本设置为下标。
- ➤ "上标"：将文本设置为上标。

4.3　设置段落属性

文本的段落属性包括对齐方式和边界间距两项内容。

4.3.1　设置段落的对齐方式

选择"文本"菜单中的"对齐"选项，弹出"对齐"子菜单，如图 4-8 所示。

选中绘图工具箱中的文本工具，调出属性面板，可以看到该面板中有 4 个设置段落对齐方式的图标按钮，分别是▤、▤、▤、▤。它们分别表示左对齐、居中对齐、右对齐、两端对齐。

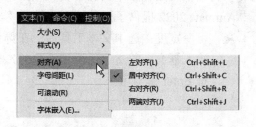

图 4-8　"对齐"子菜单

4.3.2　设置间距和边距

缩进是指第一行文本距离文本框或文本区域左边缘的距离。当数值为正时，表示文本在文本框或文本区域左边缘的右边；当数值为负时，表示文本在文本框或文本区域左边缘的左边。

行距表示两行文本之间的距离，当数值为正时，表示两行文本处于相离状态；当数值为负时，表示两行文本处于相交状态。

边距就是文本内容距离文本框或文本区域边缘的距离。例如，"左边距"指文本内容距离文本框或文本区域左边缘的距离。

选中绘图工具箱中的文本工具，调出属性面板，单击属性面板上的"缩进""行距"和"边距"右侧的文本字段，可以设置间距和边距，如图 4-9 所示。

- ➤ ▤：设置缩进的距离。
- ➤ ▤：设置行间距。

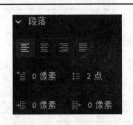

图 4-9 设置间距和边距

- ➤ ᴵ᷈: 设置左边距。
- ➤ ᴵ᷈: 设置右边距。

4.4 文本的输入

完成对字符属性和段落属性的设置后，就可以输入文字了。下面介绍 Animate 2022 中文本的输入方法和不同的输入状态。

若要在舞台上输入文字，可单击绘图工具箱中的文本工具按钮Ｔ，然后在舞台上单击，或按下鼠标左键并拖动。此时，舞台上出现一个文本框，用户可以在该文本框中输入文字，还可以将其他应用程序中的文字复制粘贴到舞台上。

Animate 2022 提供了两种输入方法：

- ➤ 可变宽度：选中文本工具后，在舞台上单击即可显示文字输入框，输入文字时，输入框会随着文字的增加而延长，如图 4-10 所示。如果需要对输入的文本换行，按 Enter 键即可。

图 4-10 默认状态下的输入

细心的读者可能会发现，图 4-10 中的两个文本框不太一样，即左边的文本框右下角有个小圆圈，而右边的文本框的小圆圈则在右上角。这是因为左边的文本框中输入的是动态文本或输入文本，而右边的文本框中输入的是静态文本。

- ➤ 固定宽度：通过拖动文本框上的小圆圈可以设定文字输入宽度，拖动后文本框上的小圆圈会变成小方块，文字输入框也会自动转变为固定宽度的输入框，当输入的文字长度超过设定的宽度时，文字将被自动换行，如图 4-11 所示。

提示：如果要取消固定宽度设置，双击传统文本框上的小方块，则回到默认状态；如果要从默认状态转换成固定宽度输入形式，只需要用鼠标拖动传统文本框上的小圆圈到适当位置后松开鼠标即可。

图 4-11 固定宽度下输入文本

　　默认状态下，文本的输入方向是水平方向，但是也可以沿垂直方向输入文字。垂直方向输入文字有两种输入方式：从左至右和从右至左。单击属性面板上的"改变文本方向"按钮，从弹出的菜单中选择需要的输入方式即可。

4.5　编辑文字

　　在舞台上创建文本后，常常需要进行修改，如转换文本的类型，将文字转换为矢量图形等。

4.5.1　转换文本类型

　　Animate 2022 的文本类型有 3 种：静态文本、动态文本、输入文本。其中，静态文本是系统默认的文本类型。使用属性面板中的文本类型下拉列表，可以对现有文本类型进行转换，如图 4-12 所示。

图 4-12 转换文本类型

4.5.2　分散文字

　　分散文字就是将文字转换为矢量图形。要注意的是，虽然可以将文字转变成矢量图形，但是这个过程是不可逆的，即不能将矢量图形转变成单个的文字或文本。"修改"菜单中的"分离"命令通常用于把元件简化为形状，也可以用来修改静态文本。

　　分散文字的操作步骤如下：

　　1）使用"修改"菜单中的"分离"命令，选定的文本中的每个字符就会被放置在单独的文本块中，如图 4-13 所示。

图 4-13 使用了一次"分离"命令

2）再次使用"分离"命令，即可以把步骤 1）中分离的字符转化成图形文本，如图 4-14 所示。

图 4-14 使用了两次"分离"命令

> **注意：**
> 可滚动文本字段中的文字不能使用"分离"命令。

4.5.3 填充文字

将文本转化成矢量图形的好处就是能够使文字产生更特殊的效果，如使用渐变色、变形、应用滤镜，或作为填充色块填充到其他封闭对象中。

把字符转化为图形文本以后，就可以使用任何绘图工具修改图形文字，还可以选择位图或者渐变色等特殊填充效果创建图案文本，如图 4-15 所示。或者使用橡皮擦工具擦除文字的一部分，如图 4-16 所示。

图 4-15 填充图形文本   图 4-16 擦除文字的一部分

填充文字操作步骤如下：

1）在 Animate 2022 中新建一个 Animate 文件。

2）选择绘图工具箱中的文本工具，在舞台上单击。

3）在文本工具的属性面板中设置字体、大小、文本填充颜色等属性。例如，设置字体为"Magneto"，字号 95，文本填充颜色为橙色。

4）返回舞台，在舞台上输入需要的文字，如"Sample"，效果如图 4-17 左图所示。

5）选中输入的文本，然后从"修改"菜单中选择 "分离"命令，执行两次，将文本转换为矢量图形。

6）在属性面板中单击"填充颜色"图标填充，选择需要的渐变色进行填充，填充效果如图 4-17 右图所示。

图 4-17 使用渐变色填充前后的文字

注意：

一旦把字符转换成为线条并进行填充后就不能再把它们作为文本进行编辑。即使重新组合字符或者把它们转换为元件，也不能再应用字体、字距或是段落选项。

4.6 思考题

1. 传统文本有哪几种类型？它们各有什么特点？
2. 如何创建一个动态文本？
3. 在 Animate 2022 中排列文本有哪几种方式？如何垂直排列一个新文本？
4. 如何使用渐变色填充文字？

4.7 动手练一练

1. 创建如图 4-18 所示的彩色文字。

图 4-18 创建文字效果

2. 创建如图 4-19 所示的两个文本块。

图 4-19 创建文本块

第 5 章 对象操作

本章导读

本章将向读者介绍对 Animate 舞台上的对象进行的一些基本操作,包括选择、移动、复制、删除等基本操作,以及翻转、旋转、倾斜、缩放、扭曲、自由变形、封套、排列、对齐和组合等变形操作,还将介绍如何使用"信息"面板和"变形"面板精确调整对象的大小和形状。

◎ 选取、移动和删除对象

◎ 缩放、旋转与翻转及自由变形

◎ 倾斜和封套对象

◎ 对齐、排列和组合对象

5.1 选择对象

若要编辑修改对象，必须先选择对象。Animate 2022 提供了多种选择对象的工具，最常用的就是选择工具和套索工具。

5.1.1 选择工具

单击绘图工具箱中的"选择工具"按钮，就可以选择对象。

在一个新建立的 Animate 文件中使用椭圆工具绘制一个椭圆，再使用矩形工具绘制一个矩形，如图 5-1 所示。本节就以这个图为例，说明使用选择工具选择对象的操作。

1）单击矩形的矢量线，只能选择一条边线，如图 5-2 所示。

图 5-1 绘制矢量图

图 5-2 选择一条边线

2）双击矢量线，会将与这条矢量线相连的所有外框矢量线一起选中，如图 5-3 所示。

3）在矢量色块上单击，可以选中这部分矢量色块，不会选中矢量线外框，如图 5-4 所示。

4）双击矢量色块，则同时选中矢量色块和矢量线外框，如图 5-5 所示。

图 5-3 选择外框

图 5-4 选择色块

图 5-5 选择整体

5）如果要同时选择多个不同的对象，可使用以下两种方法之一：

➢ 按下鼠标左键并拖动，用拖出的矩形线框选择多个对象，如图 5-6 所示。

➢ 按住 Shift 键，然后单击需要增加的对象。

6）如果只选择矢量图形的一部分，可以按下鼠标左键并拖动选择工具，框选需要的部分。这种方法只能选择规则的矩形区域，如图 5-7 所示。

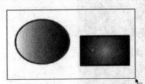

图 5-6 选择多个对象

图 5-7 选择对象的一部分

如果要选择不规则的区域，就要用到下面将介绍的套索工具。

5.1.2　套索工具

单击绘图工具箱中的"套索工具"按钮，可以选择对象的一部分。与选择工具相比，套索工具的选择区域可以是不规则的，因而显得更加灵活。

单击"套索工具"按钮，按下鼠标左键并拖动，沿光标运动轨迹会产生一条不规则的蓝线，如图 5-8 所示。拖动的轨迹既可以是封闭区域，也可以是不封闭的区域，套索工具都可以在此基础上建立一个完整的选择区域。图 5-9 所示为利用套索工具选取的图形。

图 5-8　使用套索工具选取的轨迹　　　　　图 5-9　选取的图形

注意：

使用套索工具时，如果按住 Alt 键，可以选择直线区域。如果要增加选区，则按住 Shift 键进行选择。否则，选择的只是后来拖动鼠标选择的区域。

5.1.3　魔术棒工具

单击"魔术棒"按钮，将鼠标指针移到某种颜色上，当鼠标指针变成时单击，即可将该颜色以及与该颜色相近的色块都选中。这种模式主要用于编辑色彩变化细节比较丰富的对象。

在使用魔术棒选取模式时，需要对魔术棒的属性进行设置。在绘图工具箱中选择魔术棒工具，即可打开"魔术棒"属性面板，如图 5-10 所示。

图 5-10　"魔术棒"属性面板

该属性面板各个选项的作用如下：

➢ "阈值"：在该文本框中输入阈值。值越大，魔术棒选取对象时的容差范围就越大，该选项的取值范围在 0~200 之间。

➢ "平滑"：有 4 个选项，分别是"像素""粗略""一般"和"平滑"。这 4 个选项是对阈值的进一步补充。

5.1.4 多边形工具

选中"多边形工具"按钮，将鼠标指针移动到舞台上并单击，添加第一个点，再将鼠标指针移动到下一个点并单击，添加第二个点。重复上述步骤，就可以选择一个多边形区域，如图 5-11 所示。选择结束后双击即可。

图 5-11 选择多边形区域

使用"多边形工具"，通过勾画直边选择区域选择对象的方法如下：

1）选择"多边形工具"。

2）在舞台上单击，指定起始点。

3）将鼠标指针放在第一条线要结束的地方，然后单击。采用同样的方法，指定其他线段的结束点。

4）若要闭合选择区域，双击即可。

5.2 移动、复制和删除对象

本节将介绍移动、复制和删除对象的操作方法。

5.2.1 移动对象

若要移动对象，可以使用鼠标拖动、使用键盘上的方向键，或使用"信息"面板。

使用鼠标拖动移动对象的方法如下：

1）使用选择工具 选中一个或多个对象。

2）将鼠标指针移动到对象上，当鼠标指针右下方显示两个垂直交叉的双向箭头 时，拖动鼠标即可移动对象。

使用方向键移动对象的方法如下：

1）使用选择工具 选中一个或多个对象。

2）按键盘上的箭头键可以进行微调，按一下移动一个像素。按下方向键的同时按下Shift 键，一次可以移动 10 个像素。

使用"信息"面板移动对象的方法如下：

1）选择舞台上要移动的单个对象。

2）选择"窗口"菜单中的"信息"选项，打开"信息"面板，如图 5-12 左图所示。单击"信息"面板中"注册点/变形点"按钮，选择对象的注册点/变形点的位置。

如果设置对象的中心点为注册点/变形点，则对应的"注册点/变形点"如图 5-12 右图所示。

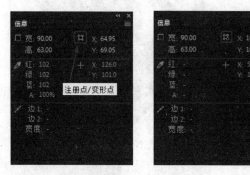

图 5-12 "信息"面板

3）在 X、Y 坐标文本框中输入对象的坐标值。坐标值是相对于舞台左上角或对象中心点而言的。

将鼠标指针移到笔触上时，"信息"面板上还将显示鼠标指针所在位置的笔触宽度。例如，将鼠标指针移到笔触宽度为 3 的线条上时，"信息"面板如图 5-13 所示。

图 5-13 显示鼠标指针处的笔触宽度

移动矢量图形时，经常会遇到这种情况，将一个矢量图形移动到另一个图形的上面，然后再移开时，下面图形和上面图形重叠的部分被上面的图形擦除了，留下一片空白。这种绘制模式称为"合并绘制模型"。为了避免或利用这种特性，可以使用"分离""组合"以及"取消组合"这几个命令。

此外，利用"对象绘制模式"可以将每个图形创建为独立的对象，分别进行处理，而不会干扰其他重叠形状。

> **提示：** 如果按住 Shift 键，同时用鼠标拖动选中的对象，可将选中的对象沿 45° 的整倍角度移动。

5.2.2 复制并粘贴对象

复制并粘贴对象的方法如下：
1）选中一个或多个对象。
2）选择"编辑"菜单中的"复制"选项，即可复制选中的对象。
3）选择另一个层、场景或文件执行以下操作之一：

➢ 选择"编辑"|"粘贴到中心位置"选项，将选择的对象粘贴在舞台中央。

➢ 选择"编辑"|"粘贴到当前位置"选项，将选择的对象粘贴到相对于舞台的同一位置。

➢ 选择"编辑"|"选择性粘贴"，在弹出的"选择性粘贴"对话框中可选择粘贴为可编辑的 Flash 绘画，或粘贴为设备无关性位图。

选择"编辑"|"直接复制"选项，即可复制并粘贴选中的对象。

此外，利用剪切板的剪切、复制和粘贴功能，也可以复制并粘贴对象。

5.2.3 删除对象

删除舞台上对象的方法如下：
1）选择一个或多个对象。
2）执行以下操作之一：

➢ 按 Delete 键或 Backspace 键，即可删除选中的对象。

➢ 打开"编辑"菜单，选择"清除"或"剪切"选项，即可删除选中的对象。

5.3 对象变形

使用绘图工具箱中的任意变形工具██和"变形"面板，可以将对象进行变形。使用"修改"|"变形"子菜单中的命令，也可以执行变形操作。

5.3.1 翻转对象

若要翻转一个对象，执行以下操作即可：

1）选择舞台上需要翻转的对象。

2）选择"修改"|"变形"|"水平翻转"或"垂直翻转"选项，可以将对象进行相应的翻转操作，如图 5-14 和图 5-15 所示。

图 5-14 水平翻转前后

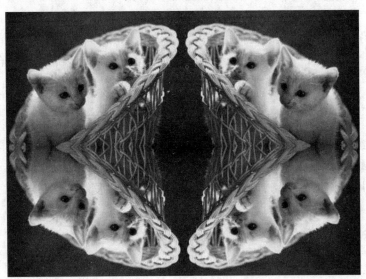

图 5-15 垂直翻转前后

5.3.2 旋转对象

若要旋转一个对象，执行以下操作即可：

1）选择要旋转的对象。

2）从"修改"|"变形"子菜单中选择"旋转与倾斜"选项。此时，在选中对象周围会出现黑色的变形框，如图 5-16 所示。

3）将鼠标指针移动到变形框的一个角上，当鼠标指针变成 时，按下鼠标左键并拖动，即可旋转对象，如图 5-17 所示。

4）如果选择的是"顺时针旋转 90°"或"逆时针旋转 90°"选项，则将对象顺时针或逆时针旋转 90°。

图 5-16 选择标志

图 5-17 旋转对象

5.3.3 倾斜对象

若要倾斜一个对象，执行以下操作即可：

1）选择舞台上的对象。

2）在"修改"|"变形"子菜单中选择"旋转与倾斜"选项。此时，在选中对象周围会出现变形框。

3）将鼠标指针移动到变形框某个边的中点，当鼠标指针变成 ⇆ 或 ‖ 时，按下鼠标左键并拖动，即可倾斜对象，如图 5-18 所示。

图 5-18 倾斜对象

5.3.4 缩放对象

若要缩放一个对象，执行以下操作即可：

1）选择舞台上的对象。

2）选择"修改"|"变形"|"缩放"选项。

3）将鼠标指针移动到变形框某条边的中点，当鼠标指针变成双向箭头 ↕ 或 ↔ 时，按下鼠标左键并拖动，即可在水平或垂直方向上缩放对象，如图 5-19 和图 5-20 所示。

4）将鼠标指针移动到变形框某个顶点上，当鼠标指针变成双向箭头 ↗ 时，按下鼠标左键并拖动，即可以同时在垂直和水平方向上缩放对象，如图 5-21 所示。

图 5-19 水平缩放对象

图 5-20 垂直缩放对象

图 5-21 同时在垂直和水平方向上缩放对象

提示：拖动的同时按下 Shift 键，可以约束比例进行缩放。

5.3.5 扭曲对象

若要扭曲一个对象，执行以下操作即可：

1）选择舞台上需要扭曲的对象。

2）选择"修改"|"变形"|"扭曲"选项。

3）将鼠标指针移到变形手柄上，当鼠标指针变成▷时，按下鼠标左键并拖动，即可扭曲对象，如图 5-22 所示。

注意：扭曲操作只适用于矢量图形，如果同时选中了舞台上的多个不同对象，扭曲操作也只会对其中的矢量图形起作用。

Chapter 05

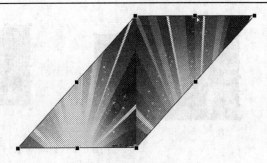

图 5-22 扭曲对象前后的效果

5.3.6 自由变形对象

绘图工具箱中的"任意变形工具" 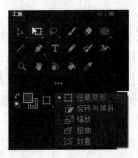 囊括了前面介绍的所有对象变换的功能，熟练地使用任意变形工具，可以灵活地对动画对象进行各种变形操作。

若要对对象进行自由变换，执行以下操作即可：

1）选择舞台上的对象。

2）选择工具箱中的"任意变形工具" ，然后根据需要在绘图工具箱底部选择如图 5-23 所示的变形工具。

图 5-23 选择变形工具

3）将鼠标指针移到选中对象的变形手柄上，根据鼠标指针放置位置和选择的变形工具的不同，可以对选中对象进行移动、旋转、缩放、封套、扭曲等操作。

5.3.7 封套对象

若要封套一个对象，执行以下操作即可：

1）选择舞台上的对象。

2）选择"修改"|"变形"|"封套"选项。

3）拖动变形手柄，就可以对选择的对象进行封套变形，如图 5-24 所示。

注意：
封套操作只适用于矢量图形，如果选择的对象中包含了非矢量图形，变形将只会对矢量图形起作用。

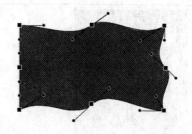

图 5-24 封套对象

5.3.8 使用"变形"面板

使用"变形"面板可以精确地将对象进行等比例缩放、旋转，还可以精确地控制对象的倾斜度。

若要精确地调整一个对象，执行以下操作即可：

1）在舞台上选择需要精确调整的对象。

2）执行"窗口"|"变形"命令，打开"变形"面板，如图 5-25 所示。

3）在该面板中进行相应的变形设置。

➤ ↔：水平方向的缩放比例。

➤ ↕：垂直方向的缩放比例。

图 5-25 "变形"面板

如果"约束"按钮显示为 🔗，则表示对象进行缩放的纵横尺寸之比是固定的，对一个方向进行了缩放，则另一个方向上也将进行等比例的缩放。单击该按钮，按钮显示为 🔗，则水平方向和垂直方向的缩放比例没有任何联系，可以分别进行缩放。

如果对设置的变形参数不满意，可以单击"重置缩放"按钮 🔄，取消变形。

➤ 选中"旋转"单选按钮，在"旋转角度"文本框中输入需要旋转的角度。

➤ 选中"倾斜"单选按钮，在"水平倾斜"和"垂直倾斜"文本框中分别输入水平方向与垂直方向需要倾斜的角度。

➤ 在"3D 旋转"区域，设置 x、y 和 z 轴的坐标值，可以旋转选中的 3D 对象。

➤ 在"3D 中心点"区域，可以移动 3D 对象的旋转中心点。

➤ 单击"水平翻转所选内容"按钮 🔛，可将选中的对象进行水平翻转。

➤ 单击"垂直翻转所选内容"按钮 🔛，可将选中的对象进行垂直翻转。

➤ 单击"重制选区和变形"按钮 🔁，则原来的对象保持不变，将变形后的对象效果制作一个副本放置在舞台上。

➤ 单击"取消变形"按钮 🔄，可以将选中的对象恢复到变形之前的状态。

5.3.9 使用"信息"面板

使用"信息"面板可以精确地调整对象的位置和大小。

1）在舞台中选中需要精确调整的对象。

2）选择"窗口"|"信息"选项，弹出"信息"面板，如图 5-26 所示。

3）在该面板中设置对象的位置、高度和宽度。

➢ 宽：在该文本框中输入选中对象的宽度值。

➢ 高：在该文本框中输入选中对象的高度值。

➢ X：在该文本框中输入选中对象的横坐标值。

➢ Y：在该文本框中输入选中对象的纵坐标值。

还可以在该面板中查看鼠标指针当前位置的颜色 RGB 和 Alpha 值、鼠标指针当前位置的坐标值，以及鼠标指针处的笔触宽度。

图 5-26 "信息"面板

5.4 排列对象

在同一层中如果舞台上出现多个对象，对象之间可能会相互重叠，上层对象覆盖底层对象，这时就需要将对象的排列次序做相应的调整，方便编辑。

改变同一层中对象的排列次序的步骤如下：

1）选择舞台上的对象，如图 5-27 所示，选择"夕阳"图片。

2）选择"修改"|"排列"|"上移一层"选项，此时即可将选择的对象向上移动一层，如图 5-28 所示。

图 5-27 选择对象

图 5-28 对象上移一层

3）选中鲜花图片，选择"修改"|"排列"|"移至顶层"选项，此时即可将选择的对象移动到最顶层，如图 5-29 所示。

4）选择"修改"|"排列"|"下移一层"选项，此时即可将选择的对象移动到下面一层，如图 5-30 所示。

图 5-29 将对象移至最顶层　　　　　　　　　　图 5-30 对象下移一层

5）选中"夕阳"图片，选择"修改"|"排列"|"移至底层"选项，此时即可将选择的对象移动到最底层，如图 5-31 所示。

图 5-31 将对象移至最底层

如果排列时同时选择了多个对象，所有选中的对象将同时进行移动排列，并且它们之间的排列关系保持不变。

注意：

以上这几个选项只能用来改变同一层中的对象之间的排列关系，不能改变不同层中的对象排列关系。

5.5　对象对齐

对齐操作包括对象与对象对齐和对象与舞台对齐。在 Animate 2022 中只需要使用一个"对齐"浮动面板，就可完成各种对齐操作。执行"窗口"|"对齐"命令，打开如图 5-32 所示的"对齐"面板。

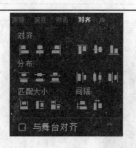

图 5-32 "对齐"面板

5.5.1 对象与对象对齐

若要将一个对象与其他对象对齐，执行以下操作即可：

1）选择舞台上的 3 个对象，如图 5-33 所示。

2）打开"对齐"面板，单击"对齐"区域的"垂直中齐"按钮，选择的对象水平中心对齐，结果如图 5-34 所示。

3）单击"间隔"区域的"水平平均间隔"按钮，选择的对象则在水平方向上等距离分布，如图 5-35 所示。

4）单击"分布"区域的"左侧分布"按钮，则选择对象以左边为基准等距离分布，如图 5-36 所示。

5）单击"匹配大小"区域的"匹配高度"按钮，可以使选择对象的高度相同，如图 5-37 所示。

图 5-33 选择对象 　　　　　　　　　　　图 5-34 垂直中齐效果

 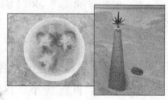

图 5-35 水平平均间隔效果 　　　　　　　图 5-36 左侧分布效果

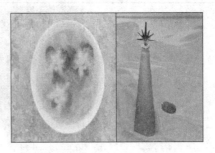

图 5-37 匹配高度效果

注意:
单击"匹配大小"区域的按钮以后,Animate 2022 是以对象中的宽度或高度的最大值为基准,将其他对象的宽度或高度进行拉伸,从而达到与最大值匹配的效果。

5.5.2 对象与舞台对齐

若要将对象与舞台对齐,执行以下操作即可:

1)选择舞台上的对象,如图 5-38 所示。

2)打开"对齐"面板,选中"与舞台对齐"选项,如图 5-39 所示。

3)单击"对齐"区域的"垂直中齐"按钮 ,则选择对象与舞台水平中心对齐,如图 5-40 所示。

图 5-38 选择对象　　　　　　　　图 5-39 选中"与舞台对齐"选项

4)单击"间隔"区域的"水平平均间隔"按钮 ,则选择对象相对于舞台在水平方向上等距离分布,如图 5-41 所示。

5)单击"分布"区域的"左侧分布"按钮 ,则选择对象以左边为基准相对于舞台等距离分布,同时选择的对象在水平方向上占满整个舞台,如图 5-42 所示。

6)单击"匹配大小"区域的"匹配高度"按钮 ,则选择对象高度与舞台相同,如图 5-43 所示。

"对齐"面板中的其他功能按钮在这里不再一一介绍,读者可以通过上机操作熟悉其他按钮的功能。

图 5-40 垂直中齐效果

图 5-41 水平平均间隔效果

图 5-42 左侧分布效果

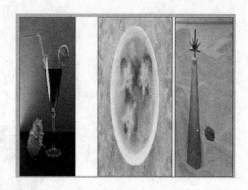

图 5-43 匹配高度效果

5.6 组合对象

在编辑对象的过程中，往往需要将多个分散独立的对象看作一个整体进行编辑，这时候就要用到"组合"命令。可以组合的对象包括矢量图形、元件实例、文本等，组合后的对象在舞台上作为一个整体对象存在。

将对象进行组合和取消组合的操作步骤如下：

1）在舞台上选择需要组合的对象，如图 5-44 所示的图片和文本。

2）执行"修改"|"组合"命令，即可将选择的对象组合成为一个整体，如图 5-45 所示。

图 5-44 选择对象

图 5-45 组合后的效果

3）执行"修改"|"取消组合"命令，即可解散对象的组合关系，各对象恢复到未组

合前的状态，如图 5-44 所示。

5.7　思考题

1．将对象进行移动和复制各有哪些方法？

2．在 Animate 2022 中可以将对象进行哪几种变形操作？掌握任意变形与其他几种变形工具之间的关系。

3．如何改变对象的排列次序？

4．对象之间的对齐与舞台对齐有何不同？这两种对齐方式分别如何操作？

5．为什么要将对象进行组合？如何组合与取消组合？

5.8　动手练一练

1．动手熟悉"对齐"面板中的按钮功能。

2．绘制一个如图 5-46 所示的填充椭圆，然后分别进行如图 5-47 所示的几种变形。

图 5-46　原图

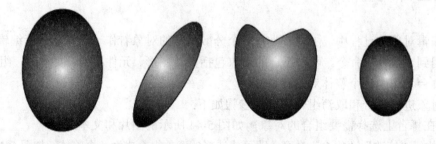

图 5-47　变形后的效果图

提示：分别采用旋转、扭曲、封套以及缩放 4 个命令即可完成。

第6章 图层与帧

本章将向读者介绍图层与帧的基本概念和操作，内容包括图层的模式，对图层进行创建、复制和删除，改变图层顺序以及设置图层属性，引导图层与遮罩图层的使用方法。其中，引导图层的使用又包括普通引导图层的使用和运动引导图层的使用，最后介绍帧的编辑与属性设置。

◎ 图层与帧的基本概念

◎ 添加、编辑图层与帧

◎ 引导层和遮罩层的运用

◎ 设置帧的属性

6.1 图层的基本概念

组织一个 Animate 动画需要用到很多图层。许多图形软件都使用图层来处理复杂绘图、增加深度感。使用图层有许多好处，在处理复杂场景及动画时，图层可以起到辅助作用。通过将不同的元素（比如背景图像或元件）放置在不同的图层上，很容易做到用不同的方式对动画进行定位、分离及重排序等操作。

6.1.1 图层概述

时间轴窗口的左侧部分就是图层面板。在 Animate 2022 中，图层可分为普通图层、引导图层和遮罩图层。引导图层又分为普通引导图层和运动引导图层。使用引导图层和遮罩图层的特性，可以制作出一些复杂的效果。

普通图层与引导图层关联后，称为被引导图层；与遮罩图层关联后，称为被遮罩图层。如果图层面板中的图层过多，可以使用图层文件夹管理图层。

6.1.2 图层的模式

不同模式的图层以不同的方式工作。单击图层面板右上角的功能按钮图标，可以很方便地改变图层的模式。图层有如下 4 种模式：

➢ 当前图层模式：单击图层名称栏的适当位置，即可将选中的图层指定为当前层，且突出显示，如图 6-1 所示的"图层_2"。无论何时建立一个新的图层，该模式都是它的初始模式。用户绘制的任何一个对象，或导入的位图将放在这一图层。在任何时候，只能有一个图层处于这种模式。

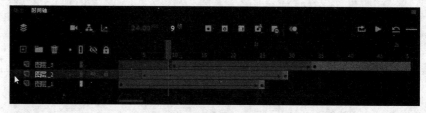

图 6-1 当前图层模式

➢ 隐藏模式：当图层的名称栏上固定显示一个图标，且高亮显示时，表示当前图层为隐藏模式，如图 6-2 所示的"图层_3"。如果要集中处理舞台上的某一部分，隐藏一图层或多图层中的某些内容是很有用的。

➢ 锁定模式：当图层的名称栏上固定显示一个锁图标，且高亮显示时，表示当前图层被锁定，如图 6-3 所示的"图层_1"。如果图层被锁定，可以看见该图层上的元素，但是无法对其内容进行编辑。如果不想再对某个图层进行修改或防止被误删除，可以锁定该图层。

➢ 轮廓模式：当图层的名称栏上显示彩色方框，而不是实心方块时，表示该图层处于轮廓模式,如图6-4所示的"图层_4"。轮廓模式中的图层仅显示内容的轮廓线。

图6-2 隐藏模式

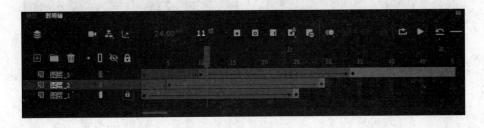

图6-3 锁定模式

图6-4 轮廓模式

再次单击轮廓图标,可以使图标变为彩色方块,该图层的对象以实体显示。

此外,Animate 2022引入了"高级图层"。使用高级图层,可以在"图层深度"面板中修改图层在z轴方向的排列次序,从而创建深度感。

默认情况下,图层面板中的图层为基本图层,图层深度功能处于关闭模式。选择"修改"菜单中的"文档"选项,弹出"文档设置"对话框,如图6-5所示。勾选"使用高级图层"选项,然后单击"确定",即可开启高级图层模式。使用高级图层时,Animate将图层转换为元件。如果要使用脚本访问这些元件,必须将图层作为对象来调用。

单击图层面板上的"调用图层深度面板"按钮,打开如图6-6所示的"图层深度"面板。每个图层用唯一的彩色线条表示,向上或向下移动彩色线条,可以增加或减小每个图层中对象的深度。图层深度值显示在图层名称右侧,用户也可以直接修改该值,动态更改图层的深度。

 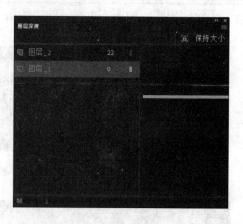

图 6-5 "文档设置"对话框 　　　　　　图 6-6 "图层深度"面板

6.2 图层的操作

图层的主要好处是用户可以通过分图层，把不同的效果添加到不同的图层上，这样合并起来就是一幅生动而且复杂的作品。下面介绍图层的一些基本操作。

6.2.1 创建图层

新建一个 Animate 2022 文件后，文件默认的图层数为 1。为了改变图层数，需要创建新的图层。

创建一个新图层有以下 3 种方法：

1）使用"插入"|"时间轴"|"图层"命令。

2）单击图层面板左下角的"新建图层"按钮 。

3）右击图层面板中的任意一图层，在弹出的快捷菜单中选择"插入图层"命令。

注意：

　　在时间轴上增加一个新的图层时，Animate 自动在图层上添加足够多的帧，以与时间轴的最长帧序列匹配。例如，"图层 1"上最长帧序列为 20 帧，Animate 将自动在所有新图层上添加 20 个帧。

6.2.2 选取和删除图层

在图层面板中单击图层，或单击该图层的某一帧，即可选中一个图层。被选中的图层在图层面板中呈深蓝色，所选中的图层即变为当前图层，如图 6-7 所示。

若要删除一个图层，则必须先选中该图层，然后可以通过以下两种方法删除选中的图层。

1）单击图层面板底部的"删除"按钮 。

2）在要删除的图层上右击，在弹出的快捷菜单中选择"删除图层"命令。

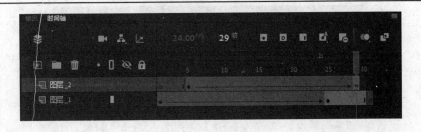

图 6-7 选取图层

6.2.3 重命名图层

Animate 自动为不同的图层分配不同的名称,如:图层_1,图层_2。依照图层之间的关系命名,可为日后管理、编辑图层带来便捷。

若要重命名图层,可选用以下两种方法之一:

1)在要重命名的图层上右击,在弹出的快捷菜单中选择"属性"命令,在弹出的"图层属性"对话框中的"名称"文本框中输入需要的名称即可,如图 6-8 所示。

2)双击图层名称,图层名称变为可编辑状态时输入一个新的图层名,如图 6-9 所示。

图 6-8 "图层属性"对话框

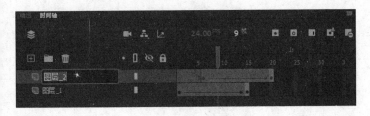

图 6-9 修改图层名称

6.2.4 复制图层

有时需要复制某个图层上的内容及帧来建立一个新的图层,这在从一个场景到另一个场景或从一个影片到其他影片传递图层时很有用,甚至可以同时选择一个场景的所有图层,粘贴到其他任何位置复制场景,或者复制图层的部分时间轴生成一个新的图层。在另一个图层的开始位置粘贴一个图层的内容及帧序列时,该图层的名字将自动设置为与被复制图层相同。

若要复制一个图层,可执行如下操作:

1)新建一个图层,用于接受被复制图层的内容。

2)选择要复制的图层,单击要复制的第 1 帧,然后按住 Shift 键单击要复制的最后一帧。选择的区域变成紫色,表明被选中,如图 6-10 所示的图层_2 的第 5 帧到第 30 帧。

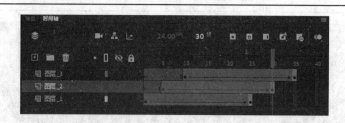

图 6-10 选中图层

3）在选中帧上右击，在弹出的快捷菜单中选择"复制帧"命令。

4）在新建的空图层上右击要粘贴内容的起始帧，在弹出的快捷菜单中选择"粘贴帧"命令，如图 6-11 所示。

这样，就完成了对单图层的复制与粘贴。

Animate 2022 的帧菜单中还有一个"粘贴并覆盖帧"选项，可用复制的帧替换时间轴上相同数目的帧。例如，复制 10 个帧，然后使用"粘贴并覆盖帧"选项，从粘贴处开始的 10 个帧会被复制的帧覆盖。

如果要复制多个图层，可执行如下操作：

1）新建一个图层，用于接受被复制图层上的元素。

2）选择要复制的图层，从第一图层的第一帧开始单击并拖动鼠标，直到最后一图层的最后一帧，然后释放鼠标。选择的区域将以土黄色突出显示，如图 6-12 所示。

图 6-11 帧菜单　　　　　　　　　　　图 6-12 选中多个图层

3）右击所选的任意一帧，然后在弹出的快捷菜单中选择"复制帧"命令。

4）右击刚才新建的空图层上的任意一帧，在弹出的快捷菜单上选择"粘贴帧"命令，即可准确完成对多个连续图层的复制与粘贴，如图 6-13 所示。

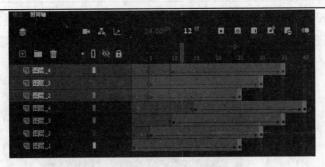

图 6-13 复制并粘贴多个图层

> **提示：** 如果要选中一个图层上连续的帧序列，可以先单击这一图层的第一帧，然后按下 Shift 键，再单击这一图层的最后一帧。使用同样的方法，可以选择连续的多个图层。

6.2.5 改变图层顺序

如果需要改变图层的顺序，可先选择需要调整顺序的图层，然后在该图层上按住鼠标左键不放，拖拽到需要的位置，释放鼠标即可，如图 6-14 所示。

图 6-14 更改图层顺序

6.2.6 修改图层的属性

若要修改图层的属性，则先选中该图层，然后在该图层上双击，调出"图层属性"对话框，如图 6-15 所示。

该对话框中各个选项的作用如下：

➤ "名称"：在该文本框中输入选定图层的名称。

➤ "锁定"：如果用户选择了该项，则图层处于锁定状态，否则处于解锁状态。

➤ "连接至摄像头"：开启高级图层模式后，将图层附加到摄像头。连接到摄像头后，图层上的对象将固定到摄像头，并且总是与摄像头一起移动。

➤ "可见性"：设置图层的显示状态。如果选择"不透明度"，还可以设置不透明度，设置为 0 时，在舞台上不可见。设置为"透明"的图层在图层面板上会显示透明图标█。

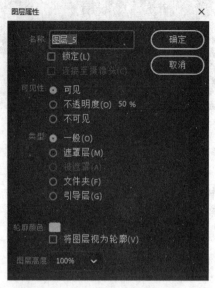

图 6-15 "图层属性"对话框

> ➤ "类型"：利用该选项，可以设置图层的类型。分为以下几个选项：
>> ✓ "一般"：表示将选定的图层设置为普通图层。
>> ✓ "遮罩层"：表示将选定的图层设置为遮罩图层。
>> ✓ "被遮罩"：表示将选定的图层设置为被遮罩图层。
>> ✓ "文件夹"：表示将选定的图层设置为图层文件夹。
>> ✓ "引导层"：表示将选定的图层设置为引导图层。
> ➤ "轮廓颜色"：指定当图层以轮廓显示时的轮廓线颜色。
> ➤ "将图层视为轮廓"：选中的图层以轮廓的方式显示图层内的对象。
> ➤ "图层高度"：改变图层单元格的高度。

6.2.7 标识不同图层上的对象

在一个包含很多图层的复杂场景中，跟踪某个对象并不是一件容易的事。下面就介绍两种方法，使读者能够很快识别选中对象所在的图层。

1）为对象赋予一个有色轮廓，以便在图层上标识它，该有色轮廓显示在这一图层的名称栏上。可以对每一图层使用不同的颜色，这使在每一图层上标识对象变得简单得多，因为可以在舞台上看出对象在哪一图层上。

2）在场景中选择某个对象，它所在的图层将突出显示，从而可以很容易地识别需要编辑的特定图层。

若要用有色轮廓标识图层上的对象，可执行如下操作：

1）选择要改变属性的图层，使该图层在时间轴上突出显示。

2）右击该图层，然后在弹出的快捷菜单中选择"属性"命令，弹出"图层属性"对话框。

3）在"轮廓颜色"选项中选择轮廓的颜色，并选中"将图层视为轮廓"复选框，如图 6-16 所示。

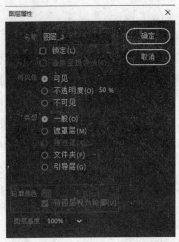

图 6-16 选中"将图层视为轮廓"选项

4）单击"确定"按钮。该图层的对象以轮廓形式显示，如图 6-17 所示。

> 提示：单击图层名称右侧的方框轮廓按钮，也可以完成这项工作。在用轮廓颜色标识某个图层上的对象时，该对象会暂时失去它的填充色，仅显示轮廓。

图 6-17 轮廓标识前、后的效果对比

6.2.8 快速编辑图层

在处理有很多图层的场景时，有时需要看到所有的图层，有时只需要看到其中一图层或只对一图层进行编辑。如果有 10 个、20 个或更多的图层，可能要花费大量的时间用来开关这些图层的相关属性。这时需要一个快速编辑命令。

在图层的名称栏上右击，然后在弹出的快捷菜单中选择适当的命令。这样操作会节省时间，如图 6-18 所示。

图 6-18 快捷菜单

➢ 显示并解锁全部：解锁所有图层，也能使隐藏的所有图层变得可见。

➢ 锁定其他图层：锁定除当前选定图层之外的所有图层。

➢ 隐藏其他图层：隐藏除当前选定图层之外的所有图层。这一图层成为当前图层，这时将不能看见或编辑其他任何图层。

➢ 显示其他透明图层：显示除当前选定图层以外的所有透明图层。

6.3 引导图层

引导图层的作用是引导与它相关联图层中对象的运动轨迹或定位。在引导图层中可以打开显示网格的功能、创建图形或其他对象，在绘制轨迹时起到辅助作用。还可以把多个图层关联到一个图层上。

引导图层只在舞台上可见，在输出的影片中不会显示。也就是说，在最终影片中不会显示引导图层的内容。只要合适，可以在一个场景或影片中使用多个引导图层。

6.3.1 普通引导图层

普通引导图层只能起到辅助绘图和绘图定位的作用。

创建普通引导图层的步骤如下：

1）单击图层面板左下角的"新建图层"按钮，创建一个普通图层。

2）将鼠标指针移动到该图层上，然后右击，在弹出的快捷菜单中选择"引导层"命令即可。此时，图层名称左侧显示图标。

6.3.2 运动引导图层

实际创作的动画中会包含许多直线运动和曲线运动，在 Animate 中建立直线运动是一件很容易的事，而建立一个曲线运动或沿一条路径运动的动画就需要使用运动引导图层。

事实上，在运动引导图层中放置的唯一的东西就是路径。填充的对象对运动引导图层没有任何影响，并且该图层中的对象在最终产品中不可见。

运动引导图层至少与一个图层建立联系，它可以连接任意多个图层，被连向运动引导图层的图层称为被引导图层。只有在创建运动引导图层时选择的图层才会自动与该运动引导图层建立连接。将图层与运动引导图层连接，可以使被引导图层上的元件沿着运动引导图层上的路径运动。被连接图层的名称栏将被嵌在运动引导图层的名称栏的下面，表明一种图层次关系。

默认情况下，任何一个新生成的运动引导图层自动放置在被引导图层的上面。用户可以像操作标准图层一样重新安排它的位置，然而任何与它连接的图层都将随之移动，以保持它们之间的位置关系。

若要建立一个运动引导图层，可以执行如下操作：

1）单击要建立运动引导图层的图层，使之突出显示。

2）在该图层的名称处右击，从弹出的快捷菜单中选择"添加传统运动引导层"命令。此时就会创建一个引导图层，并与刚才选中的图层关联起来，如图 6-19 所示。

可以看到，运动引导图层的名称左侧显示引导图标；被引导图层的名字向右缩进，表示它是被引导图层。

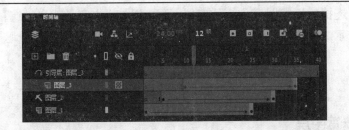

图 6-19 创建运动引导图层

若要使其他的图层与运动引导图层建立连接，可执行如下操作：

1）选择欲与运动引导图层建立连接的标准图层，如图 6-20 左图所示，然后按下鼠标左键并拖动，此时图层底部显示一条黑色的线，表明该图层相对于其他图层的位置。

2）拖动该图层，直到标识位置的黑色粗线出现在运动引导图层的下方，然后释放鼠标。这一图层即可连接到运动引导图层上，如图 6-20 右图所示。

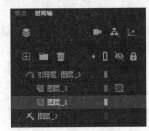

图 6-20 将图层 1 与运动引导图层建立连接

若要取消与运动引导图层的连接关系，可执行如下操作：

1）选择要取消与运动引导图层连接关系的图层，然后按下鼠标左键并拖动。

2）拖动图层，直到标记位置的黑线出现在运动引导图层的上方或其他标准图层的下方，然后释放鼠标。

> **提示：** 运动引导图层可以具有标准图层的任何模式。因此，可以隐藏或锁定引导图层。

6.4 遮罩图层

在遮罩图层中，绘制的一般是单色图形、渐变图形、线条和文字等，都会挖空区域。这些挖空区域将完全透明，其他区域则完全不透明。利用遮罩图层的这个特性，可以制作出一些特殊效果，如图像的动态切换、探照灯和图像文字等效果。

6.4.1 遮罩图层简介

透过遮罩图层内的图形，可以看到下面图层的内容；透过遮罩图层内的无图形区域，不能看到下面图层的内容。

与遮罩图层连接的标准图层称为被遮罩图层，其中的内容只能通过遮罩图层上具有实心对象的区域显示。遮罩图层可以有多个被遮罩图层，被遮罩图层位于遮罩图层的下方，且向右缩进。

将遮罩图层上的对象做成动画，可以创建移动的遮罩图层。

6.4.2　创建遮罩图层

若要创建一个遮罩图层，可执行如下操作：

1）在要转化为遮罩图层的图层上右击。

2）在弹出的快捷菜单上选择"遮罩层"命令，如图 6-21 所示。

此时，遮罩图层名称（图层_2）左侧显示遮罩图标███；被遮罩图层名称（图层_1）左侧显示███，且向右缩进，如图 6-22 所示。

注意：
　　创建遮罩图层后，Animate 2022 会自动锁定遮罩图层和被遮罩图层。如果需要编辑遮罩图层，必须先解锁，然后再编辑。但是解锁后就不会显示遮罩效果，如果需要显示遮罩效果，必须再次锁定图层。

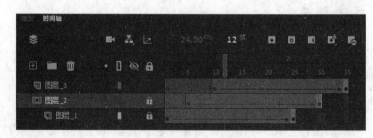

图 6-21　选择"遮罩层"命令　　　　　图 6-22　创建图层_2 为遮罩图层

6.4.3　编辑遮罩图层

若要将其他图层连接到遮罩图层，可执行如下操作：

1）选中要与遮罩图层建立连接的标准图层，如图 6-23 所示的"图层_3"。

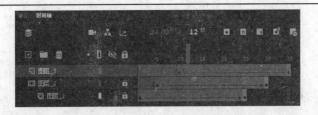

图 6-23 选中图层_3

2）拖动图层，直到在遮罩图层的下方出现一条用来表示该图层位置的黑线，然后释放鼠标。此图层现在已经与遮罩图层连接，如图 6-24 所示。

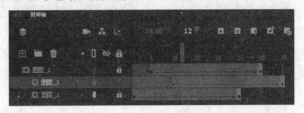

图 6-24 图层_3 与遮罩图层建立连接

若要编辑被遮罩图层上的对象，可执行如下操作：

1）单击需要编辑的被遮罩图层，它将突出显示。

2）单击该图层上的锁定按钮🔒解除锁定。现在可以编辑该图层的内容了。

3）完成编辑后，在该图层上右击，从弹出的快捷菜单中选择"显示遮罩"命令，重建遮罩效果。

> 📱 **提示：** 编辑被遮罩图层的内容时，遮罩图层有时会影响操作。为了防止误编辑，可以隐藏遮罩图层。

6.4.4 取消遮罩图层

如果要取消遮罩效果，必须中断遮罩连接。中断遮罩连接的操作方法有如下 3 种：

1）在图层面板中，将被遮罩的图层拖动到遮罩图层的上方。

2）双击遮罩图层，在弹出的"图层属性"对话框中选中"一般"单选按钮。

3）将光标移动到遮罩图层的名称处，然后右击，在弹出的快捷菜单中取消"遮罩层"命令的选择。取消遮罩前后的效果如图 6-25 所示。

图 6-25 取消遮罩图层前后的效果

6.5 帧

动画制作实际上就是改变连续帧的内容的过程。帧代表时刻，不同的帧就是不同的时刻，画面随着时间的变化而变化，就形成了动画。

6.5.1 帧的基础知识

1. 帧与关键帧

帧是在动画最小时间内出现的画面。Animate 2022 制作的动画以时间轴为基础，由先后排列的一系列帧组成。帧的数量和帧频决定了动画播放的时间。

时间轴标尺上的播放头用以显示当前所检视的帧位置，在时间轴的上方，会显示播放头当前所指向的帧的编号，如图 6-26 所示。播放动画时，播放头会沿着时间标尺从左向右移动，以指示当前所播放的帧。

图 6-26 播放头

在时间轴上，实心圆点表示关键帧，空心圆点表示空白关键帧。创建一个新图层时，第一帧自动被设置为关键帧。通过时间轴上帧的显示方式可以判断出动画的类型。例如，两个关键帧之间有紫色的背景和黑色的箭头指示，表示渐变动画类型。如果出现了虚线，则说明渐变过程发生了问题。

关键帧是动画中具有关键内容的帧，或者说是能改变内容的帧。关键帧的作用就在于能够使对象在动画中产生变化。利用关键帧的办法制作动画，可以大大简化制作过程。只要确定动画中的对象在开始和结束两个时间的状态，Animate 会自动通过插帧的办法计算并生成中间帧的状态。如果需要制作比较复杂的动画，动画对象的运动过程变化很多，仅仅靠两个关键帧是不行的。此时，可以通过增加关键帧来达到目的。关键帧越多，动画效果就越细致。如果所有的帧都成为关键帧，就形成了逐帧动画。

2. 空白关键帧

若帧被设定成关键帧，而该帧又没有任何对象，它就是一个空白关键帧。插入一个空白关键帧时，它可以将前一个关键帧的内容清除掉，画面的内容变成空白，其目的是使动画中的对象消失。

在一个空白关键帧中加入对象以后，空白关键帧就会变成关键帧。前一个关键帧与后一个关键帧之间会用黑色线段来划分区段，而且每一个关键帧区段都可以赋予一个区段名称。在同一个关键帧的区段中，关键帧的内容会保留给它后面的帧。

普通帧也被称为空白帧，在时间轴窗口中，关键帧总是在普通帧的前面。前面的关键帧总是显示在其后面的普通帧内，直到出现另一个关键帧为止。

3．帧频

默认情况下，Animate 2022 动画每秒播放的帧数为 24（fps）。帧频过低，动画播放时会有明显的停顿现象；帧频过高，则播放太快，动画细节会一晃而过。因此，只有设置合适的帧频，才能使动画播放取得最佳效果。

一个 Animate 动画只能指定一个帧频。最好在创建动画之前先设置帧频。

6.5.2　帧的相关操作

在创建动画时，常常需要添加帧或关键帧、复制帧、删除帧以及添加帧标签等操作。下面对这些帧的相关操作进行介绍。

1．选择帧和添加帧动作

1）在时间轴窗口单击帧，使帧处于选中状态。如果需要选择多个连续的帧，首先单击帧范围的第一帧，然后按住 Shift 键单击帧范围的最后一帧，所有被选中的帧都突出显示，如图 6-27 所示的图层_2 第 10 帧至第 25 帧。

图 6-27　选中帧

2）在需要添加动作的关键帧上右击，从弹出的快捷菜单中选择"动作"命令，打开"动作"面板，如图 6-28 所示。

3）在脚本窗格中输入需要的代码。此时，该关键帧上会显示一个小写字母"a"，便于与其他没有添加动作的关键帧区别。

2．添加帧

1）在时间轴上选择一个普通帧或空白帧，选择"插入"|"时间轴"|"关键帧"命令，或在需要添加关键帧的位置右击，从弹出的快捷菜单中选择"插入关键帧"命令。

如果选择的是空白帧，则普通帧被加到新创建的帧上；如果选择的是普通帧，则该操作只是将它转化为关键帧。

2）若要在时间轴上添加一系列的关键帧，可先选择帧的范围，然后使用"插入关键帧"命令。

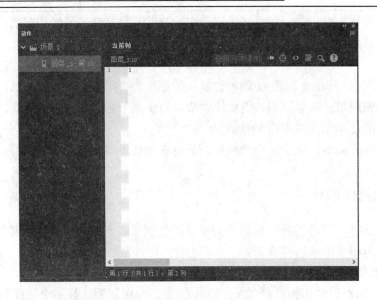

图 6-28 "动作"面板

3）如果需要在时间轴窗口中添加空白关键帧，则与添加关键帧的方法一样，只是从打开的"时间轴"子菜单或快捷菜单中选择"插入空白关键帧"命令。

4）如果需要在时间轴窗口中添加普通帧，可先在时间轴上选择一个帧，然后选择"插入"|"时间轴"|"帧"命令，或在需要添加帧的位置右击，从弹出的快捷菜单中选择"插入帧"命令。

3．移动、复制和删除帧

如果要移动帧，则必须先选中要移动的单独帧或一系列帧，然后将选中的帧移动到时间轴上的新位置。

复制并粘贴帧的方法如下：

1）选择要复制的单独帧或一系列帧。

2）右击，从弹出的快捷菜单中选择"复制帧"命令。

3）在时间轴上需要粘贴帧的位置右击，从弹出快捷菜单中选择"粘贴帧"命令即可。

如果需要删除帧，在要删除的帧上右击，从弹出快捷菜单中选择"删除帧"命令即可。

6.5.3 设置帧属性

Animate 可以创建两种类型的渐变动画。一种是传统的运动过程补间动画，另一种是形状补间动画。这两种渐变动画的效果设置都是通过帧属性面板来实现的。

选择时间轴上的帧，对应的帧属性面板如图 6-29 所示。

如果选中的帧是传统补间动画中的一个帧，则在属性面板中将出现"补间"相关的参数选项，如图 6-30 所示。

➢ 缓动：表示动画的快慢。默认情况下，补间帧以固定的速度播放。利用缓动值，可以创建逼真的加速度和减速度。正值表示以较快的速度开始补间，越接近动画的末尾，补间的速度越慢；负值表示以较慢的速度开始补间，越接近动画的末尾，补间的速度越快。速度变快称为运动的"缓入"，动画在结束时变慢称为"缓出"。

图 6-29 帧属性面板

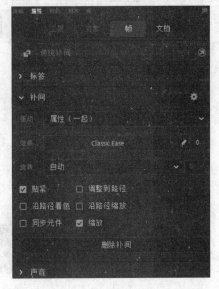

图 6-30 "传统补间"属性面板

使用 Animate 中的缓动控件可以控制动画的开始速度和停止速度。Animate 2022 增强了缓动预设，借助增强的自定义缓动预设，可以独立控制动画补间中使用的位置、旋转、缩放、颜色和滤镜等属性，在属性级别管理传统补间和形状补间动画的速度。

➤ "编辑缓动"按钮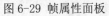：单击该按钮打开"自定义缓动"对话框，显示动画变化程度随时间推移的坐标图。水平轴表示帧，垂直轴表示变化的百分比，如图 6-31 所示。

➤ 旋转：使组合体或元件实例在运动过程中旋转。该下拉列表的 4 个选项如下：

✓ 无：表示不旋转。

✓ 自动：表示由 Animate 自动决定旋转方式。

✓ 顺时针：表示按顺时针方向旋转。

✓ 逆时针：表示按逆时针方向旋转。

注意：

选择"自动"选项，Animate 将按照最后一帧的需要旋转对象。选择"顺时针"或"逆时针"，还要指定旋转的次数。如果不输入数字，则不旋转。

➤ 贴紧：如果使用运动路径，根据其注册点将补间元素附加到运动路径。

➤ 调整到路径：如果使用运动路径，该选项将补间元素的基线调整到运动路径。

➤ 沿路径着色：在基于可变笔触宽度的动画引导中，根据笔触颜色对对象进行着色。

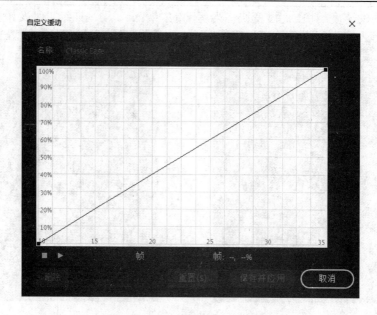

图 6-31 "自定义缓动"对话框

➢ 沿路径缩放：在基于可变笔触宽度的动画引导中，根据笔触粗度对对象进行缩放。

➢ 同步元件：此属性只影响图形元件，使图形元件实例的动画与主时间轴同步。

➢ 缩放：如果运动物体的大小发生渐变，可以选中这个复选框。

如果选中的帧是形状补间动画中的一个帧，则在属性面板中将出现与形状补间相关的补间选项，如图 6-32 所示。

图 6-32 "补间形状"属性面板

该属性面板中的"混合"下拉列表中包括两个选项：

➢ 分布式：在创建动画时所产生的中间形状将平滑而不规则。

➢ 角形：在创建动画时将在中间形状中保留明显的角和直线。

在帧属性面板中，还有声音、效果和同步等选项，将在后面的章节中介绍。

6.6　思考题

1. 简述图层和帧的概念，并回答图层与帧分别有哪几种类型。
2. 如何创建和编辑图层？
3. 遮罩图层在动画中的作用是什么？如何创建遮罩图层？
4. 如何快速地插入关键帧？关键帧在动画中起什么作用？

6.7　动手练一练

1. 在时间轴面板上添加几个图层，然后分别重命名，再对这些图层进行添加运动引导图层、遮罩图层等操作，使最后结果如图 6-33 所示。

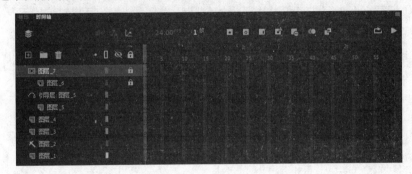

图 6-33　图层操作

2. 创建如图 6-34 所示的图层结构，复制图层_3 到图层_6 的所有内容，并粘贴到图层_1 的第 40 帧，结果如图 6-35 所示。

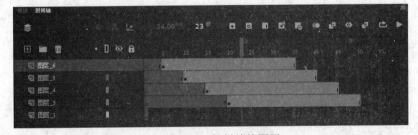

图 6-34　复制前的图层

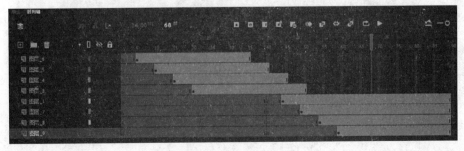

图 6-35　粘贴后的图层

第7章 元件、实例和库

本章导读

　　本章将向读者介绍元件和实例的创建与编辑方法，以及库面板的使用，内容包括图形元件、按钮和影片剪辑的创建与操作，转换、复制与编辑元件，添加实例至舞台，对库中的项目进行创建、删除、重命名、查看。

- ◉ 元件与实例的关系
- ◉ 元件与实例的创建方法
- ◉ 使用库面板管理库项目

7.1 元件和实例

在 Animate 中，元件是可以重复使用的图形、按钮或影片剪辑，实例则是元件在舞台上的具体体现。使用元件可以大大缩减文件的体积，加快影片的播放速度，还可以使编辑影片更加简单化。

7.1.1 元件与实例的关系

简单地说，元件是一个特殊的对象，它在 Animate 中只创建一次，但是可以在整部影片中反复使用。元件可以是一个形状，也可以是动画，创建的任何元件都自动成为库中的一部分。不管引用多少次，引用元件对文件大小都只有很小的影响。只需记住：应将元件当作主控对象，把它存于库中；将元件放入影片中时，使用的是主控对象的实例，而不是主控对象本身。

实例的外观和动作无需与元件一样。每个元件实例都可以有不同的颜色和大小，并提供不同的交互作用。例如，可以将按钮元件的多个实例放置在舞台上，其中每一个都有不同的相关动作和颜色。每个元件都有自己的时间轴、舞台以及图层，也就是说，可以将元件实例放置在场景中的动作看成是将一部小的影片放置在较大的影片中。

 注意：
　　　一旦编辑元件的外观，元件的每个实例至少在图像上应能反映相应的变化。

7.1.2 元件的类型

在 Animate 2022 中可以创建以下 3 种类型的元件：

➤ 图形元件。图形元件通常由在影片中使用多次的静态或不具有动画效果的图形组成。例如，可以通过在场景中加入一朵鲜花元件的多个实例创建一束花，每朵不具有动画效果的花便是图形元件很好的例子。图形元件也可以是运动对象，根据要求在舞台上自由运动。但是，在图像元件中不能插入声音和动作控制命令。

➤ 按钮。按钮元件对鼠标动作做出反应，可以使用它们控制影片。按钮元件有自动响应鼠标事件的功能。在按钮元件的时间轴上有 4 个基本帧，分别表示按钮的 4 个状态。按钮元件中可以插入动画片断和声音，并允许在前 3 帧插入动作控制命令。

➤ 影片剪辑。影片剪辑作为 Animate 动画中最具有交互性、用途最多及功能最强的部分，可以说是小的独立影片，可以包含主要影片中的所有组成部分，包括声音、动画及按钮。然而，由于具有独立的时间轴，在 Animate 中它们是相互独立的。如果主影片的时间轴停止，影片剪辑的时间轴仍然可以继续。可以将影片剪辑设想为主影片中的小影片。

7.2　创建元件

创建一个元件后，用户可以为元件的不同实例分配不同的行为，而且元件的每个实例可以具有不同的颜色、大小和旋转，它可以与其他实例表现完全不同。

元件的强大功能还体现在用户可以将一种类型的元件放置于另一个元件中。例如，可以将按钮及图形元件的实例放置于影片剪辑元件中，也可以将影片剪辑实例放置于按钮元件中。甚至可以将影片剪辑的实例放置于影片剪辑中。

7.2.1　创建新元件

在 Animate 2022 中可以先创建新元件，然后在其中填充内容。

若要创建新元件，可以执行如下操作：

1）执行"插入"|"新建元件"命令，弹出"创建新元件"对话框，如图 7-1 所示。

2）在对话框中为新元件指定名称及类型，如图形、按钮或影片剪辑。

默认情况下，创建的新元件存放在"库"面板的根目录下。在 Animate 2022 中，用户在创建元件时，就可以指定元件存放的路径。

3）如果希望更改元件存放的路径，可以单击"库根目录"，打开如图 7-2 所示的"移至文件夹…"对话框。

图 7-1　"创建新元件"对话框　　　　图 7-2　"移至文件夹…"对话框

如果希望将元件存放在一个新的文件夹中，可以选择"新建文件夹"单选按钮，并在其右侧的文本框中键入文件夹的名称。

如果希望将元件存放在"库"面板根目录下已创建的一个文件夹中，则选择"现有文件夹"单选按钮，并在对话框下方的列表中选择需要的路径。

设置元件存放的路径后，单击"选择"按钮，即可把元件存放在相应的文件夹中。

4）单击"确定"按钮，Animate 会自动把该元件添加到库中。此时，将自动进入元件编辑模式，它包含新创建元件的空白时间轴和场景舞台。

7.2.2 将选定元素转换为元件

在 Animate 2022 中，用户可以将舞台上的一个或多个元素转换成元件。

若要使用舞台上的元素创建元件，可以执行如下操作：

1）选择舞台上要转化为元件的对象。这些对象包括形状、文本，甚至其他元件，比如舞台上的一张图片，如图 7-3 所示。

2）执行"修改"|"转换为元件"命令，弹出"转换为元件"对话框，如图 7-4 所示。

图 7-3 选择对象

图 7-4 "转化为元件"对话框

3）在对话框中为新元件指定一个名称及类型，如图形、按钮或影片剪辑。

4）如果需要修改元件注册点位置，则单击对话框中对齐图标▦上的小方块，然后单击"确定"按钮关闭对话框。

5）执行"窗口"|"库"命令，此时，在打开的"库"面板中可以看到新创建的元件已添加至库中，如图 7-5 所示。

图 7-5 添加到库中的元件

现在可以从库中拖动此元件的实例至舞台。

7.2.3　特定元件的创建

在 Animate 2022 中，可以使用几乎相同的方法创建任意类型的元件。但是，根据元件类型不同，添加内容的方式及元件时间轴相对于主时间轴的工作方式会有所变化。

1．图形元件

创建图形元件时，将显示与主舞台和时间轴基本相同的舞台和时间轴。创建图形元件内容的方法与主影片相同，唯一的不同在于声音和交互性并不作用于图形元件的时间轴。

图形元件的时间轴与主时间轴密切相关，这表明当且仅当主时间轴工作时，图形元件的时间轴才能工作。如果希望元件时间轴的移动不依赖于主时间轴，可以使用影片剪辑。

2．按钮元件

创建按钮元件时，显示唯一的时间轴，它的 4 个帧"弹起""指针经过""按下""点击"表示不同的按钮状态，如图 7-6 所示。

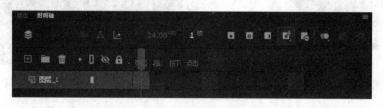

图 7-6　按钮元件的时间轴

- ➢　弹起：此帧表示当鼠标指针未放在按钮上时按钮的外观。
- ➢　指针经过：此帧表示当鼠标指针放在按钮上但没有按下时按钮的外观。
- ➢　按下：此帧表示当用户单击按钮时按钮的外观。
- ➢　点击：此帧是响应鼠标动作的区域。此帧中的内容在主影片中不显示。

按钮元件的时间轴实际上并不运动，它基于鼠标指针的位置和动作跳转至相应帧，以响应鼠标的运动与操作。

通常，在"指针经过"状态时按钮突出显示，在"按下"时显示被按下，这些均简单模拟了人们使用按钮的方式，每种状态均可有自己独特的外观。

如果希望按钮在某一特定状态下发出声音，应在此状态的某个图层放置所需的声音。还可以将影片剪辑放置在按钮元件的不同状态，创建动态按钮。

3．影片剪辑元件

一个影片剪辑元件实际上是一个小的动画影片，它可以具有主影片的所有交互性、声音及功能，可以将其添加至按钮、图形甚至其他影片剪辑中。影片剪辑的时间轴与主时间轴二者独立运行，如果主时间轴停止，影片剪辑的时间轴不一定停止，仍可以继续运行。

创建影片剪辑的内容与创建主影片内容的方法相同。用户甚至可以将主时间轴中的所有内容转化为影片剪辑。

若要将主时间轴的动画转换为影片剪辑元件，可以执行如下操作：

1）在主时间轴上，单击顶层的第一个帧，按下 Shift 键单击底层的最后一个帧，选中要转换的帧范围，如图 7-7 所示。

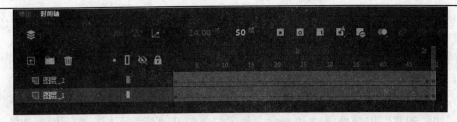

图 7-7 选择帧

2）在选定帧上右击，从弹出的快捷菜单中选择"复制帧"命令。

3）在"插入"菜单中选择"新建元件"命令，弹出"创建新元件"对话框。

4）为新元件命名并定义元件类型。

5）单击"确定"按钮，进入元件编辑模式。此时的舞台是空的，只有一个图层和一个空白关键帧。

6）在时间轴上右击，从弹出的快捷菜单中选择"粘贴帧"命令（见图 7-8）。把从主时间轴复制的帧粘贴至此片剪辑的时间轴（见图 7-9），将复制的帧粘贴到第 5 帧。

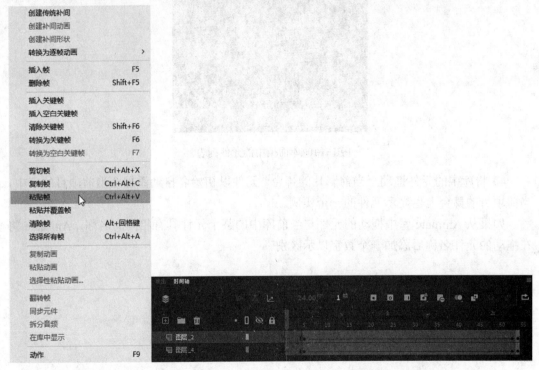

图 7-8 快捷菜单　　　　　　　　图 7-9 复制到影片剪辑时间轴上的帧

从帧中复制的任何动画、按钮或交互性现在已变为独立的影片剪辑元件，可以在整个影片中重复使用。

7.2.4 调用其他影片的元件

若要在当前影片中使用其他动画中的某个元件，Animate 可以很轻松地做到这一点。

将元件导入当前项目后，可以像编辑其他元件一样对其进行操作。不同文件中的元件之间没有联系，编辑一个元件并不影响另一个。

若要使用另一个影片中的元件，可以执行如下操作：

1）在"文件"菜单中选择"打开"命令。

2）在"查找范围"下拉列表中找到包含要使用的元件的 Animate 文件并打开。

3）切换到要调用元件的 Animate 文件窗口，打开"库"面板，在面板顶部的下拉列表中选择包含有要调用的元件的 Animate 文件，库面板下方将显示打开的 Animate 文件中使用的所有元件，如图 7-10 所示。

图 7-10 库面板中的元件列表

4）将库中的元件拖动至当前影片的舞台，元件以初始名自动添加至当前项目的库中，当前项目的舞台上也显示元件的一个实例。

如果从 Animate 库中拖动的元件与当前库中的某个元件具有相同的名称，Animate 将在拖动的元件名称后添加一个数字以示区别。

7.3 编辑元件

在 Animate 2022 中，可以选择在不同的环境下编辑元件。

7.3.1 复制元件

复制元件可以将现有的元件作为创建新元件的起点。复制以后，新元件将添加至库中，可以根据需要进行修改。

若要复制元件，可以使用下列的两种方法之一。

1. 使用"库"面板复制元件

1）在"库"面板中选择要复制的元件。

2）单击面板右上角的选项菜单按钮█，弹出库选项菜单，如图 7-11 所示。

3）选择"直接复制..."命令，这时弹出"直接复制元件"对话框，如图 7-12 所示。
在这个对话框中，输入复制后的元件副本的名称，并指定元件类型，单击"确定"按钮。

图 7-11 库选项菜单   图 7-12 "直接复制元件"对话框

这时，复制的元件就存在于库面板中了。复制前后的库面板对比如图 7-13 所示。

图 7-13 复制前后的库面板对比

2. 通过选择实例复制元件

1）在舞台上选择要复制的元件的一个实例。

2）在"修改"菜单的"元件"子菜单中选择"直接复制元件"命令，弹出如图 7-14 所示的"直接复制元件"对话框。

3）输入元件名称，单击"确定"按钮，即可将复制的元件导入到库中。

图 7-14 "直接复制元件"对话框

7.3.2 修改元件

编辑元件的方法有很多种，下面介绍几种常用的编辑元件的方法。

1. 使用元件编辑模式编辑

在舞台上选中需要编辑的元件实例并右击，在弹出的快捷菜单中选择"编辑元件"命令，即可进入元件编辑窗口。此时正在编辑的元件名称会显示在舞台上方的信息栏内，如图 7-15 所示。

2. 在当前位置编辑

在需要编辑的元件实例上右击，在弹出的快捷菜单中选择"在当前位置编辑"命令，即可进入该编辑模式。此时，只有右击的实例所对应的元件可以编辑，其他对象仍然显示在舞台工作区中，以供参考，但它们都以半透明显示，表示不可编辑，如图 7-16 所示的文字。

图 7-15 元件编辑模式

图 7-16 当前位置编辑模式

3. 在新窗口中编辑

在需要编辑的元件实例上右击，从弹出的快捷菜单中选择"在新窗口中编辑"命令，可进入该编辑模式。此时，元件将被放置在一个单独的窗口中进行编辑，可以同时看到该元件和主时间轴。正在编辑的元件名称会显示在舞台上方的编辑工具栏中，如图 7-17 所示。编辑完成后，单击新窗口名称处的"关闭"按钮 ✕，关闭该窗口，即可返回舞台。

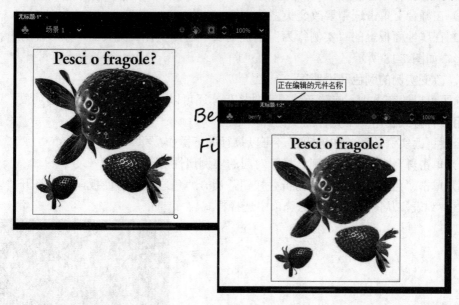

图 7-17 新窗口中编辑模式

7.4 创建与编辑实例

一旦元件创建完成，就可以在影片中任何需要的地方（包括在其他元件内）创建该元件的实例了。还可以根据需要，对创建的实例进行修改，得到元件的更多效果。

7.4.1 将实例添加至舞台

正如前面提到的，在舞台上使用的不是元件，而是元件的实例。大多数情况下，这是通过将库中的某个元件拖放至舞台来完成的。

若要添加某个元件的实例到舞台上，可以执行如下操作：

1）在时间轴上选中需要放置实例的帧。

2）在"窗口"菜单中选择"库"命令，打开"库"面板。

3）在库项目列表中选定要使用的元件，按下鼠标左键将其拖放至舞台。

此时，在舞台上将显示该元件的一个实例。

7.4.2 编辑实例

1. 改变实例类型

创建一个实例后，在实例属性面板中还可以根据创作需要改变实例的类型。例如，如果一个图形实例包含独立于主影片时间轴播放的动画，则可以将该图形实例重新定义为影片剪辑实例。

若要改变实例的类型，可以进行如下操作：

1）在舞台上单击选中要改变类型的实例。

2）在属性面板上的"实例行为"下拉列表中选择一种实例类型，如影片剪辑、按钮或图形，如图 7-18 所示。

2．改变实例的颜色和透明度

除了可以改变大小、旋转及编辑元件实例，还可以更改实例的颜色及透明度，这使得可以用多种方式使用一个元件的实例。

若要更改实例的颜色和透明度，可以执行如下操作：

1）单击舞台上的一个实例，打开对应的实例属性对话框。

2）单击"色彩效果"左侧的折叠按钮，展开"色彩效果"面板，然后打开"颜色样式"下拉列表，从图 7-19 所示的选项中选择样式。

图 7-18 更改实例类型

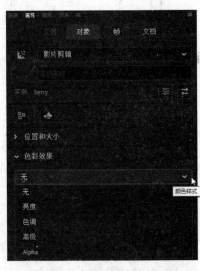

图 7-19 "色彩效果"下拉列表

➢ 无：使实例按其原来方式显示，即不产生任何颜色和透明度效果。

➢ 亮度：调整实例的总体灰度。设置为 100%使实例变为白色，设置为-100%使实例变为黑色。

➢ 色调：为实例着色。此时可以使用色调滑块设置色调的百分比。如果需要使用颜色，可以输入 R、G、B 的值调制一种颜色。

➢ 高级：选中该选项，将在"颜色样式"下拉列表下方显示"高级效果"选项，可以分别调节实例的红、绿、蓝和透明度的值，如图 7-20 所示。

➢ Alpha：调整实例的透明度。0%表示实例完全透明，设置为 100%则实例完全不透明。

3．设置图形实例的动画

通过如图 7-21 所示的属性面板，用户可以设置图形实例的动画效果。

注意：

色彩效果只在元件实例中可用。不能对其他 Animate 对象（如文本、导入的位图）进行这些操作，除非将这些对象转换为元件后，将一个实例拖动至舞台上进行编辑。但是，可以通过将位图转化为元件，并调整不同实例的颜色和透明度，创建不同颜色和透明度的位图。

- ➢ 循环播放图形：使实例循环重复。由于图形元件的时间轴与主时间轴同时放映，所以当主时间轴放映时，实例循环放映，而当主时间轴停止时，实例也将停止。
- ➢ 播放图形一次：使实例从指定的帧开始播放，放映一次后停止。
- ➢ 图形播放单个帧：只显示图形元件的单个帧，此时需要指定要显示的帧编号。
- ➢ 倒放图形一次：使实例从主时间轴上指定的帧开始播放，只不过是从最后一帧往前播放，播放一次。
- ➢ 反向循环播放图形：使实例循环重复，只不过是从最后一帧往前播放，但主时间轴停止时，实例也将停止播放。

图 7-20 "高级效果"选项

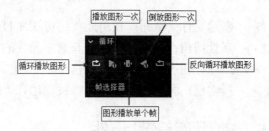

图 7-21 设置图形实例动画效果

7.5 认识库面板

Animate 项目可包含成百上千的数据项，包括元件、声音、字型、位图及视频。若没有库，要对这些数据项进行操作并进行跟踪，是一项令人望而生畏的工作。对 Animate 库中的数据项进行操作的方法与在硬盘上操作文件的方法相同。

在"窗口"菜单中选择"库"命令，就可以打开"库"面板，如图 7-22 所示。

- ➢ 选项菜单：单击此处打开库选项菜单，其中包括使用库中的项目所需的所有命令。
- ➢ 文档列表：当前编辑的 Animate 文件的名称。

Animate 2022 的"库"面板允许同时查看多个 Animate 文件的库项目。单击文档名称下拉列表可以选择要查看库项目的 Animate 文件。

- ➢ 预览窗口：此窗口可以预览当前选中元件的外观及其如何工作。
- ➢ 标题栏：描述信息栏下的内容，它提供项目名称、类型、使用次数等信息。
- ➢ 排序按钮：使用此按钮对项目进行升序或降序排列。
- ➢ 新建元件按钮：使用此按钮可创建新元件，与"插入"|"新建元件"命令的作用相同。

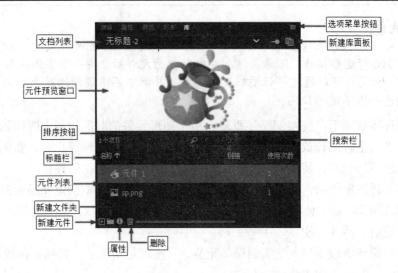

图 7-22　"库"面板

> 新建文件夹按钮：使用此按钮可在库目录中创建一个新文件夹。
> 属性按钮：使用此按钮打开选中元件的属性对话框，以便更改选定项的设置。
> 删除按钮：如果选定了库中的某项，然后按下此按钮，将从元件列表中删除此项。
> 搜索栏：利用该功能，可以快速地在"库"面板中查找需要的库项目。

7.6　使用库管理元件

在"库"面板中可以执行很多任务，但在"库"面板中执行任务是一件很简单的事情。下面介绍"库"面板提供的一些功能。

7.6.1　创建项目

在"库"面板中可以直接创建的项目包括新元件、空白元件及新文件夹。使用"库"面板创建新元件与执行"插入"|"新建元件"命令产生的效果相同。

若要创建一个文件夹，可以执行如下操作：

1）在"库"面板底部单击"新建文件夹"按钮■，在库项目列表中就会出现一个未命名的新建文件夹，如图 7-23 所示。

2）将文件夹命名为容易标识其内容的名称，如"图形"。

新文件夹添加至库目录结构的根部，它不存在于任何文件夹中。

若要在"库"面板中创建新元件，可以执行如下操作：

1）在"库"面板底部单击"新建元件"按钮■，弹出"创建新元件"对话框。

2）命名新元件，并为元件指定类型。单击"确定"按钮。

新元件自动添加至库中，并自动进入元件编辑窗口，此时可以向其中添加内容。

在 Animate 2022 中，可以将组件直接拖放到库中，而无需将其放到舞台上再删除。

若要将组件添加到库中，可执行如下操作：

1）执行"窗口"|"库"命令，打开"库"面板。

2）执行"窗口"|"组件"命令，打开"组件"面板。

3）在"组件"面板中选择要加入到"库"面板中的组件图标。

4）按住鼠标左键，将组件图标从"组件"面板拖到"库"面板中。

图 7-23 创建一个新的文件夹

7.6.2 删除项目

若要从"库"面板中删除某项，可执行如下操作：

1）在"库"面板中选定要删除的项目，选定的项目将突出显示。

2）在"库"面板的选项菜单中选择"删除"命令，或单击"库"面板底部的"删除"按钮。

3）在弹出的删除确认对话框中单击"确定"按钮，即可将该项目删除。

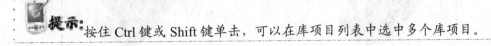

提示：按住 Ctrl 键或 Shift 键单击，可以在库项目列表中选中多个库项目。

7.6.3 删除无用项目

在制作动画的过程中，往往会增加许多始终没有用到的元件，可能是试验性质的产物，也可能是不小心放入库中的对象。作品完成时，应将这些没有用到的元件删除，以免 Animate 文件过大。

若要找到始终没用到的元件，可采取以下方法：

1）单击"库"面板右上角的选项菜单按钮，在弹出的快捷菜单中选择"选择未用项目"选项，就可以自动选中所有没用到的元件。

2）在"库"面板中用"使用次数"排序，所有使用数为 0 的元件都是在作品中没用到的。

一旦选定了它们，便可以删除。

7.6.4 重命名项

库中的每一项均有一个名称，但可以对其进行重命名。

若要重命名库中的某项，可选择下列方法之一：

1）双击库项目名称，当名称变为可编辑状态时输入新名称，然后按 Enter 键或单击其他空白区域。

2）在库项目上右击，从弹出的快捷菜单中选择"重命名"命令。

3）在"库"面板中选定一个库项目，然后单击"库"面板底部的"属性"按钮 ，在打开的"属性"对话框中重新命名。

4）在"库"面板右上角的选项菜单中选择"重命名"命令。

7.6.5 查看及重新组织项

与 Windows 资源管理器类似，在 Animate 2022 中，可以通过文件夹对"库"面板中的元件进行组织和管理。新建的每一个元件，如果没有指定文件夹，则存储在库面板的根目录下，否则都会存放到指定的文件夹中。库提供了几种特性，使用它们可以很便捷地在项目中查找或访问库项目。这些特性包括展开或折叠文件夹、将项目从一个文件夹移动至另一个文件夹，以及对项目进行排序。

若要将库项目移动至另一个文件夹，可执行如下操作：

1）在"库"面板中选择一个库项目并开始拖动，如图 7-24 所示。

2）将项目拖动至要放置的文件夹，然后释放鼠标，结果如图 7-25 所示。

图 7-24 移动元件

图 7-25 移动后的效果

Chapter 07

也可以在要移动的库项目上右击，从弹出的菜单中选择"移至"命令，如图 7-26 所示，弹出如图 7-27 所示的"移至文件夹"对话框，选中"现有文件夹"单选按钮，并在下方的文件夹列表中选择一个文件夹，然后单击"选择"按钮。

若要对库中的项目进行排序，可执行如下操作：

1）单击其中某一栏标题可以对库项目按此标题进行排序。例如，如果单击名称栏标题，库项目将根据它们的名称按字母排序。

2）单击排序按钮，在升序和降序排列之间进行切换。

图 7-26 快捷菜单

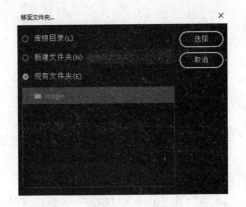

图 7-27 "移至文件夹"对话框

注意：

在排序时，每个文件夹独立排序，不参与库项目的排序。

7.6.6 更新导入的库项目

如果导入一个外部的声音文件或是位图文件后，又用其他的软件编辑了这些文件，Animate 中的元件内容就会与原始的外部文件有差异。只要在库选项菜单中执行"更新"命令，如图 7-28 所示，库项目将自动更新，不用再重新导入。

新建元件...
新建文件夹
新建字型...
新建视频...

重命名...
删除
直接复制...
移至...

使用 Photoshop 进行编辑
编辑方式...
编辑 Audition
编辑类

断开链接

播放
更新...

属性...
组件定义...
运行时共享库 URL...

选择未用项目

展开文件夹
折叠文件夹
展开所有文件夹
折叠所有文件夹

锁定

帮助

关闭
关闭组

图 7-28 选择"更新"命令

7.6.7　定义共享库

将元件定义为共享库项目的操作步骤如下：

1）打开一个需要定义成共享库项目的文件，执行"窗口"菜单中的"库"命令，打开"库"面板。

2）在"库"面板中选择一个要共享的元件，单击"库"面板右上角的选项菜单按钮，在弹出的快捷菜单中选择"属性"选项，然后在弹出的对话框中单击"高级"折叠按钮，显示元件属性的高级选项，如图 7-29 所示。

3）在"运行时共享库"区域选中"为运行时共享导出"复选框，此时，"URL"文本框变为可编辑状态，"ActionScript 链接"区域的"为 ActionScript 导出"和"在第 1 帧中导出"复选框自动勾选，"类"和"基类"文本框自动填充，如图 7-30 所示。

4）在"类"文本框中输入该元件的类名称。

> **提示：** 在创作目标文档时，包含共享资源的源文档并不需要在本地网络上。为了让共享资源在运行时可供目标文档使用，源文档必须发布到 URL 上。

Animate 2022 支持在创作时共享库资源。在创建时共享资源可以避免在多个 FLA 文件中使用资源的多余副本。例如，如果为 Web 浏览器、iOS 和 Android 分别开发一个 FLA 文件，则可以在这 3 个文件之间共享资源。在一个 FLA 文件中编辑共享资源后，更改将自动反映到使用该资源的其他 FLA 文件中。

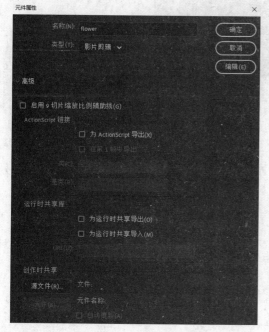
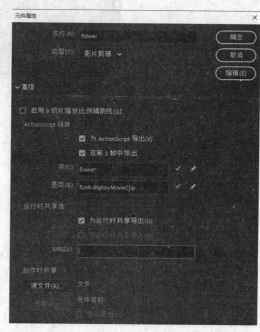

图 7-29 "元件属性"对话框 1　　　　　图 7-30 "元件属性"对话框 2

在创作时共享库资源的步骤如下：

1）在如图 7-30 所示的"元件属性"对话框中单击"源文件"按钮，在弹出的"查找FLA 文件"对话框中选中要共享的库资源所在的 FLA 文件。

2）单击"打开"按钮，弹出"选择元件"对话框。在元件列表中选中需要的元件，对话框左侧将显示对应元件的缩略图，如图 7-31 所示。

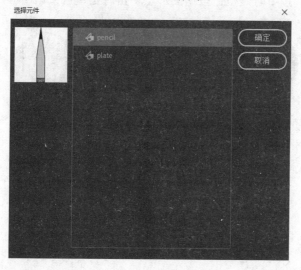

图 7-31 "选择元件"对话框

3）选中需要的元件后，单击"确定"按钮关闭对话框。此时，在"元件属性"对话框底部会显示创作时共享的源文件和元件名称，如图 7-32 所示。

图 7-32 显示创作时共享的源文件和元件名称

4）如果希望编辑共享资源时，更改自动反映到使用该资源的其他 FLA 文件中，则选中"自动更新"复选框。

5）设置完成，单击"确定"按钮关闭"元件属性"对话框。

7.7 思考题

1．在创建动画时，使用元件有什么优点？
2．元件与实例有什么联系？
3．元件有哪几种类型？如何创建？
4．在 Animate 2022 中如何编辑库项目？

7.8 动手练一练

1．导入一幅图像，然后将它转换为名称为"pic"的图形元件。
2．导入一个 GIF 动画，然后将它转换为名称为"movie"的影片剪辑元件。
3．创建一个按钮元件，4 个状态的外观分别是：弹起时是蓝色按钮图形、指针经过时是绿色按钮图形、按下时是橙色按钮图形、单击时是黄色按钮图形，如图 7-33 所示。

图 7-33 按钮的 4 个状态

第 8 章　滤镜和混合模式

本章导读

　　本章介绍 Animate 2022 中的滤镜和混合模式这两项重要的功能。通过使用滤镜，可以为文本、按钮和影片剪辑增添许多常见的视觉效果；使用混合模式，可以改变两个或两个以上重叠对象的透明度或者颜色，从而创造具有独特效果的复合图像。

　◉　设置滤镜参数

　◉　创建预设滤镜

　◉　复制和粘贴滤镜

　◉　混合模式的原理和效果

8.1 滤镜

滤镜是扩展图像处理能力的主要手段。滤镜功能大大增强了 Animate 的设计能力，可以为文本、按钮和影片剪辑增添有趣的视觉效果。Animate 独有的一个功能是可以使用补间动画让应用的滤镜活动起来。不仅如此，Animate 还支持从 Fireworks PNG 文件中导入可修改的滤镜；支持滤镜复制功能，可以从一个实例向另一个实例复制和粘贴滤镜设置。

8.1.1 概述

使用过 Photoshop 等图形图像处理软件的用户一定了解"滤镜"。所谓滤镜，就是具有图像处理能力的过滤器。通过滤镜对图像进行处理，可以生成新的图像。

图 8-1 滤镜选项

应用滤镜后，可以随时改变其选项，或者调整滤镜顺序以试验组合效果。在"滤镜"面板中，可以启用、禁用或者删除滤镜。删除滤镜后，对象恢复原来外观。

"滤镜"面板作为一个属性分类位于"属性"面板中，Animate 2022 提供了 7 种可选滤镜，如图 8-1 所示。

使用这些滤镜，可以丰富对象的显示效果。例如，对一个影片剪辑应用"斜角"滤镜，可以显示为立体的按钮形状；应用"投影"滤镜，可以生成浮于纸张之上的投影效果，如图 8-2 右图所示。

Animate 允许对滤镜进行编辑，或删除不需要的滤镜。修改应用了滤镜的对象时，应用到对象上的滤镜会自动适应新对象。例如，在图 8-2 中，左边的图是原始图，右边的图是应用了"投影"后的情形。图 8-3 所示是修改了图 8-2 右图的形状后的情形。可以看到，修改对象后，滤镜会根据修改后的结果重新进行绘制。

图 8-2 投影滤镜

图 8-3 修改对象形状

有了上面这些特性，意味着以后在 Animate 中制作丰富的页面效果会更加方便。更让人欣喜的是，这些效果保持矢量的特性。

注意：
在 Animate 2022 中，滤镜只适用于文本、影片剪辑和按钮。

8.1.2 滤镜的基本操作

1．在对象上应用滤镜

通常，使用滤镜处理对象时，可以直接从 Animate 2022 的"滤镜"面板中选择需要的滤镜。操作步骤如下：

1）选中要应用滤镜的对象，可以是文本、影片剪辑或按钮。

2）在属性面板中单击"滤镜"折叠按钮，打开"滤镜"面板。在该面板中单击"添加滤镜"按钮■，即可打开滤镜菜单。

3）选中需要的滤镜选项，将在滤镜的属性列表中显示对应效果的参数选项。

4）设置完参数，即完成效果设置。此时，属性列表区域将显示所用滤镜的名称及各个参数的设置，如图 8-4 所示。

图 8-4 所用滤镜列表

5）再次单击"添加滤镜"按钮■，打开滤镜菜单。通过添加新的滤镜，可以实现多种效果的叠加。

注意： 应用于对象的滤镜类型、数量和质量会影响 SWF 文件的播放性能。对于一个给定对象，建议只应用有限数量的滤镜。

2．删除应用于对象的滤镜

删除已应用到对象的滤镜的操作方法如下：

1）选中要删除滤镜的影片剪辑、按钮或文本对象。

2）在滤镜列表中单击要删除的滤镜名称右侧的"删除滤镜"按钮■。

若要从所选对象中删除全部滤镜，可单击"选项"按钮，然后在滤镜菜单中选择"删除全部"命令。删除滤镜后，还可以通过"撤消"命令恢复对象。

3．改变滤镜的应用顺序

一个对象应用多个滤镜时，应用滤镜的顺序不同，产生的效果可能也不同。

通常在对象上先应用可以改变对象内部外观的滤镜，如斜角滤镜，然后再应用改变对象外部外观的滤镜，如调整颜色、发光滤镜或投影滤镜等。

例如，对同一个对象应用调整颜色和发光滤镜。图 8-5 左边的图为先应用调整颜色，再应用发光滤镜的效果，右边的图为先应用发光，再应用调整颜色滤镜的效果，可以看出两者有较大的区别。

图 8-5 不同的滤镜应用顺序产生不同的效果

改变滤镜应用到对象上的顺序的具体操作如下：

1）在滤镜列表中单击希望改变应用顺序的滤镜。选中的滤镜将高亮显示。

2）在滤镜列表中拖动被选中的滤镜到需要的位置。

注意：

列表顶部的滤镜比底部的滤镜先应用。

4．编辑单个滤镜

Animate 允许对各种滤镜进行修改和编辑。编辑单个滤镜的具体操作如下：

1）单击滤镜列表中需要编辑的滤镜名。

2）在属性列表区域根据需要设置选项中的参数。

5．禁止和恢复滤镜

如果在对象上应用了滤镜，修改对象时，系统会对滤镜进行重绘。因此，应用滤镜会影响系统的性能。如果应用到对象上的滤镜较多、较复杂，修改对象后，重绘操作可能占用很多时间。同样，在打开这类文件时也会变得很慢。

很多有经验的用户在设计图像时并不立刻将滤镜应用到对象上，通常是在一个很小的对象上应用各种滤镜，并查看滤镜应用后的效果，效果满意后，将滤镜临时禁用，然后对对象进行各种修改，修改完毕后再重新激活滤镜，获得最后的结果。

临时禁止和恢复滤镜的具体操作如下：

1）在滤镜列表中单击要禁用的滤镜名称，然后单击"启用或禁用滤镜"按钮，此时，"启用或禁用滤镜"按钮变为。

2）如果要禁用应用于对象的全部滤镜，单击"选项"按钮，在弹出的下拉菜单中选择"禁用全部"命令，如图 8-6 所示。

3）在"滤镜"面板中选中已禁用的滤镜，然后单击"启用或禁用滤镜"按钮 ，即可恢复滤镜。在选项菜单中选择"启用全部"菜单项，则可恢复禁用的全部滤镜。

6. 复制和粘贴滤镜

如果要将某个对象的全部或部分滤镜设置应用到其他对象，一个一个地设置固然可行，但如果对象很多，工作量势必会很大。利用 Animate 2022 的复制和粘贴滤镜功能，这个问题就简化多了，用户只需要简单地复制、粘贴操作即可对其他多个对象应用需要的滤镜设置。具体操作如下：

1）选择要从中复制滤镜的对象，然后打开"滤镜"面板。

2）选择要复制的滤镜，然后单击"选项"按钮 ，在弹出的如图 8-7 所示的下拉菜单中选择"复制选定的滤镜"命令。如果要复制所有应用的滤镜，则选择"复制所有滤镜"命令。

图 8-6 禁用全部　　　　　　　图 8-7 "选项"下拉菜单

3）选择要应用滤镜的对象，然后单击"选项"按钮 ，在弹出的下拉菜单中选择"粘贴滤镜"命令。

8.1.3 创建滤镜设置库

如果希望将同一个滤镜或一组滤镜应用到其他多个对象，可以创建滤镜设置库，将编辑好的滤镜或滤镜组保存在设置库中，以备日后使用。

创建滤镜设置库的具体操作如下：

1）选中应用了滤镜或滤镜组的对象，然后单击"选项"按钮。

2）在弹出的下拉菜单中选择"另存为预设"命令，打开"将预设另存为"对话框，如图 8-8 所示。

3）在"预设名称"文本框中填写预设名称。

4）单击"确定"按钮关闭对话框。"预设"子菜单上即会出现该预设滤镜。

如果要在其他对象上使用该滤镜，直接单击"选项"下拉菜单中相应的滤镜名称即可。

注意：

　　　　将预设滤镜应用于对象时，Animate 会将当前应用于所选对象的所有滤镜替换为预设中使用的滤镜。

此外，可以在滤镜菜单中通过"编辑预设"命令重命名或删除预设滤镜，但不能重命名或删除标准 Animate 滤镜。

重命名预设滤镜的具体操作如下：

1）单击"选项"按钮，在弹出的下拉菜单中选择"编辑预设"命令，打开"编辑预设"对话框，如图 8-9 所示。

图 8-8 "将预设另存为"对话框　　　　图 8-9 "编辑预设"对话框

2）双击要修改的预设名称。

3）输入新的预设名称，然后单击"确定"按钮。

删除预设滤镜的具体操作如下：

1）单击"选项"按钮，在弹出的下拉菜单中选择"编辑预设"命令，打开"编辑预设"对话框。

2）选择要删除的预设，然后单击"删除"按钮。

8.1.4　使用 Animate 中的滤镜

Animate 2022 内置 7 种滤镜：投影、模糊、发光、斜角、渐变发光、渐变斜角和调整颜色。

1. 投影

投影滤镜可模拟对象向一个表面投影的效果，或者在背景中剪出一个形似对象的孔，来模拟对象的外观。投影的选项设置如图 8-10 所示。

投影的各项设置参数的说明如下：

➢　模糊 X 和模糊 Y：阴影模糊柔化的宽度和高度，如图 8-11 所示。右边的🔒是限制 x 轴和 y 轴的阴影同时柔化，单击🔒变为断开状态时，可单独调整一个轴。

➢　强度：阴影暗度，如图 8-12 所示，左边图片的投影强度为 100%，右边图片的投影强度为 40%。

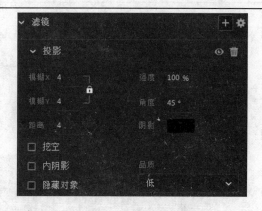

图 8-10 投影的选项设置

图 8-11 模糊柔化不同的投影效果

图 8-12 投影强度不同的投影效果

➢ 品质：阴影模糊的质量，质量越高，过渡越流畅，反之越粗糙。当然，阴影质量
  过高所带来的肯定是执行效率的牺牲。如果在运行速度较慢的计算机上创建回放
  内容，应将质量级别设置为低，以实现最佳的回放性能。
➢ 颜色：阴影的颜色，如图 8-13 所示，左图为黑色，右图为橙色。
➢ 角度：阴影相对于元件本身的方向。
➢ 距离：阴影相对于元件本身的远近，如图 8-14 所示，左图投影距离为 5，右图为
  30。

图 8-13 阴影颜色不同的投影效果

图 8-14 投影距离不同的投影效果

➢ 挖空：挖空（即从视觉上隐藏）源对象，并在挖空图像上只显示投影，与 Photoshop
  中"填充不透明度"设为零时的情形一样，如图 8-15 所示，右图选择了"挖空"
  复选框的效果。
➢ 内阴影：在对象边界内应用阴影，如图 8-16 右图所示。
➢ 隐藏对象：不显示对象本身，只显示阴影，如图 8-17 右图所示。

2. 模糊

模糊滤镜可以柔化对象的边缘和细节。将模糊应用于对象，可以让它看起来好像位于
其他对象的后面，或者使对象看起来具有动感。模糊的选项设置如图 8-18 所示。

图 8-15 挖空的投影效果　　　　　　图 8-16 内侧阴影　　　　　　图 8-17 隐藏对象

图 8-18 模糊的选项设置

模糊的各项设置参数简要说明如下：

➢ 模糊 X 和模糊 Y：模糊柔化的宽度和高度，右边的🔒可限制 x 轴和 y 轴的阴影同时柔化。单击🔒变为断开状态时，可单独调整一个轴。如图 8-19 所示，左图为同时柔化，右图为单独柔化，且 Y 轴模糊值加大。

图 8-19 模糊 XY 效果

➢ 品质：模糊的质量。设置为"高"时近似于高斯模糊。

3. 发光

发光滤镜可以为对象的边缘应用颜色，使对象周边产生光芒的效果。发光的选项设置如图 8-20 所示。

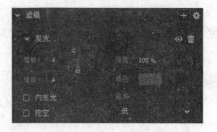

图 8-20 发光的选项设置

发光的各项设置参数简要说明如下：

Chapter 08

- ➢ 强度：光芒的清晰度。
- ➢ 颜色：发光颜色。
- ➢ 挖空：隐藏源对象，只显示光芒，如图 8-21 所示。
- ➢ 内发光：在对象边界内发出光芒。如图 8-22 所示。

图 8-21 挖空效果　　　　　　　　　　　　　图 8-22 内侧发光效果

4．斜角

斜角滤镜包括内斜角、外斜角和完全斜角 3 种效果。它们可以在 Flash 中制造三维效果，使对象看起来凸出于背景表面。根据参数设置不同，可以产生各种不同的立体效果。斜角的选项设置如图 8-23 所示。

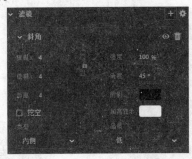

图 8-23 斜角的选项设置

斜角的各项设置参数简要说明如下：

- ➢ 模糊 X 和模糊 Y：设置斜角的宽度和高度。
- ➢ 强度：斜角的不透明度。如图 8-24 所示，左图斜角的强度为 100%，右图为 500%。
- ➢ 阴影：设置斜角的阴影颜色。
- ➢ 加亮显示：设置斜角的加亮颜色。如图 8-25 所示，阴影色为黑色，加亮色为橙色。
- ➢ 角度：斜边投下的阴影角度。
- ➢ 距离：斜角的宽度，如图 8-26 所示，左图距离为 5，右图为 15。
- ➢ 挖空：隐藏源对象，只显示斜角，如图 8-27 所示。
- ➢ 类型：选择要应用到对象的斜角类型。可以选择内侧斜角、外侧斜角或者全部斜角。效果图如图 8-28 所示。

图 8-24 斜角强度不同的效果　　　　图 8-25 阴影和加亮效果　　　　图 8-26 距离不同的效果

图 8-27 挖空的效果 　　　　　　　　　　图 8-28 不同类型的斜角效果

5. 渐变发光

渐变发光滤镜可以在发光表面产生带渐变颜色的光芒效果。渐变发光的选项设置如图 8-29 所示。

渐变发光的各项设置参数简要说明如下：

➤ 类型：选择要为对象应用的发光类型。可以选择内侧发光、外侧发光或者全部发光。效果如图 8-30 所示。

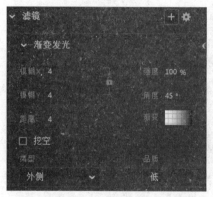

图 8-29 渐变发光的选项设置 　　　　　　图 8-30 不同类型的渐变发光效果

➤ ▦ ：指定光芒的渐变颜色。渐变包含两种或多种可相互淡入或混合的颜色。渐变开始颜色称为 Alpha 颜色，　Alpha 值为 0，不能移动此颜色的位置，但可以改变该颜色。还可以在渐变中添加颜色，最多可添加 15 个颜色指针。

渐变发光的其他设置参数与发光滤镜相同，在此不再赘述。

6. 渐变斜角

渐变斜角滤镜可以产生一种凸起的三维效果，使对象看起来好像从背景上凸起，且斜角表面有渐变颜色。渐变斜角的选项设置如图 8-31 所示。

渐变斜角各项设置参数的说明如下：

➤ 类型：选择要为对象应用的渐变斜角类型。可以选择内斜角、外斜角或者完全斜角。

➤ ▦ ：指定斜角的渐变颜色。渐变包含两种或多种可相互淡入或混合的颜色。中间的指针控制渐变的 Alpha 颜色，该颜色的位置不能移动，但可以改变颜色。

渐变斜角的其他设置参数与斜角滤镜相同，在此不再赘述。

7. 调整颜色

使用"调整颜色"滤镜，可以调整所选影片剪辑、按钮或者文本对象的亮度、对比度、色相和饱和度。调整颜色的选项设置如图 8-32 所示。

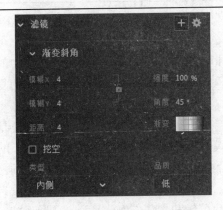

图 8-31 渐变斜角的选项设置

图 8-32 调整颜色的选项

调整颜色的各项设置参数简要说明如下：

➤ 亮度：调整图像的亮度。数值范围为–100～100。

➤ 对比度：调整图像的加亮、阴影及中调。数值范围为–100～100。

➤ 饱和度：调整颜色的强度。数值范围为–100～100。

➤ 色相：调整颜色的深浅。数值范围为–180～180。

在要调整的颜色属性文本框中输入数值，即可调整相应的值。

图 8-33 所示为调整对象颜色的效果图。第一幅（左上）为原始图，第二幅（右上）是调整了亮度的效果图，第三幅（左下）调整了饱和度，第四幅（右下）调整了色相。

图 8-33 调整颜色的效果图

> **提示：** 如果只想将"亮度"应用于对象，可以使用"属性"面板中的"色彩效果"控件。与应用滤镜相比，使用"色彩效果"面板中的"亮度"选项，性能更高。

8.2 混合模式

Animate 内置了混合模式，在 Animate 中可以自由发挥创意，制作层次丰富、效果奇特的图像。

混合模式就像调酒，将多种原料混合在一起产生更丰富的口味，至于口味喜好、浓淡，取决于放入各种原料的多少以及调制的方法。在 Animate 2022 中，使用混合模式，可以改变两个或两个以上重叠对象的透明度或者颜色相互关系，可以混合重叠影片剪辑中的颜色，从而将普通的图形对象变形为在视觉上引人入胜的效果，创造出具有独特效果的复合图像。

混合模式包含 4 种元素：混合颜色、不透明度、基准颜色和结果颜色。混合颜色是应用于混合模式的颜色，不透明度是应用于混合模式的透明度，基准颜色是混合颜色下的像素的颜色，结果颜色是基准颜色的混合效果。混合模式取决于将混合应用于对象的颜色和基础颜色。

在 Animate 2022 中，混合模式只能应用于影片剪辑和按钮，也就是说，普通形状、位图、文字等都要先转换为影片剪辑和按钮才能使用混合模式。Animate 2022 提供了 14 种混合模式，如图 8-34 所示。

若要将混合模式应用于影片剪辑或按钮，可执行以下操作：

1）选择要应用混合模式的影片剪辑实例或按钮实例。

2）展开"属性"面板中的"混合"选项，在"混合模式"下拉列表中选择要应用于影片剪辑或按钮的混合模式，如图 8-35 所示。

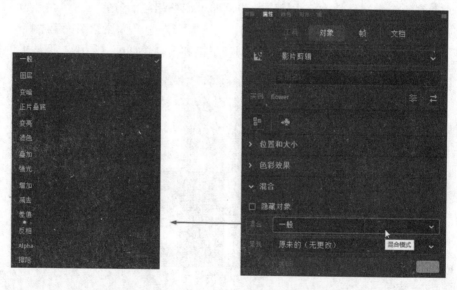

图 8-34 混合模式　　　　　　　　图 8-35 选择混合模式

3）将带有该混合模式的影片剪辑或按钮定位到要修改外观的背景或其他元件上。

可能需要多次试验影片剪辑或按钮的颜色、透明度以及不同的混合模式，才能获得理想的效果。

Animate 2022 内置的 14 种混合模式的功能及作用如下：

➢ 　一般：正常应用颜色，不与基准颜色有相互关系。

➢ 　图层：层叠各个影片剪辑，而不影响其颜色。

➢ 　变暗：只替换比混合颜色亮的区域，比混合颜色暗的区域不变。

➢ 　正片叠底：将基准颜色复合以混合颜色，从而产生较暗的颜色。

- ➤ 变亮：只替换比混合颜色暗的像素，比混合颜色亮的区域不变。
- ➤ 滤色：用基准颜色复合以混合颜色的反色，从而产生漂白效果。
- ➤ 叠加：进行色彩增值或滤色，具体情况取决于基准颜色。
- ➤ 强光：进行色彩增值或滤色，具体情况取决于混合模式颜色。该效果类似于用点光源照射对象。
- ➤ 增加：在基准颜色的基础上增加混合颜色。
- ➤ 减去：从基准颜色中去除混合颜色。
- ➤ 差值：从基准颜色减去混合颜色，或者从混合颜色减去基准颜色，具体情况取决于哪种颜色的亮度值较大。该效果类似于彩色底片。
- ➤ 反相：取基准颜色的反色。
- ➤ Alpha：应用 Alpha 遮罩图层。该模式要求将图层混合模式应用于父级影片剪辑。不能将背景剪辑更改为"Alpha"并应用它，因为该对象将是不可见的。
- ➤ 擦除：删除所有基准颜色像素，包括背景图像中的基准颜色像素。该模式要求将图层混合模式应用于父级影片剪辑。不能将背景剪辑更改为"擦除"并应用它，因为该对象将是不可见的。

各种混合模式的效果如图 8-36 所示。

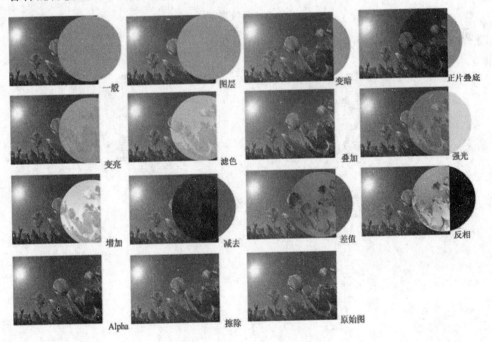

图 8-36 混合模式效果图

示例展示了不同的混合模式对图像外观的影响。需注意的是，一种混合模式可产生的效果会很不相同，具体取决于基础图像的颜色和混合模式的类型。因此，要调制出理想的图像效果，必须试验不同的颜色和混合模式。

8.3 思考题

1. 简单介绍什么是滤镜和混合模式。
2. 怎样自定义滤镜预设？

8.4 动手练一练

1. 对图 8-37 中左边的图像进行滤镜处理，实现右边对象的效果。

图 8-37 效果图

2. 对图 8-38 中左边的图像进行混合模式处理，实现右边图像的效果。

图 8-38 效果图

第9章 制作基础动画

本章重点介绍 Animate 动画的基本原理和制作方法，并结合由简单到复杂、由浅入深、有代表性的动画实例，详细讲解制作逐帧动画、渐变动画（包括运动补间和形状补间）、色彩动画、遮罩动画、补间动画、反向运动和模拟摄像头动画的方法和技巧，以及在动画制作完成后，编辑修改动画、复制粘贴动画、利用"动画预设"面板达到预期的效果。

- ◉ 逐帧动画的制作方法
- ◉ 渐变动画的制作方法和限制
- ◉ 色彩动画的制作方法
- ◉ 遮罩动画的制作技巧
- ◉ 补间动画的制作技巧
- ◉ 骨骼工具的使用和反向运动的创建方法

9.1 制作动画前的准备工作

在制作动画之前，应当了解动画的原理和基本知识。具体地说，就是动画是如何实现的，以及制作动画必备的基础，包括时间轴与帧。尤为重要的是，在制作动画之前，应当设置动画的播放速度和背景色。

9.1.1 动画的原理

动画的原理是将一组画面快速地呈现在人的眼前，在视觉上造成连续变化的效果。Animate 动画以时间轴为基础，由先后排列的一系列帧组成。由于这组画面在相邻帧之间有较小的变化（包括方向、位置、大小、形状等变化），所以会形成动态效果。

帧是在动画最小时间内出现的画面。帧的多少与动画播放的时间有关系，这就是帧频，单位是帧每秒（fps）。

制作动画需要了解时间轴、帧、图形元件以及图层的相关知识，这些在前面的章节中有详细的介绍，读者可在学习本章之前复习前面相关的内容。

9.1.2 设置帧频和背景色

像播放电影一样，在创建动画之前要设置每秒的播放帧数，即播放速度，也称为帧频。执行"修改"菜单下的"文档"命令，在打开的"文档设置"对话框中可以设置帧频和舞台颜色，如图 9-1 所示。

图 9-1 "文档设置"对话框

在"帧频"文本框中可以输入每秒钟动画播放的帧数。对于大多数在计算机上显示的动画，尤其是通过网络传输的动画，帧频以设置在 8～24fps 之间为宜。

单击"舞台颜色"色块，在弹出的调色板中可以选择动画的背景颜色。

设置完成帧频和背景颜色后，就可动手制作动画了。

9.2 逐帧动画

动画的制作实际上就是改变连续帧内容的过程。不同的帧代表不同的时刻,画面随着时间的变化而改变,就形成了动画。动画可以是物体的移动、旋转、缩放,也可以是变色和变形等效果。

制作 Animate 动画主要有两种方式:一种是逐帧动画,一种是渐变动画。渐变动画又包括位移渐变动画和形状渐变动画。在逐帧动画中,需要在每一帧上创建一个不同的画面,连续的帧组合成连续变化的动画。利用这种方法制作动画,工作量非常大,如果要制作的动画比较长,那就需要更多的关键帧,需要投入相当多的精力和时间。不过这种方法制作出来的动画效果非常好,因为对每一帧都进行绘制,所以动画变化的过程非常准确、细腻。

下面以制作一个转动的钟为实例来说明如何制作逐帧动画。在这个实例中,时针和分针一直不停地转动,分针转过一周后,时针才会转动一格,如图 9-2 所示。

图 9-2 转动的钟

该实例的制作步骤如下:

1)执行"文件"菜单中的"新建"命令,在弹出的"新建文档"对话框中,类型选择"HTML5 Canvas"或"ActionScript 3.0",然后单击"创建"按钮。

2)执行"插入"|"新建元件"命令,或者按下 Ctrl+F8 键,新建一个图形元件,命名为"钟",如图 9-3 所示。

图 9-3 "创建新元件"对话框

3)单击"确定"按钮,进入"钟"图形元件的编辑状态,在图层 1 上绘制一个钟的外形,如图 9-4 所示。

4)返回主场景,在第 1 帧拖入元件"钟",在第 360 帧处右击,在弹出的快捷菜单中选择"插入帧"命令(或者按 F5 键),将动画延续到第 360 帧。

5)单击"新建图层"按钮■,创建"图层_2",如图 9-5 所示。

6)使用绘图工具绘制一个时针,如图 9-6 左图所示。按 F8 键将其转换为一个"图形"类型元件,命名为"时针"。

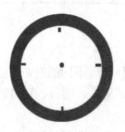

图 9-4 绘制钟的外形

图 9-5 新建图层

7）单击"新建图层"按钮，创建"图层__3"。在"图层__3"上绘制一个分针，如图 9-6 右图所示。按 F8 键将其转换为一个"图形"类型的元件，命名为"分针"。然后调整时针和分针的位置，就得到了第 1 帧的画面。

8）在"图层__3"的第 2 帧右击，在弹出的快捷菜单中选择"插入关键帧"命令（或者按 F6 键）。

9）使用任意变形工具将实例的变形中心点移到钟的正中心，然后执行"修改"|"变形"|"缩放与旋转"命令，将分针旋转 12º。或者执行"窗口"|"变形"命令，打开"变形"面板，选中"旋转"选项，然后输入旋转的角度，如图 9-7 所示。

图 9-6 时针外形和分针外形

图 9-7 "变形"面板

注意：

在执行"修改"|"变形"|"缩放与旋转"命令后，最好不要着急旋转物体，可以先将旋转中心移到钟的正中心，然后执行"窗口"|"变形"命令，打开"变形"面板，在"旋转"文本框中输入旋转角度 12º。这样，既可以做到旋转角度精确，又可以让指针绕钟的中心旋转，不用再调整指针。

10）在其后的各帧上重复步骤 8）和步骤 9），直到进入第 30 帧。选择第 1 帧～第 30 帧右击，在弹出的快捷菜单中选择"复制帧"命令，然后依次粘贴到第 31 帧和第 61 帧，直到第 360 帧结束。这样，分针的逐帧动画就做完了。

11）在"图层__2"的第 31 帧上右击，在弹出的快捷菜单中选择"转换为关键帧"命令。

12）将"时针"实例的变形中心点移到钟的正中心，执行"修改"|"变形"|"缩放与旋转"命令，将时针旋转 30º（或者执行"窗口"|"变形"命令，打开"变形"对话框，在"旋转"项后面的文本框中输入旋转的精确角度）。

13）重复步骤11）和12），分别将第 60 帧、90 帧、120 帧、150 帧、180 帧、210 帧、240 帧、270 帧、300 帧、330 帧和 360 帧转换为关键帧，并执行"修改"|"变形"|"缩放与旋转"命令，将时针旋转 30°。

这样就完成了创建如此规模庞大的逐帧动画，如图 9-8 所示。

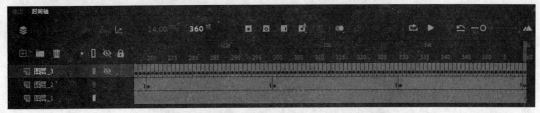

图 9-8 创建逐帧动画

完成逐帧动画的制作后，执行"控制"|"播放"命令，就可以看到完成的逐帧动画了。通过该实例，相信读者已经了解了制作逐帧动画的方法。其实利用逐帧动画的原理，还可以制作出很多具有特殊效果的动画。

9.3 传统补间动画

传统补间动画（也称为运动渐变动画）可以使实例、群组或文字产生位置移动、大小比例缩放、图像旋转等运动；传统补间动画不同于逐帧动画，只需要创建几个不同性质特征的关键帧，而不用每帧都设计，两个关键帧之间的帧由 Animate 自动创建。

9.3.1 创建传统补间动画

传统补间是针对同一图层上的单一实例、群组和文本而言的。只有这些物体才能产生传统补间，分离的图形不能产生渐变运动，除非转换成元件或者群组。另外，要想同时让多个物体动起来，可以将它们放在不同的图层内。

制作传统补间动画的基本原则是：在两个关键帧分别定义图像的不同性质特征，如位置的移动、大小比例的变化和旋转等，并在两个关键帧之间建立传统补间关系。下面用 3 个实例具体介绍传统补间动画的制作。

实例 1：制作一个简单的位移动画。

1）新建一个 ActionScript 3.0 文件。在第一图层的第 1 帧导入一幅背景图片，在"信息"面板中调整图片大小与舞台大小相同，左上角与舞台左上角对齐。然后在第 50 帧右击，在弹出的快捷菜单中选择"插入帧"命令。

2）新建一个图层。在当前图层上选取一帧并右击，在弹出的快捷菜单中选择"插入关键帧"命令（或者按快捷键 F6），创建起点关键帧。在起点关键帧选择椭圆工具，在舞台上绘制一个正圆，如图 9-9 所示。执行"修改"|"转换为元件"命令，将其转换为一个图形元件。

3）在起点关键帧后选择一帧，采用上一步同样的方法，建立一个终点关键帧。将舞台上的实例拖动到舞台右下角。

4）在两个关键帧之间的任一帧上右击，在弹出的快捷菜单中选择"创建传统补间"命令，两帧之间出现了由起点关键帧指向终点关键帧的箭头，表明已经建立了传统补间关系，效果如图 9-10 所示。

图 9-9 在第 1 帧绘制正圆形

图 9-10 传统补间效果图

为使小球滚动的效果更逼真，可以选中起点关键帧，打开对应的属性面板，设置旋转方式为"顺时针"、旋转次数为 3、缓动为 50。这样，小球在运动过程中会顺时针旋转 3 次，且速度越来越慢，最后停止。

实例 2：制作一个简单的缩放动画。

1）执行"文件"|"新建"命令，文件类型选择"ActionScript 3.0"，然后单击"创建"按钮。

2）在当前图层上选取一帧并右击，在弹出的快捷菜单中选择"插入关键帧"命令（或者按 F6 键），创建起点关键帧。在起点关键帧处，使用文本工具输入单词"Hello"，设置填充颜色为绿色，字体为"Cooper Std"，大小为 80，如图 9-11 所示，然后执行"修改"|"转换为元件"命令，将文本转换为图形元件。

3）选中第 30 帧，采用步骤 2）同样的方法，建立一个终点关键帧。

4）执行"修改"|"变形"|"缩放"命令，"Hello"周围出现变形框，拖动变形手柄，将文本缩放到一定比例即可，如图 9-12 所示。

图 9-11 在起点关键帧输入文字　　　　　　　　图 9-12 调整文字大小

5）在两个关键帧之间的任一帧上右击，在弹出的快捷菜单中选择"创建传统补间"命令，两帧之间出现了由起点关键帧指向终点关键帧的箭头，表明已经建立了传统补间关系。

注意：
　　　　一定要确保在"属性"面板上选中"缩放"选项，这样 Animate 就会在文字运动渐变的同时进行缩放，否则会出现这样的结果：文字运动时，大小不变；运动到最后一帧时，文字大小突然变化。

6）选中第 60 帧，选中舞台上的实例，将实例放大。然后在第 2 个关键帧和第 3 个关键帧之间创建传统补间。此时显示的时间轴如图 9-13 所示。

实例 3：制作转动的钟。

在 9.2 节中使用逐帧动画的方法制作了一个转动的钟，本节将使用传统补间动画实现同样的效果。

1）新建一个 ActionScript 3.0 文件。

2）执行"插入"|"新建元件"命令，或者按下 Ctrl+F8 键，新建一个图形元件，命名为"钟"。

3）单击"确定"按钮，进入"钟"图形元件的编辑状态。

4）在图层 1 上绘制一个钟的外形，如图 9-4 所示。

5）返回主场景，从"库"面板中拖动一个"钟"实例到舞台上，然后在第 360 帧右击，在弹出的快捷菜单中选择"插入帧"命令（或者按 F5 键），将动画延续到第 360 帧。

6）单击"新建图层"按钮，新建图层 2。在图层 2 上绘制一个时针，如图 9-6 左图所示。按 F8 键将其转换为图形元件，命名为"时针"。

7）单击"新建图层"按钮，新建图层 3。在图层 3 上绘制一个分针，如图 9-6 右图所示。按 F8 键将其转换为图形元件，命名为"分针"。然后调整舞台上时针和分针的位置，得到第一帧的画面，如图 9-14 所示。

8）选中图层 3 的第 1 帧，单击工具箱中的"任意变形工具"，将变形控制点拖到"分针"实例的底边中点。然后将图层 3 的第 10、20、30 帧转换为关键帧。

图 9-13 文字缩放效果图

9）分别选中第 10、20、30 帧，执行"窗口"|"变形"命令打开"变形"面板，在"变形"面板中选择"旋转"选项，分别设置旋转角度为 120°、240°、360°。并在每两个关键帧之间右击，在弹出的快捷菜单中选择"创建传统补间"命令，建立传统补间关系。

10）选择第 1～30 帧并右击，在弹出的快捷菜单中选择"复制帧"命令，然后依次粘贴到第 31、61 帧，一直到第 360 帧结束。这样，分针的传统补间动画就完成了。

11）在图层 2 的第 29 帧右击，在弹出的快捷菜单中选择"转换为关键帧"命令。使用"任意变形工具"将"时针"实例的变形中心点拖放到实例的底边中点，然后执行"修改"|"变形"|"缩放与旋转"命令，将时针旋转30°。

12）在图层 2 的第 59 帧右击，在弹出的快捷菜单中选择"转换为关键帧"命令，将时针旋转30°。

13）重复步骤 12），直到第 359 帧结束。

这样，利用传统补间动画完成了与逐帧动画一样的效果，如图 9-15 所示。

9.3.2 设置传统补间动画的属性

创建传统运动补间之后，选择关键帧，并执行"窗口"菜单中的"属性"命令，则会打开如图 9-16 所示的属性设置面板。

该面板中有关运动属性设置选项的含义及功能如下：

➢ "缓动"：设置对象在动画过程中的加速度和减速度。正值表示以较快的速度开始补间，越接近动画的末尾，补间的速度越慢。负值表示以较慢的速度开始补间，越接近动画的末尾，补间的速度越快。在"缓动类型"下拉列表中选择"属性（单独）"，可以在属性级别分别对各个属性进行缓动设置，如图 9-17 所示。

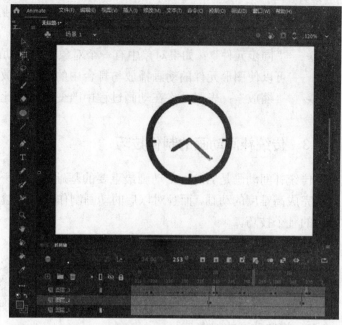

图 9-14 第 1 帧效果图　　　　　图 9-15 传统补间动画—转动的钟效果图

图 9-16 传统补间属性设置面板

图 9-17 单独设置每个属性的缓动

➢ 　：单击该按钮，打开"自定义缓动"对话框，可以更精确地设置对象的速度变化。

➢ 　"旋转"：设置旋转类型及方向。其下拉列表框包括如下 4 个选项：

　✓　"无"：表示在动画过程中不进行旋转。

　✓　"自动"：该选项为默认选项，表示物体以最小的角度旋转到终点位置。

　✓　"顺时针"：表示设置对象的旋转方向为顺时针。其后的数字表示旋转的次数，如果为 0，则不旋转。

　✓　"逆时针"：表示设置对象的旋转方向为逆时针。

➢ 　"贴紧"：在引导路径动画中，可以将动画对象吸附在引导路径上。

➢ 　"调整到路径"：在引导路径动画中，运动对象沿路径的曲度变化改变运动方向。

> "沿路径着色"：在引导路径动画中，运动对象根据笔触颜色改变着色。
> "沿路径缩放"：如果引导路径为可变宽度笔触，则对象在运动过程中自动根据笔触宽度进行缩放。
> "同步元件"：如果对象中有一个对象是包含动画效果的图形元件，选择该项时可以使图形元件的动画播放与舞台中的动画播放同步进行。
> "缩放"：表示允许在动画过程中改变对象的比例。

9.3.3 传统补间动画的制作技巧

传统补间动画是 Animate 动画最重要的基础方法之一，熟练掌握它的制作方法，不仅可以完成高难度的动画，而且对以后的动画制作大有裨益。下面将介绍制作传统补间动画常用的几个技巧。

1．缩放动画的制作

所谓缩放动画，是指对象在运动的过程中大小发生变化。通常利用"修改"|"变形"|"缩放"命令缩放对象，或者执行"窗口"|"变形"命令，打开"变形"面板，直接在面板中输入宽度和高度的比例，精确控制缩放比例，如图 9-18 所示。

2．旋转动画的制作

运动对象除了可以进行直线运动以外，很多时候还将进行旋转运动。

制作旋转运动最简单的方法就是在动画"属性"面板上的"旋转"下拉列表中选择旋转方式，进行顺时针或者逆时针旋转，并且可以指定旋转的次数，如图 9-19 所示。

图 9-18 "变形"面板

图 9-19 设置旋转方式

3．加速下落动画的制作

加速下落动画的制作十分简单。在动画"属性"面板上的"缓动强度"文本框中设置对象在动画过程中变化的速度，如果设置速度为负值，就可以看到对象在动画中先慢后快地运动，从而可以得到一种加速下落的效果。

4．使用运动引导图层

在前面介绍的传统补间动画的制作中，可以发现，传统补间的轨迹都是 Animate 自动生成的，但这种轨迹往往很难达到要求的效果。很多时候，需要给定动画运动的路线，做出很多特殊的效果。

Chapter 09

在 Animate 动画设计过程中，运动引导图层的主要功能就是绘制动画的运动轨迹。在制作以实例为对象并沿着路径运动的动画中，运动引导图层是最普遍的，最方便的工具。在制作完动画之后，运动引导图层中的内容在最后生成的动画中是不可见的。

下面以一个具体的实例来介绍运动引导图层的使用方法。

1）新建一个 ActionScript 3.0 文件。

2）执行"文件"|"导入"|"导入到舞台"菜单命令，将飞机的图片导入到场景中，如图 9-20 所示。

3）按 F8 键将其转换为一个"图形"类型的元件，命名为"飞机"。

4）在图层 1 上右击，在弹出的快捷菜单中选择"添加传统运动引导图层"命令，在图层 1 上将会自动添加一个运动引导图层，名字为"引导层：图层-1"。

5）在运动引导图层上用"铅笔工具"随意画一条平滑曲线，作为飞机的运动轨迹。

6）在第 40 帧按 F5 键插入帧，使轨迹延续到第 40 帧，如图 9-21 所示。

图 9-20 导入飞机图片　　　　　　　图 9-21 在运动引导图层上绘出运动轨迹

7）在绘图工具箱中单击"选择工具"，在飞机实例上按下鼠标左键并拖动飞机，使其中心与轨迹的起点重合，如图 9-22 所示。

8）在图层 1 的第 40 帧按 F6 键插入关键帧，并移动飞机，使它的中心与轨迹的终点重合。

9）在两个关键帧之间的任一帧上右击，在弹出的快捷菜单中选择"创建传统补间"命令，建立传统补间关系，这样就可以做到让飞机按照指定的轨迹运动了，如图 9-23 所示。

图 9-22 移动飞机使其中心与轨迹起点重合　　　　图 9-23 飞机运动的效果图

注意：
　　　　在使用"选择工具" 时，一定要打开"贴紧对象"工具 ，并且要做到的是实例的起点、终点一定要与运动引导图层中轨迹曲线的起点、终点对齐，否则动画将不会按照指定的运动路线移动。

观察上面的动画效果，细心的读者会发现，飞机虽然沿路径飞行，但机身一直保持水平。如果希望飞机在运动过程中机身倾斜角度随路径的曲度而变换，则要使用"调整到路径"选项。

10）选中图层 1 的第 1 帧，在对应的属性面板上选中"调整到路径"选项。此时预览动画，可以看到飞机随运动路径改变飞行方向，如图 9-24 所示。

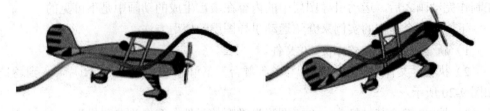

图 9-24 调整路径后的飞机运动效果图

Animate 2022 在传统补间的帧面板中还有两个选项：沿路径着色、沿路径缩放。使用这两个选项，可以创建出奇妙的动画效果。为便于读者观察动画效果，将引导路径修改为渐变填充的可变宽度路径。

11）选中引导图层中的路径，使用宽度工具调整路径，或重新绘制一条可变宽度的路径，且填充渐变色，效果如图 9-25 所示。

图 9-25 绘制可变宽度路径

12）选中图层 1 的第 1 帧，在对应的属性面板上选中"沿路径着色""缩放"和"沿路径缩放"选项。然后按 Enter 键预览动画效果。可以看到，在运动过程中，飞机基于路径的笔触宽度和颜色进行缩放和着色，如图 9-26 所示。

图 9-26 沿路径缩放和着色效果

此外，Animate 2022 还提供了复制粘贴渐变动画功能。使用复制和粘贴动画功能可以复制渐变动画，并将帧、补间和元件信息粘贴（或应用）到其他对象上。操作步骤如下：

1）在包含要复制的渐变动画的时间轴中选择帧。所选的帧必须位于同一图层上，但不必局限于一个渐变动画中。可选择一个补间、若干空白帧或者两个或更多补间。

2）执行"编辑"|"时间轴"|"复制动画"命令。

3）选择将接收渐变动画的元件实例。

4）执行"编辑"|"时间轴"|"粘贴动画"命令。

执行上述操作后，接收复制动画的元件实例及其所在图层将插入必需的帧、补间和元件信息，以匹配所复制的原始补间。

9.3.4　传统补间动画的制作限制

前面介绍的几个动画实例都是比较成功的动画，实际上，在 Animate 中制作动画是有一些限制的，初学者往往很容易出错。例如，在 9.3.1 节中的"实例 1"中，如果没有将绘制的圆形转换为图形元件，按照剩下的步骤继续做下去，会出现什么样的结果呢？

可以看到，在动画的"属性"面板上多了一个黄色的惊叹号按钮，它表明此前的动画设置有问题，如图 9-27 所示。

单击该提示按钮，会弹出如图 9-28 所示的对话框，提示制作者出错的原因。原来，形状是不能设置传统补间动画的。

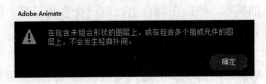

图 9-27 提示出错按钮　　　　　图 9-28 提示出错按钮的提示语句

总的来说，制作传统补间动画时应该注意以下限制：
- 传统补间动画仅仅对某个元件的实例、实例群组或者文本有效，即只有它们才可以作为传统补间动画的对象。
- 同一个传统补间动画的对象不可以存在于不同的图层中。
- 动画应该有始有终，有起始的关键帧，也要有结束的关键帧。

因此，在制作传统补间动画时，最好养成用"图形元件"的习惯，需要时从"库"面板拖入场景中即可，既可以方便地设置传统补间动画，又可以减小文件的大小。

此外，判断一段传统补间动画是否正确，还可以利用时间轴面板上的信息。当动画有问题时，时间轴上虽然也可以显示出有一个动画，但是两个关键帧之间并不是箭头，而是虚线，如图 9-29 所示。

图 9-29 传统补间动画设置错误

9.4　形状补间动画

形状补间动画主要是形状的改变。与传统补间不同的是，形状补间的对象必须是分离的可编辑的图形。如果要对文字、位图等进行形状补间，需要先执行"修改"|"分离"命令，使之变成分散的图形，然后才能进行相应的动画制作。

9.4.1　创建形状补间动画

制作形状补间动画的原则是在两个关键帧分别定义不同的性质特征，主要为形状方面的差别，然后在两个关键帧之间建立形状补间的关系。下面通过具体实例来详细介绍形状补间动画的制作方法。

实例 1：制作一个简单的形状补间动画

1）新建一个 ActionScript 3.0 文件。

2）在当前图层上选取一帧并右击，在弹出的快捷菜单中选择"插入关键帧"命令，或者按 F6 键，创建起点关键帧。在起点关键帧处，选择椭圆工具，在舞台上绘制一个椭圆。

3）在起点关键帧后选择一帧，采用上一步同样的方法，建立一个终点关键帧，删除舞台上的椭圆，然后在舞台上绘制一个多角星形。星形的填充颜色可以与椭圆的填充颜色不一样。

4）在两个关键帧之间的任一帧上右击，在弹出的快捷菜单中选择"创建补间形状"命令，两帧之间出现了由起点关键帧指向终点关键帧的箭头，表明已经建立了形状补间关系，效果如图 9-30 所示。

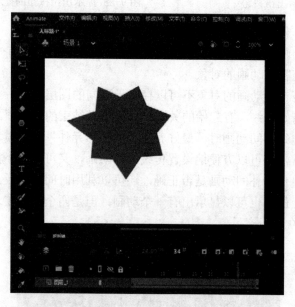

图 9-30　形状补间效果图

实例 2：制作一个文字变形动画

1）新建一个 ActionScript 3.0 文件。

2）在当前图层上选取一帧并右击，在弹出的快捷菜单中选择"插入关键帧"命令（或者按快捷键 F6 键），创建起点关键帧。

3）在起点关键帧上使用"文本工具"输入单词"Cute"，设置颜色为橙色，字体为"Cooper std"，大小为 80。

4）执行"修改"|"分离"命令两次，将文字打散成形状，如图 9-31 所示。

5）在起点关键帧后选择一帧，采用上一步同样的方法，建立一个终点关键帧。

6）在终点关键帧上删除舞台上的文本形状，使用"文本工具"输入"Girl"，设置填充颜色为蓝色，字体为"Cooper std"，大小为80。

7）执行"修改"|"分离"命令两次，将文本打散为形状，如图9-32所示。

Cute

图9-31 起始关键帧的形状

Girl

图9-32 结束关键帧的形状

8）在两个关键帧之间的任一帧上右击，在弹出的快捷菜单中选择"创建补间形状"命令，两帧之间出现了由起点关键帧指向终点关键帧的箭头，表明已建立形状补间关系，如图9-33所示。

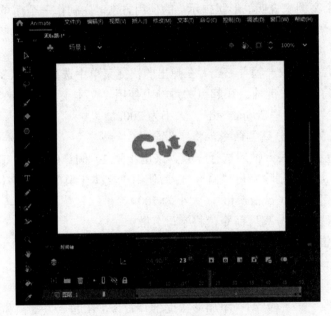

图9-33 文字的形状补间效果图

注意：
　　打散文本时，一定要执行两次"修改"|"分离"命令。第一次是将文本分散成单个的字，第二次是将单个的字分散成为形状。只有执行两次该命令后，才能够使文字变成形状补间动画，否则将无法得到文字的形状补间动画。

9.4.2 设置形状补间动画的属性

创建补间形状动画后，在对应的属性面板上可以设置形状补间的相关参数。

➢ "缓动"：设置对象在动画过程中的变化速度。正值表示变化先快后慢，负值表示变化先慢后快。

➢ "混合"：设定变形的过渡模式，即起点关键帧和终点关键帧之间的帧的变化模式。包括如下两个选项：

✓ "分布式"：设置中间帧的形状过渡更光滑更随意。

✓ "角形"：设置中间帧的过渡形状保持关键帧上图形的棱角。此选项只适用于有尖锐棱角的形状补间动画。

9.4.3 形状补间动画的制作技巧

制作形状补间动画时，Animate 自动生成的形状变化往往与设想的变化并不一致。为了获得预期的变形效果，可以使用 Animate 中的"形状提示"。"形状提示"可以精确地控制图形对应部位的变形，即让 A 图形上的某一点变换到 B 图形上的指定一点，在指定了多个"形状提示"之后，可以达到所要的效果。

下面通过一个实例来说明"形状提示"的使用方法。先制作一个简单的字母形状补间动画。

1）新建一个 ActionScript 3.0 文件。

2）在当前图层上选取一帧并右击，在弹出的快捷菜单中选择"插入关键帧"命令（或者按 F6 键），创建起点关键帧。在起点关键帧上使用"文本工具"输入字母"M"，设置填充颜色为红色，字体为"Cooper std"，大小为 200。

3）执行"修改"|"分离"命令，将字母分散。

4）在同一图层起点关键帧后选择一帧，采用步骤 2）同样的方法，建立终点关键帧。

5）在终点关键帧上删除字母"M"，然后使用"文本工具"输入字母"W"，设置填充颜色为红色，字体为"Cooper std"，大小为 200。

6）执行"修改"|"分离"命令，将字母分散。

7）在两个关键帧之间的任一帧上右击，在弹出的快捷菜单中选择"创建补间形状"命令，两帧之间出现了由起点关键帧指向终点关键帧的箭头，表明建立了形状补间关系。

下面的步骤使用"形状提示"精确控制字母的变形。

8）执行"修改"|"形状"|"添加形状提示"命令，在起点关键帧和终点关键帧上均会出现标有字母"a"的红色圆圈，如图 9-34 所示。

9）分别将起点关键帧和终点关键帧上的红色圆圈移动到需要变形的相应位置。移动之后，起点关键帧上的形状提示变成黄色，终点关键帧上的形状提示变成绿色，如图 9-35 所示。

10）执行"修改"|"形状"|"添加形状提示"命令 5 次，添加 5 个形状提示，并在起点和终点关键帧移动形状提示，确定精确的变形位置，变形位置如图 9-36 所示。

图 9-34 形状提示　　　　　　图 9-35 移动后的形状提示　　　　　图 9-36 变形的对应位置

11）保存文件，按下 Enter 键可以看到变形的效果，如图 9-37 所示。可以执行"修改"|

"形状"|"删除所有提示"命令，去掉形状提示。

与传统补间动画相同，形状补间动画也支持复制、粘贴补间。

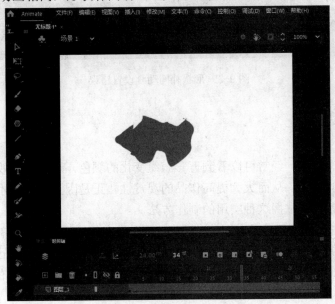

图 9-37 添加形状提示后的形状补间效果

9.4.4 形状补间动画的制作限制

事实上，不只是在制作传统补间动画时会有限制，制作形状补间动画也同样如此。例如，在 9.4.1 节中的"实例 2"中，不将文字分散，按照剩下的步骤继续做下去，会出现什么样的结果呢？

可以发现，在动画的"属性"面板上多了一个黄色的惊叹号按钮，表明此前的动画设置有问题。单击此提示按钮，会弹出如图 9-38 所示的对话框，提示制作者出错的原因。

图 9-38 错误信息

总的来说，制作形状补间动画时应该注意以下限制：

➢ 形状补间动画的对象只能是形状。

➢ 同一个形状补间动画的对象不可以存在于不同的图层中。

➢ 动画应该有始有终，有起始的关键帧，也要有结束的关键帧。

此外，判断一段形状补间动画是否正确，还可以利用时间轴面板上的信息。与传统补间动画一样，当动画有问题时，时间轴上虽然也可以显示出有一段动画，但是两个关键帧之间并不是箭头，而是虚线，如图 9-39 所示。

图 9-39　形状补间动画设置错误

9.5　色彩动画

在很多动画作品中，经常可以看到五彩缤纷变化的颜色，这些颜色效果可以给作品带来很多视觉上的享受，从而大大提高作品的观赏性。正是因为如此，才将色彩动画独立成节，以便读者能够掌握这种实用的制作方法。

事实上，色彩动画不但融合在逐帧动画中，也融合在传统补间和形状补间之中，可以说是逐帧动画和渐变动画的一个综合。逐帧动画中色彩的变化需要读者自己去揣摩，灵活运用各种色彩的处理技巧。下面将结合实例具体介绍渐变动画中色彩变化的制作过程。

9.5.1　传统补间的色彩动画

传统补间中的图形随着动画的渐变也可以增添一些色彩的变化。通过对颜色的特殊处理，可以做到色彩的淡入淡出效果、忽明忽暗的全景灯效果、色彩变化比较大的灯光效果。但必须强调的是，制作传统补间的色彩动画时，渐变的对象一定要是元件实例，只有对实例才能进行处理。

下面制作一个旋转、缩放而且色彩浅出的动画实例，步骤如下：

1）新建一个 ActionScript 3.0 文件。

2）在当前图层上选取一帧并右击，在弹出的快捷菜单中选择"插入关键帧"命令（或者按快捷键 F6 键），创建起点关键帧。

3）在起点关键帧上使用"文本工具"输入"色彩动画"4 个字，设置填充颜色为蓝色，字体为"汉仪雪君体简"，大小为 60，并将其转变为图形元件。

4）在起点关键帧后选择一帧，采用步骤 2）同样的方法，建立一个终点关键帧。

5）执行"窗口"|"变形"命令，调出"变形"对话框，将"色彩动画"放大两倍。

6）在两个关键帧之间的任一帧上右击，在弹出的快捷菜单中选择"创建传统补间"命令，建立传统补间关系。

7）选中起点关键帧，打开对应的属性面板，然后在"旋转"下拉列表中选择"顺时针"，并设置旋转次数为 1。即设置动画在渐变的过程中顺时针旋转一次，如图 9-40 所示。

8）用"选择工具"选中起点关键帧的文字，打开对应的属性面板，将"色彩效果"的"样式"选项设置为 Alpha，如图 9-41 所示，并把 Alpha 的值设为 100%。

9）用"选择工具"选中终点关键帧的实例，在"色彩效果"的"样式"选项中选择 Alpha，并把 Alpha 的值设为 0%。

10）执行"控制"|"测试影片"命令，就可以看到旋转、缩放且色彩淡出的动画效

果，如图 9-42 所示。

图 9-40 设置"旋转"的参数　　　　　图 9-41 设置 Alpha 值

图 9-42 旋转、缩放且色彩淡出的动画效果

注意： 用文本制作传统补间动画时，要做色彩的浅入浅出效果，需要将文本转换为元件，因为 Alpha 值的修改只对图形实例有效。

　　淡入效果的制作与淡出效果恰好相反，在起点关键帧的实例属性面板上，"色彩效果"的"样式"选项选择"Alpha"，然后将 Alpha 的值设置为 0％，也就是"完全透明"；用同样的方法，选中终点关键帧的图形实例，设置颜色 Alpha 值为 100％（不透明），然后在两个关键帧之间建立传统补间动画效果，就得到了淡入的效果。

　　对于忽明忽暗的全景灯效果，可以在"色彩效果"的"样式"下拉列表中选择"亮度"，并设置亮度值，如图 9-43 所示。在起点关键帧和终点关键帧分别设置差别较大的亮度，就可以做到忽明忽暗的效果。

　　对于色彩变化较大的灯光效果，可以在"色彩效果"的"样式"下拉列表中选择"色调"，并设置色调值，如图 9-44 所示。在起点关键帧和终点关键帧分别设置实例的 RGB 值和色调，从而做出绚丽的色彩，就可以达到色彩变化的效果。

 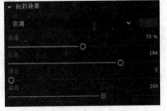

图 9-43 设置颜色的亮度　　　　　图 9-44 设置颜色的色调

9.5.2　形状补间的色彩动画

形状补间中的图形随着形状的渐变，其色彩也跟着发生相应的变化。通过对形状颜色的改变，包括填充色、笔触颜色的变化，可以做到色彩的变换效果。在填充色的应用中，尤其要灵活运用渐变色，这样制作出来的动画往往会给人意想不到的视觉效果。

下面制作一个由图形渐变到文字的色彩动画，步骤如下：

1）新建一个 ActionScript 3.0 文件。

2）在当前图层上选取一帧并右击，在弹出的快捷菜单中选择"插入关键帧"命令（或者按 F6 键），创建起点关键帧。

3）在起点关键帧处，选择椭圆工具，在"颜色"面板中选择"径向渐变"，并调制一种渐变色，如图 9-45 所示。按住 Shift 键在舞台上绘制一个正圆形，如图 9-46 所示。

4）在起点关键帧后选择一帧，采用步骤 2）同样的方法，建立一个终点关键帧。在舞台上用"选择工具"选择该帧的所有内容，并全部删除。选择"文本工具"，设置字体属性为"汉仪雪君体简"、大小为 70，输入文字"色彩动画"。

5）执行"修改"|"分离"命令两次将文本打散，在"颜色"面板上设置填充方式为"径向渐变"，选择红绿蓝渐变色，设置 Alpha 值为 100%，效果如图 9-47 所示。

图 9-45 "颜色"面板　　　　图 9-46 绘制正圆形　　　　图 9-47 文字的渐变效果

6）在两个关键帧之间的任一帧上右击，在弹出的快捷菜单中选择"创建补间形状"命令，建立形状补间关系，其中 5 帧的效果如图 9-48 所示。

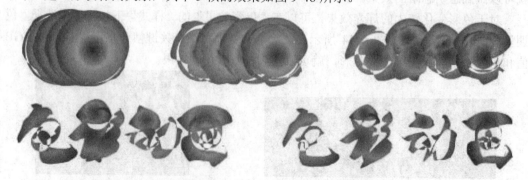

图 9-48 图形渐变到文字的色彩动画

Chapter 09

9.6 补间动画

在创建渐变动画时，读者会发现快捷菜单中有"补间动画"和"传统补间"两个菜单项。"传统补间"是指基于关键帧的渐变动画，而"补间动画"则是通过为一个帧中的对象属性指定一个值，为另一帧中的相同属性指定另一个值创建的动画。

补间动画可以在最大程度上减小文件大小的同时，创建随时间移动和变化的动画。在补间动画中，只有指定的属性关键帧的值存储在 FLA 文件和发布的 SWF 文件中。可补间的对象类型包括影片剪辑、图形元件和按钮元件以及文本字段。可补间的属性包括：2D X 和 Y 位置、3D Z 位置（仅限影片剪辑）、2D 旋转（绕 z 轴）、3D X、Y 和 Z 旋转（仅限影片剪辑）、倾斜 X 和 Y、缩放 X 和 Y、颜色效果，以及滤镜属性。

在深入了解补间动画的创建方式之前，读者很有必要先掌握两个补间动画中的术语：补间范围和属性关键帧。

补间范围是时间轴上的一组帧，其舞台上的对象的一个或多个属性可以随着时间而改变。补间范围在时间轴上显示为具有蓝色背景的单个图层中的一组帧。在每个补间范围内，只能对舞台上的一个对象进行动画处理，此对象称为补间范围的目标对象。

属性关键帧是在补间范围内为补间对象显式定义一个或多个属性值的帧。定义的每个属性都有它自己的属性关键帧。如果在单个帧中设置了多个属性，则其中每个属性的属性关键帧会驻留在该帧中。用户还可以从补间范围快捷菜单中选择可在时间轴上显示的属性关键帧类型。

如果在补间过程中更改补间对象在舞台上的位置，则补间范围具有与之关联的运动路径。此运动路径显示补间对象在舞台上移动时所经过的路径。用户可以使用部分选取、转换锚点、删除锚点和任意变形等工具以及"修改"菜单上的命令编辑舞台上的运动路径。

补间动画和传统补间之间的区别体现在以下几点：

- ➢ 传统补间使用关键帧。补间动画只能具有一个与之关联的对象实例，并使用属性关键帧而不是关键帧。
- ➢ 若应用补间动画，则在创建补间时会将所有不支持补间的对象类型转换为影片剪辑。而应用传统补间会将这些对象类型转换为图形元件。
- ➢ 补间动画会将文本视为可补间的类型，而不会将文本对象转换为影片剪辑。传统补间会将文本对象转换为图形元件。
- ➢ 在补间动画范围内不允许帧脚本。传统补间允许帧脚本。

> 利用传统补间，可以在两种不同的色彩效果（如色调和透明度）之间创建动画。补间动画可以对每个补间应用一种色彩效果。

> 使用补间动画可以为 3D 对象创建动画效果，而传统补间不能。

> 只有补间动画才能保存为动画预设。

下面通过一个简单实例来演示补间动画的制作方法，步骤如下：

1）新建一个 Animate 文档，并执行"文件"|"导入"|"导入到舞台"菜单命令，在舞台中导入一幅位图作为背景。然后在第 40 帧按 F5 键，将帧延长到第 40 帧。

2）单击图层面板左下角的"新建图层"按钮，新建一个图层。执行"文件"|"导入"|"导入到库"命令，导入一幅蝴蝶飞舞的 GIF 图片。此时，在"库"面板中可以看到自动生成的一个影片剪辑元件，以及一个以导入的 GIF 图片名称命名的文件夹，该文件夹中包含 GIF 图片各帧的位图，且这些位图按顺序自动命名。

3）在新建的图层中选中第 1 帧，并从"库"面板中将影片剪辑元件拖放到舞台合适的位置。此时的舞台效果如图 9-49 所示。

图 9-49 舞台效果

4）在第 1 帧至第 40 帧之间的任意一帧右击，在弹出的快捷菜单中选择"创建补间动画"命令。此时，时间轴上的补间范围变为了黄色，图层名称左侧显示图标，表示该图层为补间图层，如图 9-50 所示。

如果选中的对象不是可补间的对象类型，或者在同一图层上选择了多个对象，将显示一个对话框。通过该对话框可以将所选内容转换为影片剪辑元件，然后继续补间动画。

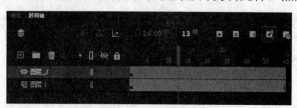

图 9-50 时间轴上的补间范围变为黄色

5）在图层 2 的第 10 帧按下 F6 键，添加一个属性关键帧。

此时，时间轴上的补间范围内就会自动出现一个黑色菱形标识，表示属性关键帧。

6）将舞台上的实例拖放到合适的位置，并选择任意变形工具旋转元件实例到合适的

Chapter 09

152

角度，如图 9-51 所示。

图 9-51 将实例拖放到合适的位置并旋转到合适的角度

此时，读者会发现舞台上出现了一条带有很多小点的线段，这条线段就是补间动画的运动路径。运动路径显示从补间范围的第 1 帧中的位置到新位置的路径，线段上的端点个数代表帧数，如本例中的线段上一共有 10 个端点，代表时间轴上的 10 帧。如果不是对位置进行补间，则舞台上不显示运动路径。

默认情况下，时间轴显示所有属性类型的属性关键帧。通过右键单击补间范围，然后在"查看关键帧"快捷命令中选择要显示的属性关键帧的类型。

提示：使用"显示所有运动路径"选项可以在舞台上同时显示所有图层上的所有运动路径。在相互交叉的不同运动路径上设计多个动画时，此选项非常有用。选定运动路径或补间范围之后，单击属性面板右上角的选项菜单按钮，从中选择"显示所有运动路径"命令即可。

若要对 3D 旋转或位置进行补间，则要使用 3D 旋转或 3D 平移工具，并确保将播放头放置在要添加 3D 属性关键帧的帧中。

7）选择工具箱中的"选择工具"，将选取的工具移到路径上的端点上时，鼠标指针右下角将出现一条弧线，表示可以调整路径的弯曲度。按下鼠标左键并将弧线拖动到合适的角度，然后释放鼠标左键即可，如图 9-52 所示。

读者还可以使用"部分选取工具" ▶、"变形"面板和属性面板更改路径的形状或大小，或者将自定义笔触作为运动路径进行应用。

8）将选取工具移到路径两端的端点上时，鼠标指针右下角将出现两条折线。按下鼠标左键拖动，即可调整路径的起点位置，如图 9-53 所示。

9）使用"部分选取工具" ▶也可以对线段进行弧线角度的调整，如调整弯曲角度。单击线段两端的顶点，线段两端就会出现控制手柄，按下鼠标左键并拖动控制柄，就可以改变运动路径弯曲度的设置，如图 9-54 所示。

图 9-52 调整路径的弯曲度

图 9-53 调整路径的起点位置

10）在图层 2 的第 20 帧右击，在弹出的快捷菜单中选择"插入关键帧"命令，并在子菜单中选择一个属性。

11）在舞台上拖动实例到合适的位置，并使用任意变形工具 ▦ 调整实例的角度。

图 9-54 调整路径的弯曲度

12）在图层 2 的第 20 帧右击，在弹出的快捷菜单中选择"插入关键帧"，并在其子菜单中选择一个属性，如缩放，然后使用任意变形工具调整实例的大小。

13）单击图层 2 的第 30 帧，然后在舞台上拖动实例到另一个位置。此时，时间轴上的第 30 帧会自动增加一个关键帧。在图层 2 的第 30 帧右击，在弹出的快捷菜单中选择"插入关键帧"，并在其子菜单中选择 "缩放"属性，然后使用任意变形工具调整实例的大小。

14）执行"插入关键帧"|"旋转"命令，在第 30 帧新增一个属性关键帧，然后使用任意变形工具调整实例的旋转角度。

15）保存文档，按 Enter 键测试动画效果。可以看到，蝴蝶实例将沿路径运动。此时，如果在时间轴上拖动补间范围的任一端，可以缩短或延长补间范围。

补间图层中的补间范围只能包含一个元件实例，该实例称为补间范围的目标实例。将第二个元件添加到补间范围将会替换补间中的原始元件。可从补间图层删除元件，而不必删除或断开补间。这样，以后可以将其他元件实例添加到补间中。还可以更改补间范围的目标元件的类型。

如果要将其他补间添加到现有的补间图层，可执行以下操作之一：

➤ 将一个空白关键帧添加到图层，并将各项添加到该关键帧，然后补间一个或多个项。

➤ 在其他图层上创建补间，然后将范围拖到所需的图层。

➤ 将静态帧从其他图层拖到补间图层，然后将补间添加到静态帧中的对象。

➤ 在补间图层上插入一个空白关键帧，然后通过从"库"面板中拖动对象或从剪贴板粘贴对象，从而向空白关键帧中添加对象。随后即可将补间添加到此对象。

用户可以将补间动画的目标对象复制到补间范围的任何帧上的剪贴板。

如果要一次创建多个补间，可将多个可补间对象放在多个图层上，并选择所有图层，然后执行"插入"|"补间动画"命令。也可以用同一方法将动画预设应用于多个对象。

9.6.1 使用属性面板编辑属性值

创建补间动画后，用户可以使用属性面板编辑当前帧中补间的任何属性的值。步骤如下：

1）将播放头放在补间范围中要指定属性值的帧中，然后单击舞台上要修改属性的补间实例。

2）打开补间实例的属性面板，如图 9-55 所示。

在舞台上选定了对象以后，补间范围的当前帧成为属性关键帧，用户可设置非位置属性（如缩放、透明度和倾斜等）的值。

3）修改完成后，拖拽时间轴中的播放头，可以在舞台上查看补间。

此外，读者还可以在属性面板上设置动画的缓动。通过对补间动画应用缓动，可以轻松地创建复杂动画，而无需创建复杂的运动路径，如创建自然界中的自由落体和减速行驶的汽车。

4）在时间轴上或舞台上的运动路径中选择需要设置缓动的补间，然后切换到如图 9-56所示的属性面板。

5）在"缓动"文本框中键入需要的强度值。如果为负值，则运动越来越快；如果为正值，则运动越来越慢。

6）在"路径"区域可以修改运动路径在舞台上的位置。

图 9-55 补间实例的属性面板

图 9-56 补间动画的属性面板

编辑运动路径最简单的方法是在补间范围的任何帧中移动补间的目标实例。在属性面板中设置 X 和 Y 值（X 和 Y 值相对运动路径边框的左上角而言）也可以移动路径的位置。

注意：
若要通过指定运动路径的位置移动补间目标实例和运动路径，则应同时选择这两者，然后在属性面板中输入 X 和 Y 位置。若要移动没有运动路径的补间对象，则选择该对象，然后在属性面板中输入 X 和 Y 值。

7）在"旋转"区域设置补间的目标实例的旋转方式。若要使相对于该路径的方向保持不变，则选中"调整到路径"选项。在创建非线性运动路径（如圆）时，可以让补间对象在沿路径移动时进行旋转。

9.6.2 应用动画预设

动画预设是预配置的补间动画。使用"动画预设"面板还可导入他人制作的预设，或将自己制作的预设导出，与协作人员共享。使用预设可极大地节约项目设计和开发的生产时间，特别是在需要经常使用相似类型的补间动画的情况下。

图 9-57 "动画预设"面板

注意：
动画预设只能包含补间动画。传统补间不能保存为动画预设。

执行"窗口"|"动画预设"命令，即可打开"动画预设"面板，如图 9-57 所示。

在舞台上选中可补间的对象（元件实例或文本字段）后，单击"动画预设"面板中的"应用"按钮，即可应用预设。每个对象只能应用一个预设，如果将第二个预设应用于相同的对象，则第二个预设将替换第一个预设。

需要注意的是，包含 3D 动画的动画预设只能应用于影片剪辑实例。可以将 2D 或 3D 动画预设应用于任何 2D 或 3D 影片剪辑。

如果创建了自己的补间，或更改了在"动画预设"面板应用的补间，可将它另存为新的动画预设。新预设将显示在"动画预设"面板中的"自定义预设"文件夹中。

若要将自定义补间另存为预设，可执行下列操作：

1）在时间轴上选中补间范围，或在舞台上选择路径或应用了自定义补间的对象。

2）单击"动画预设"面板左下角的"将选区另存为预设"按钮，或从选定内容的快捷菜单中选择"另存为动画预设"命令。

3）在弹出的"将预设另存为"对话框中输入预设名称。然后单击"确定"按钮关闭对话框。

Animate 会将预设另存为 XML 文件。这些文件存储在以下目录中：

\Program Files\Adobe\Adobe Animate 2022\Common\Configuration\Motion Presets\

如果要导入动画预设，可以单击"动画预设"面板右上角的选项菜单按钮，从中选择"导入"命令。如果选择"导出"命令，则可将动画预设导出为 XML 文件，以便与其他用户共享。

9.7　模拟摄像头动画

Animate 2022 支持虚拟摄像头，利用摄像头工具，动画制作人员在摄像头视图下查看动画作品时，看到的图层与正透过摄像头来看一样。通过对摄像头图层添加补间或关键帧，可以轻松模拟摄像头移动的动画效果。

9.7.1　创建摄像头动画

下面将通过一个简单的实例介绍摄像头动画的制作方法，主要内容包括启动摄像头工具、通过缩放、旋转和平移摄像头创建不同的关键帧，然后创建传统补间动画，实现摄像头由远及近摇移的动画效果。

1）新建一个 Animate 文档，执行"文件"|"导入"|"导入到舞台"菜单命令，在舞台中导入一幅位图作为背景，设置背景大小与舞台尺寸相同，且位图左上角与舞台左上角对齐。然后在第 40 帧按 F5 键，将帧延长到第 40 帧，效果如图 9-58 所示。

2）添加摄像头图层。单击图层面板右上角的"添加摄像头"按钮，即可启用摄像头，图层面板上出现一个摄像头图层。舞台底部显示摄像头工具的调节杆，且舞台边界显示一个颜色轮廓，颜色与摄像头图层的颜色相同，如图 9-59 所示。

图 9-58 导入位图并将帧延长到第 40 帧

接下来添加关键帧，移动摄像头。

3）在摄像头图层的第 5 帧右击，在弹出的快捷菜单中选择"转换为关键帧"，然后向右拖动调节杆上的滑块放大舞台上的内容，如图 9-60 所示。

默认状态下，缩放控件 处于活动状态，向左拖动滑块可缩小舞台内容，向右拖动滑块则放大舞台内容。

4）将摄像头图层的第 10 帧转换为关键帧，然后单击"旋转控件" ，向右拖动调节杆上的滑块，逆时针旋转舞台上的内容，如图 9-61 所示。

图 9-59 添加摄像头图层

图 9-60　放大舞台上的内容

旋转控件  处于活动状态时,向左拖动滑块可顺时针旋转舞台内容,向右拖动滑块则逆时针旋转舞台内容。

5)将摄像头图层的第 20 帧转换为关键帧,然后切换到缩放控件 ,向右拖动调节杆上的滑块进一步放大舞台上的内容,如图 9-62 所示。

图 9-61　旋转舞台上的内容

6)将摄像头图层的第 30 帧转换为关键帧,然后将鼠标指针移到舞台边界内,当鼠标指针变为 时,按下鼠标左键并向右拖动,舞台上的内容将向左平移,如图 9-63 所示。

如果向左拖动，则舞台内容向右平移。

图 9-62 放大舞台上的内容

图 9-63 平移舞台上的内容

7）将摄像头图层的第 40 帧转换为关键帧，然后单击"旋转控件"，向左拖动调节杆上的滑块，顺时针旋转舞台上的内容，如图 9-64 所示。

8）在摄像头图层的第 1 帧和第 5 帧之间的任一帧上右击，在弹出的快捷菜单中选择"创建传统补间"。采用同样的方法，在第 5~10 帧、第 10~20 帧、第 20~30 帧和第 30~40 帧之间创建传统补间关系。

图 9-64 顺时针旋转舞台上的内容

9）按 Ctrl+Enter 键，预览动画效果。

为更直观地查看摄像头的摇移效果，接下来将添加一个图层，在"镜头"前放置一只蜻蜓，根据蜻蜓的位置移动了解摄像头的移动情况。

10）单击"新建图层"按钮，Animate 将在最底层添加一个新图层（图层 2）。将该图层移到背景层之上。

11）执行"文件"/"导入"/"导入到库"命令，导入一幅蜻蜓的图片。将导入的图片拖放到新图层的第 1 帧，并调整图片大小和位置，使其位于舞台底部的中间位置，如图 9-65 所示。然后选中图片，执行"修改"/"转换为元件"菜单命令，将图片转换为影片剪辑。

图 9-65 导入蜻蜓图片

12）将图层 2 的第 5 帧转换为关键帧，可以看到这一帧的实例随摄像头的"推进"而变大了。调整实例位置，使实例位于舞台底部中间。采用同样的方法，调整其他关键帧中的实例位置，使其始终位于"镜头"底部中间，然后在关键帧之间创建传统补间关系，如图 9-66 所示。

13）为便于观察动画效果，执行"修改"/"文档"命令，在弹出的对话框中将帧频修改为 8fps。

14）保存文件，然后按 Ctrl+Enter 键查看动画效果。

图 9-66 调整实例位置

9.7.2 设置摄像头属性

选中摄像头工具和需要查看摄像头属性的帧，然后在"镜头"区域单击激活摄像头工具，此时可以在"属性"面板上查看摄像头的属性，如图 9-67 所示。

图 9-67 摄像头属性

➢ "缩放"：设置摄像头缩放场景的比例。

> "旋转"：设置摄像头旋转舞台对象的角度。
> "色彩效果"：对摄像头图层设置颜色样式。

9.7.3 使用摄像头图层的限制

在使用摄像头创建动画效果前，读者有必要先了解一下摄像头图层的使用限制。

1）摄像头仅适用于场景。如果将某个场景从一个文档复制粘贴到另一个文档中，它会替换目标文档中的摄像头图层。如果有多个场景，可以仅对当前活动场景启用摄像头。

2）可以在摄像头图层中添加传统和补间动画，但不支持补间形状。

3）只能将图层复制和粘贴到摄像头图层的下面。

4）不能复制摄像头图层并将其粘贴到元件中，也不能在元件内启用摄像头。

5）不能在摄像头图层中添加其他对象。

6）不能在摄像头图层中使用锁定、隐藏、轮廓、引导图层或遮罩功能。

9.8 遮罩动画

很多优秀的动画作品能够在色彩上给人以视觉震撼的效果，这主要得益于其特殊的制作技巧。使用基本的动画很难实现某些特殊的效果，而在很多难以解决的问题前，遮罩动画就成了一把利刃。有了它，可以轻松地制作出很多特殊的效果，如探照灯扫过时的灯光、闪烁的文字及百叶窗式的图片切换等。

遮罩动画必须有两个图层才能完成，上面的图层称为遮罩图层，下面的图层称为被遮罩图层。遮罩图层的作用就是可以透过遮罩图层内的图形看到被遮罩图层的内容，但是不可以透过遮罩图层中图形外的区域显示被遮罩图层的内容。

为了具体说明遮罩的效果，新建一个 Animate 文档，在图层 1 上导入一幅飞机的图片，在图层 2 上绘制一个黑色的椭圆，如图 9-68 所示。然后在图层 2 上右击，在弹出的快捷菜单中选择"遮罩层"选项，图层 1 和图层 2 会自动锁定，同时在场景中会出现椭圆区域中的飞机图片，如图 9-69 所示。此时，图层 2 就是遮罩图层，图层 1 是被遮罩图层。

图 9-68 遮罩前的场景

图 9-69 遮罩后的场景

下面将介绍 3 种遮罩动画的制作。

实例 1：探照灯效果。

1）新建一个 ActionScript 3.0 文件。

2）创建被遮罩的内容。在图层 1 的第 1 帧，单击"文本工具"，设置字体属性为"Rosewood Std"、大小为 80，输入"ANIMATE DIY"，如图 9-70 所示。

3）在图层 1 的第 30 帧右击，在弹出的快捷菜单中选择"插入帧"，将文字延续到第

30 帧。

4）单击"新建图层"按钮，新建图层 2。

图 9-70 创建被遮罩层的内容

5）在图层 2 的第 1 帧，选择"椭圆工具"，按住 Shift 键，在舞台上绘制一个圆，并执行"修改"菜单中的"转换成元件"命令，将其转换为一个图形元件。然后将元件实例拖拽到文本最左侧。

6）在图层 2 的第 30 帧右击，在弹出的快捷菜单中选择"插入关键帧"命令，建立一个终点关键帧。

7）在第 30 帧将元件实例拖放到文本最右侧。

8）在两个关键帧之间的任一帧上右击，在弹出的快捷菜单中选择"创建传统补间"，建立传统补间关系，如图 9-71 所示。

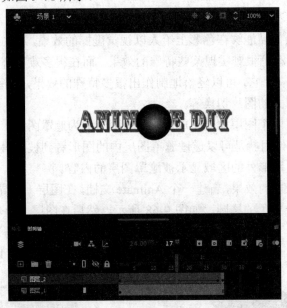

图 9-71 创建传统补间动画

9）在图层 2 上右击，在弹出的快捷菜单中选择"遮罩层"。图层 2 成为遮罩图层，图层 1 成为被遮罩图层，并建立遮罩动画。

这样，就完成了探照灯效果的遮罩动画，效果如图 9-72 所示。

实例 2：闪烁的文字效果。

1）新建一个 ActionScript 3.0 文件。

2）执行"修改"|"文档"命令，在弹出的对话框中将背景色修改为黑色。

3）在图层 1 的第 1 帧，单击"文本工具"，设置字体属性为"创艺简老宋"、大小为 80，输入"浮光掠影" 4 个字。

图 9-72 探照灯效果

4）执行"修改"|"分离"命令两次，将文本打散，然后在"颜色"面板上设置颜色类型为"线性渐变"、填充色为蓝白渐变色、Alpha 值为 100%，效果如图 9-73 所示。

5）单击"新建图层"按钮，新建图层 2。

6）在图层 2 的第 1 帧，选择"矩形工具"，在舞台上绘制一个矩形，设置填充色为光谱渐变。

7）执行"修改"|"变形"|"旋转与倾斜"命令，将矩形旋转一个角度。然后执行"修改"|"转换为元件"命令，将其转换为一个图形元件，将舞台上的实例拖放到文本最左侧，如图 9-74 所示。

图 9-73 设置字体效果	图 9-74 设置被遮罩图层的动画

8）在图层 2 的第 40 帧右击，在弹出的快捷菜单中选择"插入关键帧"，建立一个终点关键帧。

9）在图层 1 的第 40 帧插入帧，然后将舞台上的实例拖放到文本最右侧。

10）在图层 2 的两个关键帧之间任一帧上右击，在弹出的快捷菜单中选择"创建传统补间"，建立传统补间关系。

11）选中图层 1 中的所有帧，单击鼠标右键，在弹出的快捷菜单中选择"复制帧"。

12）单击"新建图层"图标，新建图层 3。在第 1 帧上右击，在弹出的快捷菜单中选择"粘贴并覆盖帧"，将图层 1 的文字复制到图层 3 上。

13）在图层 3 上右击，在弹出的快捷菜单中选择"遮罩层"，使图层 3 成为遮罩图层，图层 2 成为被遮罩图层，建立遮罩动画，效果如图 9-75 所示。

图 9-75 闪烁的文字效果

实例 3：百叶窗效果

1）新建一个 ActionScript 3.0 文件。

2）执行"文件"|"导入"|"导入到舞台"命令，导入一张图片。

3）执行"修改"|"分离"命令，将图片打散。

4）选择椭圆工具，设置无填充颜色，在打散的图形上按下 Shift 键，绘制一个圆形，如图 9-76 所示。

5）选中圆，执行"编辑"|"复制"命令。

6）单击"选择工具"，选中圆圈外的多余部分，按 Delete 键删除，剩下的就是所需的切换图片，如图 9-77 所示。

图 9-76 绘制椭圆　　　　　　　　　　　图 9-77 切换的图片

7）单击"新建图层"按钮，增加一个新的图层。执行"文件"|"导入"|"导入到舞台"命令，导入一幅图片。

8）执行"修改"|"分散"命令将图片打散。

9）执行"编辑"|"粘贴到当前位置"命令，将步骤 5）复制的圆粘贴到图片上，如图 9-78 所示。

10）单击"选择工具"，选中圆圈外的多余部分，按 Delete 键删除，剩下的就是所要的另一张切换图片，如图 9-79 所示。

11）单击"新建图层"按钮，创建一个新的图层。

12）使用矩形工具绘制一个矩形，使其刚好遮住圆形的下部分，且矩形宽度略大于圆的直径，如图 9-80 所示。

13）使用"选择工具"选中该矩形，执行"修改"|"转换为元件"命令，将该矩形

转换成一个图形元件，命名为"元件1"。

图 9-78 复制圆形

图 9-79 另一张切换图

14）执行"插入"|"新建元件"命令，创建一个影片剪辑，命名为"元件2"。

15）执行"窗口"|"库"命令，把库中的"元件1"拖到"元件2"的编辑窗口中。

16）选择第 20 帧并右击，在弹出的快捷菜单中选择"插入关键帧"。

17）执行"修改"|"变形"|"任意变形"命令，将矩形拉成一条横线，如图 9-81 所示。

图 9-80 添加一个矩形

图 9-81 矩形的变形

18）在第 25 帧、第 40 帧创建关键帧，并把第 1 帧的内容复制到第 40 帧。分别在第 1～20 帧之间、第 25～40 帧之间建立传统补间关系，从而设定动画效果。

19）返回主场景，删除舞台上的元件 1 实例，从库面板中拖入元件 2，放置在元件 1 实例所在的位置，即刚好遮住圆形的下部分。然后在图层 3 上右击，在弹出的快捷菜单中选择"遮罩层"，将该图层设为遮罩图层。

20）单击"新建图层"按钮，新建图层 4。将图层 2 和图层 3 中的内容完全复制。在图层 4 上的第 1 帧右击，在弹出的快捷菜单中选择"粘贴帧"命令，这时 Animate 会自动在图层 4 的下方创建图层 5。

21）选中图层 4 的第 1 帧，使用键盘上的方向键将该帧中的矩形上移，使其正好与图层 3 的矩形相接。

22）使用相同的操作，将图层 2 和图层 3 的内容粘贴到若干层上，并使每层上的矩形都与下面的矩形相接，直到矩形上移到离开圆形，如图 9-82 所示。

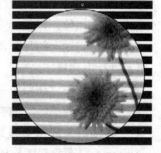

图 9-82 设置矩形相连接的位置

23）锁定所有遮罩图层和被遮罩图层，显示遮罩效果。

这样，就完成了百叶窗式的图片切换动画制作。

9.9 反向运动

反向运动（IK）是一种使用骨骼的关节结构对一个对象或彼此相关的一组对象进行动画处理的方法，这些骨骼按父子关系链接成线性或枝状的骨架。移动一个骨骼时，与其连接的骨骼也发生相应的移动。

使用骨骼工具，只需做很少的设计工作，元件实例和形状对象就可以按复杂而自然的方式移动。例如，通过反向运动可以更加轻松地创建人物动画，如胳膊、腿和面部表情。

反向运动骨架存在于时间轴中的骨架图层上。对反向运动骨架进行动画处理的方式与 Animate 中的其他对象不同。对于骨架，只需右击骨架图层中的帧，在弹出的快捷菜单中选择"插入姿势"，即可创建关键帧（骨架图层中的关键帧称为姿势），然后使用选取工具更改骨架的配置，Animate 将在姿势之间自动内插骨骼的位置。

在 Animate 2022 中，可以向单独的元件实例或在单个形状的内部添加骨骼。

1）使用形状作为多块骨骼的容器。例如，可以在"对象绘制"模式下绘制毛毛虫的形状，然后在这些形状中添加骨骼，以使其逼真地爬行。

2）将元件实例链接起来。例如，可以将显示躯干、手臂、前臂和手的影片剪辑链接起来，以使其彼此协调而逼真地运动。每个实例都只有一个骨骼。

下面通过一个简单实例演示在时间轴中对骨架进行动画处理的一般步骤。该实例演示一个卡通娃娃跳舞的姿势。

1）新建一个 ActionScript 3.0 文件，将一个卡通娃娃身体的各部件转换为影片剪辑，如图 9-83 所示。

2）在绘图工具箱中选择"骨骼工具" ，绘制连接头和身体的骨骼。采用同样的方法，添加其他骨骼，如图 9-84 所示。

提示： 本例将卡通人物的腿作为一个元件添加骨骼，如果要创建更丰富的动作，读者可以将人物的腿部细分为小腿和大腿，并分别添加骨骼。

3）在时间轴中右击骨架图层中的第 15 帧，然后在弹出的快捷菜单中选择"插入帧"，向骨架图层添加帧，以便为要创建的动画留出空间。

此时，时间轴上的骨架图层将显示为绿色，如图 9-85 所示。

4）执行下列操作之一，向骨架图层中的帧添加姿势：

➢ 将播放头放在要添加姿势的帧上，然后在舞台上重新定位骨架。

➢ 右击骨架图层中的帧，然后在弹出的快捷菜单中选择"插入姿势"。

➢ 将播放头放在要添加姿势的帧上，然后按 F6 键。

Animate 将在骨架图层的当前帧插入姿势。此时，第 15 帧将出现一个黑色的菱形，该图形标记指示新姿势。

5）在舞台上移动卡通娃娃的右腿，并按住 Ctrl 键拖动，或在属性面板中调整骨骼长度，如图 9-86 所示。

图 9-83 创建元件

图 9-84 添加骨骼

图 9-85 在骨架图层插入帧

6）在骨架图层中插入其他帧，并添加其他姿势，以完成满意的动画。

7）保存文件，使用在姿势帧之间内插的骨架位置预览动画。

用户可以随时在姿势帧中重新定位骨架或添加新的姿势帧。

如果要在时间轴中更改动画的长度，可以将骨架图层的最后一个帧向右或向左拖动，添加或删除帧。Animate 将依照图层持续时间更改的比例重新定位姿势帧。

使用姿势向反向运动骨架添加动画时，读者还可以调整帧中围绕每个姿势的动画的速度。通过调整速度，可以创建更为逼真的运动。控制姿势帧附近运动的加速度称为缓动。例如，在移动腿时，在运动开始和结束时腿会加速和减速。通过在时间轴中向反向运动骨架图层添加缓动，可以在每个姿势帧前后使骨架加速或减速。

向骨架图层中的帧添加缓动的步骤如下：

1）单击骨架图层中两个姿势帧之间的帧。应用缓动会影响选定帧左右两侧姿势帧之间的帧。如果选择某个姿势帧，则缓动将影响图层中选定的姿势和下一个姿势之间的帧。

2）在属性面板中，从"缓动"菜单中选择缓动类型，如图 9-87 所示。

可用的缓动包括 4 个"简单"缓动和 4 个"停止并启动"缓动。

"简单"缓动将降低紧邻上一个姿势帧之后的帧中运动的加速度，或紧邻下一个姿势帧之前的帧中运动的加速度。缓动的"强度"属性可控制缓动的影响程度。

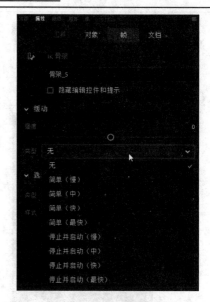

图 9-86 移动骨骼位置　　　　　　　　　　　图 9-87 选择缓动类型

"停止并启动"缓动减缓紧邻之前姿势帧后面的帧，以及紧邻下一个姿势帧之前的帧中的运动。这两种类型的缓动都具有"慢""中""快"和"最快"4 种形式。

3）在属性面板中，为缓动强度输入一个值。默认强度是 0，即表示无缓动。最大值是 100，表示对下一个姿势帧之前的帧应用最明显的缓动效果。最小值是-100，表示对上一个姿势帧之后的帧应用最明显的缓动效果。

4）完成后，在已应用缓动的两个姿势帧之间清理时间轴中的播放头，以便在舞台上预览已缓动的动画。

尽管对反向运动骨架应用动画处理方式后，每个骨架图层都自动充当补间图层，但反向运动骨架图层不同于补间图层，无法在骨架图层中对除骨骼位置以外的属性进行补间。若要将补间效果应用于除骨骼位置之外的反向运动对象属性（如位置、变形、色彩效果或滤镜），需要将骨架及其关联的对象包含在影片剪辑或图形元件中，然后执行"插入"|"补间动画"命令，对元件的属性进行动画处理。

将骨架转换为影片剪辑或图形元件，以实现其他补间效果的步骤如下：

1）选择反向运动骨架及其所有的关联对象。对于反向运动形状，只需单击该形状即可。对于链接的元件实例，可以在时间轴中单击骨架图层，或者围绕舞台上所有的链接元件拖动一个选取框。

2）右击所选内容，在弹出的快捷菜单中选择"转换为元件"。

3）在弹出的"转换为元件"对话框中输入元件的名称，并从"类型"下拉菜单中选择"影片剪辑"或"图形"，然后单击"确定"按钮关闭对话框。

此时，Animate 将创建一个元件，该元件的时间轴包含骨架图层。现在，便可以向舞台上的新元件实例添加补间动画效果。

使用 ActionScript 3.0 可以控制连接到形状或影片剪辑实例的具有单个姿势的反向运动骨架，无法控制连接到图形或按钮元件实例的骨架。具有多个姿势的骨架只能在时间轴中控制。如果使用 ActionScript 对骨架进行动画处理，则无法在时间轴中对其进行动画处理，只能在第一个帧（骨架在时间轴中的显示位置）中仅包含初始姿势的骨架图层中编辑反向运动骨架。在骨架图层的后续帧中重新定位骨架后，无法对骨骼结构进行更改。若要编辑骨架，则需要从时间轴中删除位于骨架的第一个帧之后的任何附加姿势。

使用 ActionScript 3.0 对反向运动骨架进行动画处理的步骤如下：

1）使用"选择工具"选择骨架图层中包含骨架的帧。

2）打开对应的属性面板，从"类型"菜单中选择"运行时"，如图 9-88 所示。

默认情况下，属性面板中的骨架名称与骨架图层名称相同。在 ActionScript 中使用此名称指代骨架，也可以在属性面板中更改该名称。

图 9-88 设置骨架选项

如果只是重新定位骨架以达到动画处理目的，则可以在骨架图层的任何帧中进行位置更改，Animate 将该帧转换为姿势帧。

9.10 洋葱皮工具

默认情况下，某一时刻只能在场景中看到动画序列中某一帧的画面。为了更好地定位和编辑动画，可以使用洋葱皮工具。使用该工具能一次看到多帧画面，各帧内容就像用半透明的洋葱皮纸绘制的一样，多个图样叠放在一起。

洋葱皮工具通常也称为绘图纸工具，体现在时间轴面板上的"绘图纸外观"按钮。单击"绘图纸外观"按钮，以启用和禁用绘图纸外观。右击"绘图纸外观"按钮，会弹出如图 9-89 所示的下拉菜单。下面简要介绍一下各个选项的功能。

➤ 选定范围：选择此选项，时间轴标尺上出现方形标记（默认选择范围是当前帧的前 2 帧和后 2 帧），且方形标记开始边呈现蓝色，方形标记结束边呈现绿色。方形标记范围内的帧可以被看到，但只有当前帧完全显示，其他帧半透明显示，如图 9-90 所示。

➤ 所有帧：选择此选项，时间轴标尺上出现的方形标记会选中所有帧，如图 9-91 所示。

➤ 锚点标记：选择此选项，使绘图纸标记静止在当前位置，而不会随着播放头的移动而移动。

➤ 高级设置：选择此选项后会弹出"绘图纸外观设置"对话框，如图 9-92 所示。

"范围"下拉列表：用于指定绘图纸外观的帧范围，即前面介绍的"选定范围"和"所有帧"。

颜色色块■/□：单击色块按钮，可以设置先前帧和未来帧的色调，默认是蓝色和绿色。

数字文本框： ：可以设置绘图纸外观范围内所包含的先前帧或者未来帧的数量，默认是 2。

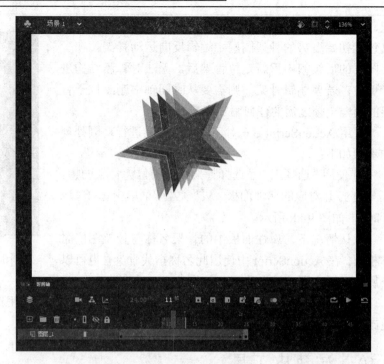

图 9-89　绘图纸工具　　　　　　图 9-90　选择"绘图纸外观（选定范围）"的效果图

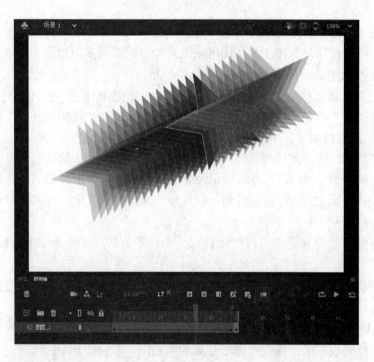

图 9-91　选择"绘图纸外观（所有帧）"的效果图

绘图纸外观轮廓 ：单击该按钮，绘图纸工具范围内的帧以轮廓方式显示，当前帧的轮廓显示为红色，之前的帧轮廓显示为蓝色，之后的帧轮廓显示为绿色，如图 9-93 所示。

起始不透明度：指定从播放指示器位置到最近绘图纸外观帧的不透明度。

减少：为连续的绘图纸外观帧指定不透明度降低系数。

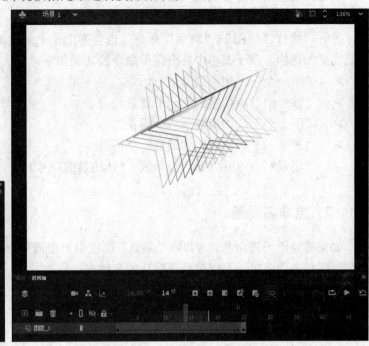

图 9-92 "绘图纸外观设置"对话框　　　图 9-93 "绘图纸外观轮廓"效果图

9.11　管理场景

　　使用场景可以有效地组织动画，在较小的动画作品中，使用一个默认场景就可以了。如果动画作品很长也很复杂，全部放在一个场景中会使这个场景中的帧序列特别长，不方便编辑和管理，也容易发生误操作。

　　将整个动画分成连续的几个部分，分别编辑制作，将会使用户的工作变得更加清晰和有条理，提高工作效率。

9.11.1　添加与切换场景

　　如果需要在舞台中添加场景，执行"插入"|"场景"命令。增加场景后，舞台和时间轴都会更换成新的，可以创建另一场电影，舞台的左上角会显示当前场景的名称。

　　执行"窗口"|"场景"命令，可以调出"场景"面板，如图9-94 所示。在场景列表框中显示了当前影片中所有的场景名称。在"场景"面板的左下角有 3 个按钮，从左到右依次为"添加场景""重制场景"和"删除场景"按钮。单击"添加场景"按钮，新建的场景在场景列表框中突出显示，默认的名称是"场景*"（*号表示场景的序号），同时舞台跳转到该场景，舞台和时间轴都会更换成新的。

图 9-94 "场景"面板

单击舞台场景名称右侧的"编辑场景"按钮 ，则会弹出一个场景下拉菜单，单击该菜单中的场景名称，可以切换到相应的场景中。

另外，执行"视图"|"转到"命令，也会弹出一个子菜单。利用该菜单，同样可以完成场景的切换。该子菜单中各个菜单命令的功能如下：

➢ "第一个"：切换到第一个场景。
➢ "前一个"：切换到上一个场景。
➢ "下一个"：切换到下一个场景。
➢ "最后一个"：切换到最后一个场景。
➢ "场景*"：切换到第*个场景（*是场景的序号）。

9.11.2 重命名场景

如果需要给场景命名，可以在"场景"面板中双击需要命名的场景名称，该名称将变为可编辑状态。此时，可以对场景默认的名称进行修改。

尽管可以使用任何字符来给场景命名，但是最好使用有意义的名称命名场景，而不是使用数字区分不同的场景。

在场景列表中拖动场景的名称时，可以改变场景的顺序，该顺序将影响影片的播放。默认的播放顺序是场景 1、场景 2、场景 3。

9.11.3 删除及复制场景

如果要删除当前影片中的一个场景，可先在"场景"面板中选择需要删除的场景，然后单击面板左下方的"删除场景"按钮 ，此时会弹出一个确认删除场景对话框，单击"确定"按钮，即可删除选定的场景。

> **提示**：单击"删除场景"按钮 时按住 Ctrl 键，可不再显示此对话框。此外，需要注意的是，不能删除"场景"面板中的所有场景。

如果需要复制场景，则先在"场景"面板中选择一个需要复制的场景，然后单击左下方的"重制场景"按钮 ，即可完全复制当前选中的场景。复制场景后，新场景的默认名称是"所选择场景的名称+复制"，用户可以对该场景进行重命名、移动和删除等操作。复制的场景可以说是所选场景的一个副本，所选场景中的帧、层和动画等都得到复制，并形成一个新场景。复制场景操作主要用于编辑某些类似的场景。

9.12 思考题

1. 如何设置 Animate 动画的播放速度？
2. 逐帧动画和渐变动画各有什么优缺点？
3. 运动引导图层有什么特点？

4. 如何实现色彩动画的淡出与淡入效果？

5. 遮罩动画是如何实现的？

6. 传统补间和补间动画有何异同？

9.13 动手练一练

1. 创建一个立体球从舞台的左上角移动到右下角的直线运动，同时要求有颜色淡入的效果。

提示：首先将创建的立体球转换为图形元件，然后在时间轴窗口插入两个关键帧，将第 1 个关键帧所对应的实例拖拽到舞台的左上角，并设置立体球的 Alpha 值；将第 2 个关键帧所对应的实例拖拽到舞台的右下角，设置立体球的 Alpha 值，然后建立两个关键帧的传统补间动画。

2. 创建一个形状补间动画，要求从"Flash"5 个字母到"动画"的渐变，同时要求有颜色的渐变效果。

提示：首先在第 1 个关键帧输入"Flash"5 个字母，并设置文字的颜色，然后执行两次"修改"|"分离"命令；在第 2 个关键帧输入"动画"两个汉字，并设定好文字的颜色，然后执行两次"修改"|"分离"命令，建立两个关键帧的形状补间动画。

3. 制作一个月亮绕着地球转、地球绕着太阳转的动画。

提示：本动画制作的关键是建立月亮、地球的传统补间动画，使用"运动引导图层"来指定它们的圆形运动轨迹。

4. 制作一个文字逐渐显示出来的动画。

提示：本动画制作的要点是先在图层上输入文字，然后制作一个很长的矩形框，能够覆盖住文字，用矩形框完成一个传统补间动画，使矩形框从文字外移动到完全覆盖这个文字。最后以文字为遮罩图层，矩形框动画为被遮罩图层，从而实现文字逐渐显现出来的效果。

5. 发挥自己的想象力，制作一个动画，融合传统补间、形状补间、运动引导图层和遮罩动画的制作。

第 10 章 制作交互动画

本章介绍交互动画的制作基础，内容包括交互动画的概念，Animate
2022 中"动作"面板的组成与使用方法，设置"动作"面板参数，使用
代码提示编写脚本，通过"代码片断"面板添加动作，以及创建简单的
交互操作。

- ◎ "动作"面板的使用方法
- ◎ 创建交互动画的条件
- ◎ 为帧、按钮和影片剪辑添加动作
- ◎ 简单的交互动画制作

10.1　什么是交互动画

什么是"交互"？Animate 中的交互就是指人与计算机之间的对话过程，人发出命令，计算机执行操作，即人的动作触发计算机响应的过程。交互性是影片与观众之间的纽带，通过 JavaScript、VBScript 等脚本程序，动画作品可以根据浏览者的不同要求进行显示，或者处理用户提供的各种数据并返回给用户。

Animate 的交互动画是指在作品播放时支持事件响应和交互功能的一种动画，也就是说，动画播放时能够受到某种控制，而不是像普通动画一样从头到尾进行播放。控制可以是动画播放者的操作，比如触发某个事件，也可以是在动画制作时预先设置的某种变化。

10.2　"动作"面板

在 Animate 2022 中，一旦在关键帧或 ActionScript 文件中添加了脚本，就可以创建所需的交互动作了。

注意：
　　只有 ActionScript 1.0 和 2.0 可以附加到对象；ActionScript 3.0 不能附加，且 ActionScript 3.0 与 ActionScript 2.0 不兼容。

在 Animate 作品中添加脚本时，应尽可能将 ActionScript 放在一个位置。通常，可以将所有代码放在一个 ActionScript 文件中。如果要将代码放在 FLA 文件中，应把 ActionScript 放在时间轴顶层名为 Actions 的图层中，这样有助于更高效地调试代码，编辑项目。

使用"动作"面板创建、编辑脚本。"动作"面板可以帮助用户选择、拖放、重新安排以及删除动作。执行"窗口"|"动作"命令，就可以打开"动作"面板，如图 10-1 所示。

如果当前 FLA 文件中还没有添加 ActionScript，则"动作"面板左侧显示"没有脚本"。

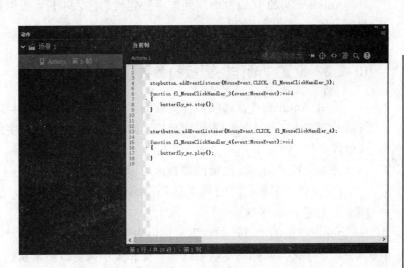

图 10-1　"动作"面板

10.2.1　使用"动作"面板

在 Animate 2022 中，可以直接在"动作"面板右侧的脚本窗格中输入动作脚本，编辑动作，输入动作的参数或者删除动作，还可以添加、删除脚本窗格中的语句或更改语句的顺序，这与在文本编辑器中创建脚本十分相似。还可以通过"动作"面板来查找和替换文本，查看脚本的行号等。还可以检查语法错误，自动设定代码格式并用代码提示来完成语法。

针对动画设计人员，Animate 增强了代码易用性方面的功能，如通常在专业编程的 IDE 才会出现的代码片断库也集成在 Animate 中。单击"动作"面板右上角的"代码片断"按钮，即可弹出"代码片断"面板，如图 10-2 所示。

图 10-2　"代码片断"面板

Animate 2022 代码片断库通过将预建代码注入项目，可以让用户更快、更高效地生成和学习 ActionScript 代码。

10.2.2　设置"动作"面板的参数

使用 Animate "首选参数"面板的"代码编辑器""脚本文件"和"编译器"选项，可以改变脚本窗格中的脚本编辑风格，如缩进、代码提示、字体和语法颜色，或者恢复默认设置。

若要设置"动作"面板的参数，可以执行如下操作：

1）执行"编辑"|"首选参数"|"编辑首选参数"命令，然后单击"代码编辑器"选项卡，如图 10-3 所示。

2）在弹出的"首选参数"对话框中可以设置以下参数：

➢ 字体：从弹出菜单中选择字体和大小来更改脚本窗格中文本的外观。

➢ 样式：设置指定字体的显示样式。

➢ 颜色：单击"修改文本颜色"按钮，在弹出的"代码编辑器文本颜色"对话框中可以设置脚本窗格的前景色和背景色，以及关键字（如 new、if、while 和 on）、内置标识符（如 play、stop 和 gotoAndPlay）、注释和字符串的显示颜色，如图 10-4 所示。

Chapter 10

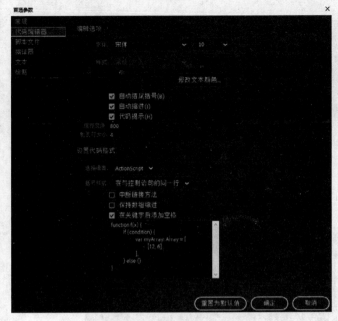

图 10-3 "首选参数"对话框 　　　　图 10-4 "代码编辑器文本颜色"对话框

➢ 自动结尾括号：在输入代码时，自动添加结尾括号。

➢ 自动缩进：在脚本窗格中自动缩进动作脚本。

➢ 代码提示：在编辑模式下，Animate 可检测到正在输入的动作，并显示包含该动作完整语法的工具提示，或者列出可能的方法或属性名称。

若要使代码提示消失，可以执行以下操作之一：

1）选择其中的一个菜单项。

2）单击该语句之外的地方。

3）按下 Esc 键。

➢ 缓存文件：设置缓存文件大小。

➢ 制表符大小：在文本框中输入一个整数可设置缩进制表符的大小（默认值是 4）。

➢ 设置代码格式：设置脚本的代码语言、括号样式等代码格式。选中需要的选项后，面板下方的窗格中将实时显示代码样式。在"动作"面板中单击"设置代码格式"按钮▤时，脚本窗格中的代码将依据这里的设置对代码格式进行调整。

在"首选参数"对话框中选择"脚本文件"选项卡，可设置脚本的编码方式，如图 10-5 所示。

➢ 打开：指定打开、保存、导入和导出 ActionScript 文件时使用的字符编码。

➢ 重新加载修改的文件：设置何时查看有关脚本文件是否修改、移动或删除的警告。有以下 3 个选项：

✓ "总是"：发现更改时不显示警告，自动重新加载文件。

✓ "从不"：发现更改时不显示警告，文件保留当前状态。

✓ "提示"：发现更改时显示警告，可以选择是否重新加载文件。该选项为默认选项。

图 10-5 设置脚本文件参数

在"首选参数"对话框中选择"编译器"选项卡，可对 ActionScript 3.0 的源路径、库路径和外部库路径进行设置，如图 10-6 所示。

图 10-6 设置路径

10.2.3 使用"代码片断"面板

"代码片断"面板旨在使非编程人员能快速、轻松地使用简单的 ActionScript 3.0。借助该面板，开发人员可以将 ActionScript 3.0 代码添加到 FLA 文件以启用常用功能。"代码片断"面板也是 ActionScript 3.0 入门的一种好途径。每个代码片断都有描述片断功能的工具提示，通过学习代码片断中的代码并遵循片断说明，可以轻松了解代码结构和词汇。

在应用代码片断时，此代码将添加到时间轴中的 Actions 图层的当前帧。如果尚未创建 Actions 图层，Animate 将在时间轴的顶层创建一个名为 Actions 的图层。

若要在 FLA 文件中添加代码片断，可执行以下操作：

1）选择舞台上的对象，或在时间轴中选择要添加代码片断的帧。如果选择的对象不是元件实例，则应用代码片断时，Animate 会将该对象转换为影片剪辑，并创建实例名称。如果选择的对象还没有实例名称，Animate 在应用代码片断时会自动为对象添加一个实例名称。

2）执行"窗口"|"代码片断"菜单命令，或单击"动作"面板右上角的"代码片断"按钮 <>，打开"代码片断"面板，如图 10-7 所示。

3）双击要应用的代码片断，即可将相应的代码添加到脚本窗格之中，如图 10-8 所示。

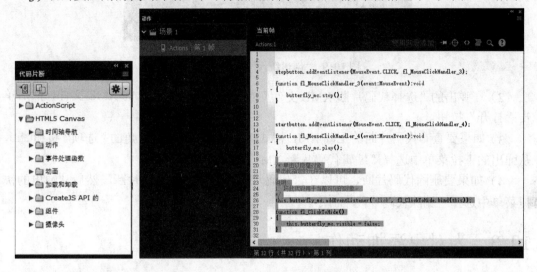

图 10-7 "代码片断"面板　　　　图 10-8 利用"代码片断"面板添加的代码

4）在"动作"面板中查看新添加的代码，并根据片断开头的说明替换必要的项。

代码片断库可以让用户方便地通过导入和导出功能管理代码。例如，可以将常用的代码片断导入"代码片断"面板，方便以后使用。

若要将新代码片断添加到"代码片断"面板，可以执行以下操作：

1）单击"代码片断"面板右上角的"选项"按钮 ，从弹出的下拉菜单中选择"创建新代码片断"命令。

2）在如图 10-9 所示的"创建新代码片断"对话框中为新的代码片断输入标题、工具提示文本和相应的 ActionScript 3.0 代码。

3）如果要添加当前在"动作"面板中选择的代码，单击"自动填充"按钮。

4）如果代码片断中包含字符串"instance_name_here"，并且希望在应用代码片断时 Animate 将其替换为正确的实例名称，则需要选中"应用代码片断时自动替换 instance_name_here"复选框。

5）单击"确定"按钮，将新的代码片断添加到"代码片断"面板中名为 Custom 的文件夹中。

此外，用户还可以通过导入代码片断 XML 文件，将自定义代码片断添加到"代码片断"面板中。操作步骤如下：

1）单击"代码片断"面板右上角的"选项"按钮 ，从弹出的下拉菜单中选择"导入代码片断 XML"命令。

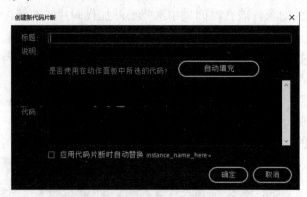

图 10-9 "创建新代码片断"对话框

2）在弹出的"选择代码片断 XML 文件"对话框中选择要导入的 XML 文件，然后单击"打开"按钮。

3）如果要查看代码片断的正确 XML 格式，可以单击面板右上角的"选项"按钮 ，从弹出的下拉菜单中选择"编辑代码片断 XML"命令。

4）如果要删除代码片断，可以在"代码片断"面板中右击该片断，然后从弹出的快捷菜单中选择"删除代码片段"命令。

10.3 为对象添加动作

在 Animate 2022 中，用户可以使用"动作"面板为帧、按钮以及影片剪辑添加动作。

需要说明的是，在 ActionScript 3.0 中，用户不能在选中的对象（如按钮或影片剪辑）上书写代码，代码只能被写在时间轴上或外部类文件中。当在时间轴上书写 ActionScript 3.0 代码时，Animate 将自动新建一个名为"Actions"的图层。

10.3.1 为帧添加动作

在 Animate 2022 影片中，要使影片在播放到时间轴中的某一帧时执行某项动作，可以为该关键帧添加一项动作。

使用"动作"面板添加帧动作的步骤如下：

1）在时间轴中选择需要添加动作的关键帧。

2）在"动作"面板的脚本窗格中根据需要编辑输入的动作语句。

3）重复以上步骤，直到添加完全部的动作。此时，在时间轴中添加了动作的关键帧上会显示字母"a"，如图 10-10 所示。

注意：

如果要添加动作的帧不是关键帧，则添加的动作将会被添加给之前的一个关键帧。

图 10-10 为帧添加动作

10.3.2 为按钮添加动作

在影片中，如果鼠标指针在单击或者滑过按钮时让影片执行某个动作，可以为按钮添加动作。在 Animate 中，用户将动作添加给按钮元件的一个实例，而该元件的其他实例将不会受到影响。

为按钮添加动作的方法与为帧添加动作的方法相同，但是为按钮添加动作时，必须为按钮创建一个实例名称，并添加触发该动作的鼠标指针或键盘事件，如图 10-11 所示。

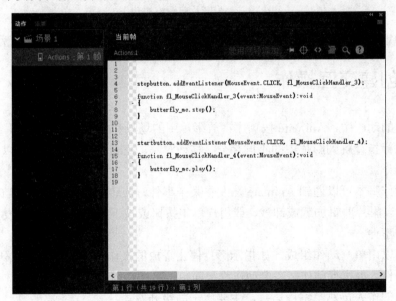

图 10-11 为按钮添加动作

10.3.3 为影片剪辑添加动作

通过为影片剪辑添加动作，可在影片剪辑加载或者接收到数据时让影片执行动作。用户必须将动作添加给影片剪辑的一个实例，而元件的其他实例不受影响。

在 Animate 2022 中，为影片剪辑添加动作的操作与为按钮添加动作的方法相同，需先为影片剪辑实例指定一个实例名称，如图 10-12 所示。

图 10-12 为影片剪辑添加动作

一旦指定了动作，可以通过"控制"|"测试影片"命令测试影片是否工作。

10.4 创建交互操作

在简单的动画中，Animate 按顺序播放影片中的场景和帧。在交互式影片中，可以通过键盘和鼠标指针跳到影片中的不同部分、移动对象、在表单中输入信息，以及执行许多其他交互操作。

使用动作脚本可以通知 Animate 在发生某个事件时应该执行什么动作。当播放头到达某一帧，或当影片剪辑加载或卸载，或用户单击按钮或按下键盘键时，就会发生一些能够触发脚本的事件。

脚本可以由单一动作组成，如指示影片停止播放的操作，也可以由一系列动作组成，如先计算条件，再执行动作。许多动作都很简单，不过是创建一些影片的基本控件。其他动作则要求创作人员熟悉编程语言，主要用于高级开发。

10.4.1 跳到某一帧或场景

若要跳到影片中的某一特定帧或场景，可以使用"goto"动作。当影片跳到某一帧时，可以选择参数来控制是从这一帧播放影片还是在这一帧停止。"goto"动作分为"gotoAndPlay"和"gotoAndStop"。影片也可以跳到一个场景并播放指定的帧，或跳到下一场景或上一场景的某个帧。

跳到某一帧或场景的操作如下：

1）选择要指定动作的按钮实例或影片剪辑实例，并为对象指定实例名称。

2）选择"窗口"菜单中的"动作"命令打开"动作"面板。

3）选择"窗口"|"代码片断"命令，打开"代码片断"面板。

4）若要在跳转后使影片继续播放，可在"代码片断"面板中展开"时间轴导航"类别，然后双击"单击以转到帧并播放"。此时，时间轴面板顶层将自动添加一个名为"Actions"的图层，并在第一帧添加如下代码：

```
//注册侦听器
movieClip_1.addEventListener(MouseEvent.CLICK,
fl_ClickToGoToAndPlayFromFrame);
//定义侦听器
function fl_ClickToGoToAndPlayFromFrame(event:MouseEvent):void
{
    gotoAndPlay(5);
}
```

其中，"movieClip_1"为选中的影片剪辑的实例名称，"gotoAndPlay(5)"表示跳转到当前场景的第 5 帧并开始播放。用户可以根据实际需要修改参数。

若要在跳转后停止播放影片，可在"时间轴导航"类别中双击"单击以转到帧并停止"。用户在"动作"面板中可以看到类似"gotoAndStop(5)"的代码。

若要转到前一帧或下一帧，可以使用"prevFrame()"或"nextFrame()"。

5）如果要转到指定场景，可以在"时间轴导航"类别中双击"单击以转到场景并播放"，在"动作"面板中可以看到如下代码：

```
//注册侦听器
movieClip_1.addEventListener(MouseEvent.CLICK, fl_ClickToGoToScene);
//定义侦听器
function fl_ClickToGoToScene(event:MouseEvent):void
{
    MovieClip(this.root).gotoAndPlay(1, "场景3");
}
```

其中，"gotoAndPlay(1, "场景 3")"表示跳转到"场景 3"的第 1 帧开始播放。用户可根据实际需要修改参数。

注意：
如果选择当前场景或已命名的一个场景，则必须为播放头提供要跳转到的帧。

若要转到前一场景或下一场景，可以使用"prevScene()"或"nextScene()"。

10.4.2 播放和停止影片

除非另有命令指示，否则影片一旦开始播放，它就要把时间轴上的每一帧从头播放到尾。用户可以通过使用"play"和"stop"动作来开始或停止播放影片。例如，可以使用"stop"动作在某一场景结束并在继续播放下一场景之前停止播放影片。一旦停止播放，必须通过使用"play"动作来明确指示要重新开始播放影片。

可以使用"play"和"stop"动作控制主时间轴，或任意影片剪辑。要控制的影片剪辑必须有一个实例名称，而且必须显示在时间轴上。

播放或停止影片的操作如下：

1）选择要指定动作的帧或影片剪辑实例，并为实例创建实例名称。

2）执行"窗口"菜单中的"动作"命令，打开"动作"面板。

3）打开"代码片断"面板，在"动作"类别中双击"播放影片剪辑"，在"动作"面板中可以看到如下所示的代码：

```
movieClip_1.play();
```

其中，"movieClip_1"为实例名称。

在"动作"类别中双击"停止影片剪辑"，在"动作"面板中可以看到如下所示的代码：

```
movieClip_1.stop();
```

4）如果要将动作附加到某一帧上，可以直接在脚本窗格中输入如下代码：

```
play();
```

或

```
stop();
```

10.4.3　跳到不同的 URL

若要在浏览器窗口中打开网页，或将数据传递到指定 URL 处的另一个应用程序，可以使用"navigateToURL"动作。例如，可以有一个链接到新 Web 站点的按钮，或者可以将数据发送到 CGI 脚本，以便如同在 HTML 表单中一样处理数据。

在下面的步骤中，请求的文件必须位于指定的位置，并且绝对 URL 必须有一个网络连接（如 http://www.adobe.com）。

1）选择要指定动作的帧、按钮实例或影片剪辑实例，并为实例创建名称。

2）执行"窗口"菜单中的"动作"命令，打开"动作"面板。

3）打开"代码片断"面板，在"动作"类别中双击"单击以转到 Web 页"，在"动作"面板的脚本窗格中可以看到如下代码：

```
//注册侦听器
movieClip_1.addEventListener(MouseEvent.CLICK, fl_ClickToGoToWebPage);
//定义侦听器
function fl_ClickToGoToWebPage(event:MouseEvent):void
{
    navigateToURL(new URLRequest("http://www.adobe.com"), "_blank");
}
```

其中，"movieClip_1"为实例名称，"_blank"用于指定在其中加载文档的窗口或 HTML 帧的方式。上述代码表示单击名为"movieClip_1"的元件实例，在新窗口中加载 http://www.adobe.com。

在指定 URL 时，可以使用相对路径（如 ourpages.html）或绝对路径（如 http://www.adobe.

com/index.html）。

相对路径可以描述一个文件相对于另一个文件的位置，它通知 Flash 从发出"navigate ToURL"指令的位置向上和向下移动嵌套文件和文件夹的层次。绝对路径就是指定文件所在服务器的名称、路径（目录、卷、文件夹等的嵌套层次）和文件本身名称的完整地址。

对于"窗口"，可从如下参数值中选择：

➤ _self：指定当前窗口中的当前帧。

➤ _blank：指定一个新窗口。

➤ _parent：指定当前帧的父级。

➤ _top：指定当前窗口中的顶级帧。

此外，还可以输入特定窗口或帧的名称，就如同在 HTML 文件中命名它一样。

10.5 思考题

1. 交互的基本概念是什么？
2. 简述如何使用"动作"面板撰写脚本。
3. 简述如何使用"代码片断"为对象添加动作，如何将自定义代码片断添加到"代码片断"面板中。
4. 在 Animate 2022 中如何为帧、按钮以及影片剪辑添加动作？
5. 如何通过基本动作控制影片的播放，并将新的网页加载到浏览器窗口中？

10.6 动手练一练

自己创建一个简单的动画，使其满足以下条件：

1）该动画在第一个关键帧处于停止状态。

2）在动画中添加一个按钮，通过该按钮控制动画的播放。

第 11 章 ActionScript 基础

本章介绍交互的要素和 ActionScript 基础，内容包括交互动画的三要素，语法结构，运算符和表达式的使用规则，数据类型，变量的值，条件判断语句与循环语句，以及创建函数与传递参数方法。

- 交互的要素
- ActionScript 的语法
- 条件判断与循环语句
- 创建函数

11.1 交互的要素

Animate 中的交互作用由触发动作的事件、事件所触发的动作以及目标或对象 3 个因素组成，也就是执行动作或事件所影响的主体。用 Animate 创建交互时需要使用 ActionScript 语言。该语言包含一组简单的指令，用以定义事件、目标和动作。

11.1.1 事件

在 Animate 动画中添加交互时，需要定义的第一件事情就是事件。可以用两种方式触发事件：一种是鼠标/键盘事件，它是基于动作的即通过单击鼠标或者操作键盘开始一个事件；一种是帧事件，它是基于时间的，即当到达一定的时间时自动激发事件。

1. 鼠标事件（MouseEvent）

当用户操作影片中的一个按钮时便发生鼠标事件。

在 ActionScript 3.0 之前的语言版本中，常常使用"on(press)"或者"onClipEvent(mouse down)"等方法来处理鼠标事件，而在"ActionScript 3.0"中，统一使用"MouseEvent"类来管理鼠标事件。在使用过程中，无论是按钮还是影片事件，统一使用"addEventListener"注册鼠标事件。此外，若在类中定义鼠标事件，则需要先引入"（import）flash.events. MouseEvent"类。

"MouseEvent"类定义了 10 种常见的鼠标事件，简要介绍如下：

➢ CLICK：定义鼠标单击事件。
➢ DOUBLE_CLICK 定义鼠标双击事件。
➢ MOUSE_DOWN：定义鼠标按下事件。
➢ MOUSE_MOVE：定义鼠标移动事件。
➢ MOUSE_OUT：定义鼠标移出事件。
➢ MOUSE_OVER：定义鼠标移过事件。
➢ MOUSE_UP：定义鼠标提起事件。
➢ MOUSE_WHEEL：定义鼠标滚轴滚动触发事件。
➢ ROLL_OUT：定义鼠标滑出事件。
➢ ROLL_OVER：定义鼠标滑入事件。

2. 键盘事件(KeyBoardEvent)

键盘操作也是 Animate 用户交互操作的重要事件。按字母、数字、标点、符号、箭头、退格键、插入键、Home 键、End 键、PageUp 键、PageDown 键时，发生键盘事件。键盘事件区分大小写，也就是说，A 不等同于 a。因此，如果按 A 触发一个动作，那么按 a 则不能。键盘事件通常与按钮实例关联，虽然不需要操作按钮实例，但是它必须存在于一个场景中，才能使键盘事件起作用（虽然键盘事件不要求按钮可见或存在于舞台上）。它甚至可以位于帧的工作区，以使它在导出的影片中不可见。

在 ActionScript 3.0 中，使用"KeyboardEvent"类来处理键盘操作事件。它有如下两种类型的键盘事件：

> ➤ KeyboardEvent.KEY_DOWN：定义按下键盘时事件。
> ➤ KeyboardEvent.KEY_UP：定义松开键盘时事件。

注意： 在使用键盘事件时，要先获得它的焦点，如果不想指定焦点，可以直接把 stage 作为侦听的目标。

3. 帧事件（ENTER_FRAME）

与鼠标和键盘事件类似，时间线触发帧事件。因为帧事件与帧相连，并总是触发某个动作，所以也称帧动作。帧事件是 ActionScript 3.0 中动画编程的核心事件。该事件能够控制代码跟随 Animate 的帧频播放，在每次刷新屏幕时改变显示对象。帧事件总是设置在关键帧，可用于在某个时间点触发一个特定动作。例如，stop 动作停止影片放映，而"goto"动作则使影片跳转到时间线上的另一帧或场景。

使用帧事件时，需要把该事件代码写入事件侦听函数中，然后在每次刷新屏幕时，都会调用"Event. ENTER_FRAME"事件，从而实现动画效果。

11.1.2 目标

了解了如何用事件触发动作，接下来需要了解如何指定受事件影响的对象或目标。事件控制 3 个主要目标：当前影片及其时间轴、其他影片及其时间轴（例如影片剪辑实例）和外部应用程序（如浏览器）。

以下 ActionScript 范例显示了如何用这些目标创建交互。

在以下脚本中，影片剪辑"clip_1"的"Click"事件将使影片跳转到名为"myfav"的场景并开始播放。

```
//注册侦听器
clip_1.addEventListener(MouseEvent.CLICK, ClickToGoToScene);
//定义侦听器
function ClickToGoToScene(event:MouseEvent):void
{
    MovieClip(this.root).gotoAndPlay(1, "myfav");
}
```

在以下范例中，按钮"button_1"的"Click"事件使影片剪辑实例"MyMovieClip"停止播放。

```
//注册侦听器
button_1.addEventListener(MouseEvent.CLICK, ClickToGoToAndStopAtFrame);
//定义侦听器
function ClickToGoToAndStopAtFrame(event:MouseEvent):void
{
    MovieClip(this.parent).MyMovieClip.gotoAndStop(1);
}
```

Chapter 11

以下 ActionScript 打开用户的默认浏览器，并在实例"btn_1"的"Click"事件触发时加载指定的 URL 动作。

```
btn_1.addEventListener(MouseEvent.CLICK, ClickToGoToWebPage);
//定义侦听器
function ClickToGoToWebPage(event:MouseEvent):void
{
  navigateToURL(new URLRequest("http://www.crazyraven.com "), "_blank");
}
```

有关 ActionScript 句法的详细介绍参见 12.2 节的讲解。

1. 当前影片

当前影片是一个相对目标，也就是说它包含触发某个动作的按钮或帧。因此，如果将某个鼠标事件分配给某个按钮，而该事件影响包含此按钮的影片或时间线，那么目标便是当前影片。但是，如果将某个鼠标事件分配给某个按钮，而该按钮所影响的影片并不包含该按钮本身，那么目标便是一个传达目标。

对于帧动作也是如此。除非指定传达目标为目标，否则大多数情况下，ActionScript 默认将当前影片作为目标。如下例所示：

```
btn_1.addEventListener(MouseEvent.CLICK, ClickToGoToScene);
//定义侦听器
function ClickToGoToScene(event:MouseEvent):void
{
  MovieClip(this.root).gotoAndPlay(20, "场景2");
}
```

以上 ActionScript 表示鼠标事件触发此动作。单击按钮"btn_1"时，当前影片的时间线跳转到场景 2 的第 20 帧，然后从此处开始播放。

如果将以上 ActionScript 与主影片中的一个按钮相连，并且不用传达目标来引用另一影片，那么主影片便被视为当前影片。但是，如果将此 ActionScript 与影片剪辑元件中的一个按钮相连，并且不用传达目标来引用另一影片，那么此影片剪辑便是当前影片。只需记住：当前影片（也就是触发事件开始的地方）在任何 ActionScript 中都是相对目标。

2. 其他影片

传达目标是由另一个影片中的事件控制的影片。因此，如果用户将一个鼠标事件分配给一个影片剪辑按钮，以便影响不包含此按钮的影片剪辑或时间线，那么用户的目标便是一个传达目标。以下 ActionScript 用于控制一个传达目标，可将它与前例中用于控制当前影片的 ActionScript 进行比较。

```
btn_1.addEventListener(MouseEvent.CLICK, ClickToGoToScene);
//定义侦听器
function ClickToGoToScene(event:MouseEvent):void
{
  MovieClip(this.root). MyMovieClip.gotoAndPlay(20, "场景2");
}
```

这里的 ActionScript 表示一个鼠标事件触发此动作。当触发按钮"btn_1"的"Click"事件时，另一部影片的时间轴，即影片剪辑"MyMovieClip"将跳到场景 2 的第 20 帧，然后从此处开始播放。

对于同一个 HTML 页中两个具有单独的<object>或<embed>标记的影片，不能用传达目标在它们之间进行通信。

3．外部应用程序

外部目标位于影片区域之外。例如，对于"navigateToURL"动作，需要一个 Web 浏览器才能打开指定的 URL。引用外部源需要外部应用程序的帮助。这些动作的目标可以是 Web 浏览器、Flash 程序、Web 服务器或其他应用程序。

以下 ActionScript 通过单击实例"Clip_1"从指定 URL 加载 SWF 或图像，再次单击此元件实例会卸载 SWF 或图像。

```
Clip_1.addEventListener(MouseEvent.CLICK, ClickToLoadUnloadSWF);
import fl.display.ProLoader;
var fl_ProLoader:ProLoader;
//变量 fl_ToLoad 跟踪要对 SWF 进行加载还是卸载
var fl_ToLoad:Boolean = true;
//定义侦听器
function ClickToLoadUnloadSWF(event:MouseEvent):void
{
if(fl_ToLoad)
{
    fl_ProLoader = new ProLoader();
    fl_ProLoader.load(new
URLRequest("http://localhost/flash/images/image1.jpg"));
    addChild(fl_ProLoader);
}
else
{
fl_ProLoader.unload();
removeChild(fl_ProLoader);
fl_ProLoader = null;
}
// 切换要对 SWF 进行加载还是卸载
fl_ToLoad = !fl_ToLoad;
}
```

11.1.3　动作

动作是组成交互作用的最后一个部分，它们引导影片或外部应用程序执行任务。一个事件可以触发多个动作，且这多个动作可以在不同的目标上同时执行。

在 Animate 2022 中，用户可以在如图 11-1 所示的"动作"面板中编写动作脚本，也可以创建一个外部 ActionScript 文件（*.as）编辑脚本。

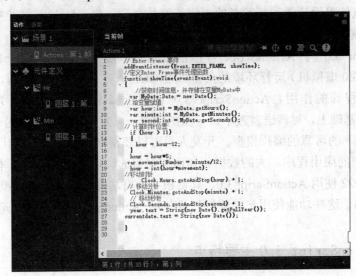

图 11-1 "动作"面板

11.2 ActionScript 概述

ActionScript 简称为 AS，是一种面向对象的编程语言，其语法类似于 JavaScript，是 Animate 的脚本撰写语言。该语言可以帮助用户灵活地实现 Animate 中内容与内容，内容与用户之间的交互，让应用程序以非线性方式播放，并添加无法以时间轴表示的有趣或复杂的交互性、数据处理以及其他许多功能。

ActionScript 最早出现在 Flash 5 中，版本为 1.0，用于编写简单的交互脚本，运行速度非常慢，而且灵活性较差，无法实现面向对象的程序设计。这时的版本具备了 ECMAScript 标准的语法格式和语义解释。尽管后来的 Flash Player 5/6 的播放器版本一再更新，使得越来越多的 ECMA 语法和语义被纳入到 ActionScript 1.0 的 API 中，但是核心语言的编译处理及表现方式都延续了 Flash 5 的 ActionScript 1.0 的标准。Flash MX 中的 ActionScript 解决了以前的一些问题，越来越多的语法和语义被纳入到当时 ActionScript 1.0 的 API 中，同时性能和开发模式也得到进一步的提升，一直到 Flash 7 仍然延续着 ActionScript 1.0 的核心解释机制。

Flash MX 2004 对 ActionScript 进行了全面改进，ActionScript 升级到 2.0。ActionScript 2.0 引入了面向对象编程的方式，并且有良好的类型声明，分离了运行时和编译时的异常处理；格式上遵从 ECMA4 Netscape 的语言方案；面向对象编程（OOP）功能基于 ECMAScript 4 草案建议开发，但并不严格遵循此规范；使用 Unicode 字符集，可以在同一个 Flash 文档中使用不同国家的语言。但由于 ActionScript 2.0 语句在运行时（runtime）环境下仍然采用了 ActionScript 1.0 的模型，其核心解释机制仍然是 1.0，也就是说，ActionScript 2 相当于 ActionScript 1.0 的 OOP 包装版，因此，从 Flash 产品运行性能上没有任何变化。

ActionScript 3.0 是随着 Adobe Flash CS3 和 Flex 2.0 的推出而同步推出的脚本编程语言，该语言具有改进的性能、增强的灵活性及更加直观和结构化的开发。其中一个卓越的特性就是能够让用户在时间线动画与代码中进行转换，将它们放到 ActionScript 中，再转换出来。这样就使得设计者和开发者的工作能够结合到一起。ActionScript 3.0 中的改进部分包括新增的核心语言功能，以及能够更好地控制低级对象的 Flash Player API。

ActionScript 3.0 与 ActionScript 以前的版本有本质上的区别，是一门基于 AVM2（ActionScript 3.0 虚拟机）运行环境的具备标准 OOP 语言素质的编程语言，在 Flash 编程语言中有着里程碑的作用。ActionScript 3.0 在用于脚本撰写的国际标准化编程语言 ECMAScript 的基础上，对该语言做了进一步的改进，可为开发人员提供用于丰富 Internet 应用程序（RIA）的可靠的编程模型。开发人员可以获得卓越的性能并简化开发过程，便于利用非常复杂的应用程序、大的数据集和面向对象的、可重复使用的基本代码。

Animate 2022 使用 ActionScript 3.0，具备核心语言功能，以及能更好控制低级对象的 Flash Player API。这些功能使用户能够轻松地使用 ActionScript 语言编写脚本。

11.2.1 ActionScript 3.0 主要特点

ActionScript 3.0 包括两部分：核心语言和 Flash Player API。核心语言用于定义编程语言的基本结构，如声明变量、创建表达式控制程序结构和数据类型等。Flash Player API 由一系列用于实现特定功能的 Flash Player 类组成。

与 ActionScript 早期的版本相比，ActionScript 3.0 中的一些主要特点如下：

➢ 一个 ActionScript 虚拟机（AVM2），使用全新的字节码指令集，可使性能显著提高。ActionScript 3.0 代码的执行效率比旧式 ActionScript 代码快 10 倍。

➢ 一个更为先进的编译器代码库，它更为严格地遵循 ECMAScript（ECMA 262）标准，并且相对于早期的编译器版本，可执行更深入的优化。

➢ 一个扩展并改进的应用程序编程接口（API），拥有对对象的低级控制和真正意义上的面向对象的模型，编程方式更规范，核心类划分更加合理、细致。

➢ 一种基于 ECMAScript（ECMA-262）第 4 版草案语言规范的核心语言。

➢ 一个基于 ECMAScript for XML（E4X）规范（ECMA-357 第 2 版）的 XML API。E4X 是 ECMAScript 的一种语言扩展，它将 XML 添加为语言的本机数据类型。

➢ 一个基于文档对象模型第 3 级（DOM3）事件规范的事件模型。强大的事件流机制，使得 Animate 中一切显示对象都可以发送事件和接受事件。

➢ 引入显示列表概念，使深度管理更加方便。

11.2.2 ActionScript 3.0 的编写环境

ActionScript 3.0 的代码编写有以下两种选择：

1）写在单独的 ActionScript 类文件中，再与 Animate 中的库元件进行绑定。或者直接与 Animate 文件绑定。

2）直接在关键帧上编写代码。

11.3 语法

ActionScript 语言具有语法和标点规则，这些规则确定哪些字符和单词可以用于创建语句以及撰写它们的顺序。例如，在英语中句点会结束一个句子。而在 ActionScript 语言中分号会结束一个语句。

下面的一般规则适用于所有动作脚本。大多数的动作脚本术语都有各自的独特要求，对于特定术语的规则，请参阅"帮助"菜单中的相关条目。

11.3.1 点

在 ActionScript 语言中，点运算符（.）用于访问对象和影片剪辑的属性和动作，可以用来添加影片剪辑和变量的目标路径。点语法表达式以对象或影片剪辑的名称开头，然后跟上"."，并以需要添加的属性、动作和变量结尾。

点运算符（.）主要用于以下几个方面：

1）对象后面跟点运算符的属性名称或方法名称、引用对象的属性或方法。例如：

```
//实例 myClip 的 alpha 属性
myClip.alpha=50;
//实例 Clip_1 的 gotoAndPlay()方法
Clip_1.gotoAndPlay(2);
```

2）表示包路径。例如：

```
import fl.display.ProLoader;
```

3）描述显示对象的路径。例如：

```
MovieClip(this.root).myClip.stop();
```

> **注意:**
> 点运算符不支持变量访问。如果要访问变量，要使用数组运算符"[]"。

this 持有当前对象的引用，只限于实例属性和实例方法。this 常用于以下几个方面：

1）向第三方对象提供自身的引用。

2）与 return 配合，在类方法中返回自身的引用。

3）与局部变量、方法参数、静态属性同名时，加上 this 关键字明确指定使用实例属性。如果不加上 this 关键字指定，将按照局部变量→方法参数→实例属性→静态属性的顺序选择一个。

点语法还有两个专有名词：root 和 parent。root 是指主时间轴，可以使用 root 名词来创建一个绝对的目标路径。parent 则是用来添加相对路径，或者称为关系路径。例如：

```
root.function.gorun();
root.runout.stop();
```

在显示列表中的每一个显示对象都有其父容器，parent 属性持有的引用是显示对象的父容器。root 属性一般返回当前 SWF 主类的实例的引用。

在这里，需要提请使用过 ActionScript 1.0 或 2.0 的读者注意的是，ActionScript 3.0 中

没有 global 路径。如果需要在 ActionScript 3.0 中使用全局引用，应创建包含静态属性的类。

下面简要介绍 ActionScript 3.0 中"显示列表"和"显示对象"的概念。在 ActionScript 3.0 之前的版本中，Animate 以处理影片剪辑的相同方式处理代码中嵌套的影片剪辑，而 ActionScript 3.0 中则不然。

ActionScript 3.0 中的嵌套时间轴可以通过显示列表的概念进行理解。对于载入影片的每个 SWF，显示列表有一个 stage 属性和一个 root 属性。每个 Animate 程序都有一个舞台对象，stage 属性持有的引用指向该显示对象所在的舞台。将 stage 属性添加到显示列表时，可用于任何显示对象。

使用 ActionScript 将影片剪辑和其他可视对象实例化时，不会将它们明确指派到时间轴，决定在显示列表中显示它之后才显示，并且可以在期望的任意时间轴中显示新实例，而不是仅限于实例化所在的那个时间轴。

对影片剪辑实例进行实例化，影片剪辑实例就是显示对象。当影片剪辑实例与显示列表关联时，影片剪辑就像显示对象容器本身那样转为活跃状态。这意味着两点，首先，将影片剪辑实例化并添加到显示列表后，可以显示和管理本身包含的子实例；其次，在将影片剪辑实例添加到显示列表之前，无法显示子代或访问显示列表的 stage 或 root 属性。

11.3.2 分号

在 ActionScript 中，分号（;）用于表示语句结束和循环中参数的分隔。例如：

```
var myNum:Number = 80;
var i:int;
for (i = 0; i < 10; i++)
{
    trace(i); // 0,1,...,9
}
```

虽然使用分号终止语句能够在单个行中放置不止一条语句，但是这样会使代码难以阅读。

11.3.3 小括号

括号通常用于对代码进行划分。在定义函数时，应把所有的参数都放置在小括号（）中，否则不起作用。括号需要成对出现。例如：

```
//定义函数
function Bike(Owner:String,Size:int,color:String)
 {
//函数体
 }
```

在使用函数时，函数的参数也只有在小括号中才能起作用。

```
Bike("Good", 100, "Yellow");
```
另外，小括号还可以改变运算中的优先级，例如：
```
var a:int=(1+2)*10;
```

11.3.4 大括号

在 ActionScript 中，使用大括号{}可以将 ActionScript 3.0 中的事件、类定义和函数组合成块。在包、类、方法中，均以大括号作为开始和结束的标记。控制语句（如 if…else 或 for）中，利用大括号区分不同条件的代码块。例如，下面的脚本使用大括号为 if 语句区别代码块，避免发生歧义。
```
var num:Number;
if (num == 0)
{
  trace("输出为 0");
}
```

11.3.5 大写和小写

在 ActionScript 3.0 中，ActionScript 语法是区分大小写的，如 gotoAndPlay()拼写正确，而 gotoAndplay()错误。

关键字也是对大小写敏感的，在 Animate 中可以很方便地检查语法的拼写错误，因为在 Animate 的"动作"面板中，关键字会显示为不同的颜色，如图 11-2 所示。

```
button_cover.addEventListener(MouseEvent.CLICK, fl_ClickToGoToAndPlayFromFrame):
function fl_ClickToGoToAndPlayFromFrame(event:MouseEvent):void
{
    MovieClip(this.parent).gotoAndPlay(2):
}
```

图 11-2 关键字显示颜色

用户可以根据自己的喜好，执行"编辑"|"首选参数"|"编辑首选参数"|"代码编辑器"命令，在打开的面板上单击"修改文本颜色"按钮，在弹出的对话框中设置关键字的显示颜色，如图 11-3 所示。

图 11-3 "代码编辑器文本颜色"对话框

11.3.6 注释

注释是使用一些简单易懂的语言对代码进行简单解释的方法。注释语句在编译过程中并不会进行运算，不影响代码执行。在 ActionScript 语言中，使用注释可以对脚本添加说明，描述代码的作用，用于辅助阅读代码。若代码中有些内容阅读起来含义不太明显，应该对其添加注释。

ActionScript 3.0 中的注释语句有两种：单行注释和多行注释。

单行注释以两个单斜杠（//）开始，之后的该行内容均为注释。例如：

```
//这个是注释，但是只能有一行
var displayTotal; //显示得分
stop();              // 停止播放
```

多行注释（又称"块注释"）使用/*开始，之后是注释内容，以*/结束，通常用于长度为几行的注释。例如：

```
/* 这个也是注释，可以写很多行 */
/*单击以转到帧并播放
单击指定的元件实例会将播放头移动到时间轴中的指定帧并继续从该帧回放。
可在主时间轴或影片剪辑时间轴上使用。
*/
```

11.3.7 保留字

保留字，从字面上就很容易知道这是保留给 ActionScript 3.0 语言使用的英文单词，因而不能使用这些单词作为变量、实例和类名称等，否则编译器会报错。

ActionScript 3.0 中的保留字分为 3 类：词汇关键字、语法关键字和为将来预留的字。

1. 词汇关键字（共 45 个）

as	break	case	catch	class
const	continue	default	delete	do
else	extends	false	finally	for
function	if	implements	import	in
instanceof	interface	internal	is	native
new	null	package	private	protected
public	return	super	switch	this
throw	to	true	try	typeof
use	var	void	while	with

2. 语法关键字（共 10 个）

each	get	set	namespace	include
dynamic	final	native	override	static

3. 为将来预留的字（共 22 个）

abstract	boolean	byte	cast	char
debugger	double	enum	export	float
goto	intrinsic	long	prototype	short
synchronized	throws	to	transient	type
virtual	colatile			

默认情况下，保留字在脚本中显示为蓝色。

11.3.8 常量

常量是指具有恒定不变的数值的属性。ActionScript 3.0 使用关键字 const 声明常量。在创建常量的同时，需为常量赋值。例如：

```
const A:uint=28;
```

通常，常量全部使用大写。对于值类型，常量持有的是值；对于引用类型，常量持有的是引用。如果试图改变常量的值，编译器就会报错。

> **注意：** 常量只能保证持有的引用不变，并不能保证引用的目标对象自身的状态不发生改变。

例如：

```
const A:Array=[1,5,8];
var b:Array=a;
b[1]=20;
trace(a);  //1,20,8
```

11.4 变量

变量为函数和语句提供可变的参数值，就像是一个容器，用于容纳各种不同类型的数据。对变量进行操作，变量的数据会发生改变，用户可以利用变量保存或改变动作语句中的参数值。变量可以是数值、字符串、逻辑字符以及函数表达式。每一个动画作品都有它自己的变量。

变量也是任何程序设计脚本的基本和重要组成部分，实际上，变量是组成动态软件的关键内容。在 ActionScript 中创建变量时，应指定该变量将保存的数据的特定类型；此后，程序的指令只能在该变量中存储此类型的数据，可以使用与该变量的数据类型关联的特定特性来处理值。

11.4.1 声明变量

变量必须先声明再使用，在 ActionScript 3.0 中要创建一个变量（称为"声明"变量），需要使用 var 关键字。

```
var X: Number;
var Name: String="Beauty";
```

其中，X、Name 是变量名，冒号后面指定数据类型，等号后面的内容则是该变量的值，值的类型必须与前面的数据类型一致。

11.4.2 命名规则

变量命名看似简单却相当重要，掌握行业内的约定俗成规则不仅可让代码符合语法，更重要的是可增强代码的可读性。在 Animate 中创建变量并为变量命名时，需注意以下几条规则：

➢ 尽量使用有含义的英文单词或汉语拼音作为变量名。

所有变量名必须是一个标识符，它的第一个字符必须是字母、下划线（_）或美元记号（$）。其后的字符必须是字母、数字、下划线或美元记号。不能使用数字作为变量名称的第一个字母。

➢ 采用骆驼式命名法命名变量。

所谓骆驼式命名法，即第一个单词全部小写，第二个单词的开头字母用大写，第三个开头字母也是大写，且中间无空格，例如，var myFirstVar。

➢ 变量名越简洁越好，描述越清晰越好。

➢ 变量名应避免出现数字编号，除非逻辑上必须使用编号。

➢ 关键字或动作脚本文本，如 true、false、null 或 undefined 不能用作变量名。尤其是 ActionScript 的系统保留字不可以用作变量名，包括系统的 API 接口名。

➢ 变量名在其作用范围内必须是惟一的，不能重复定义变量。

11.4.3 变量的默认值

ActionScript 允许声明变量不赋初始值，系统会根据变量类型给出默认值。对于 ActionScript 3.0 的数据类型来说，都有各自的默认值，例如：

```
var a:int,b:uint,c:Number,d:String,e:Boolean,f:Array;
var g:Object,h, i:*;
trace(a);// int 型变量的默认值是 0
trace(b);// uint 型变量的默认值是 0
trace(c); //Number 型变量的默认值是 NaN（"不是一个数字"的缩写）
trace(d);// String 型变量的默认值是 null
trace(e);// Boolean 型变量的默认值是 false
trace(f);// Array 型变量的默认值是 null
trace(g);// Object 型变量的默认值是 null
trace(h);//undefined
trace(i);// *型变量的默认值是 undefined
```

对于根本没有类型的变量来说，在 ActionScript 3.0 中可以为其指定任意类型。它提供了一个特殊的类型——untyped 类型，它描述的是"没有类型"，呈现方式是(*)，例如：

```
var anyValue:*; //变量可以是任意的类型
```

为变量指定类型是个好习惯，可以引导用户进行错误检查。在使用 untyped 类型时，可以在指定为 untyped 类型时加一些注释说明，以便查看代码时不至于去猜测。

11.4.4 变量的作用域

变量的作用域指可以使用或者引用该变量的范围。通常变量按照其作用域的不同可以分为全局变量和局部变量。全局变量指在函数或者类之外定义的变量，而在类或者函数之内定义的变量为局部变量。

全局变量在代码的任何地方都可以访问，所以在函数之外声明的变量同样可以访问，如下面的代码，函数 Test()外声明的变量 i 在函数体内同样可以访问。

```
var i:int=1;
//定义 Test 函数
function Test()
{
    trace(i);
}
Test()//输出：1
```

11.5　数据类型

数据类型描述变量或动作脚本元素可以存储的信息种类。与其他面向对象编程的数据类型一样，ActionScript 3.0 的数据类型同样分为两种，具体划分方式如下：

基元型数据类型：Boolean、int、Number、String 和 uint。

复杂型数据类型：Array、Date、Error、Function、RegExp、XML 和 XMLList。

一般来说，基元值的处理速度通常比复杂值的处理速度要快。

基元型数据和复杂型数据类型的最大的区别是：基元型数据类型都是值对类型数据，而复杂型数据都是引用类型数据。值对类型直接储存数据，使用它为另一个的变量赋值之后，若另一个变量改变，并不影响原变量的值。

引用类型指向要操作的对象，另一个变量引用这个变量之后，若另一变量发生改变，原有的变量也随之发生改变。

此外，两种数据类型一个最明显的区别是，如果数据类型能够使用 new 关键字创建，那么它一定是引用型数据变量。

11.5.1 布尔值

布尔值用于条件判断表示真假，有两个值：true 或者 false。默认值为 false。布尔值经常与运算符一起使用。例如，在下面的脚本中，如果变量 password 为 true，则播放影片：

```
    if (userName == true && password == true){
        firstClip.play();
    }
```

11.5.2　数值

对于数值类型，ActionScript 3.0 包含以下 3 种特定的数据类型：

➤ Number：64 位浮点值，包括有小数部分和没有小数部分的值。

➤ int：有符号的 32 位整数型，数值范围为 $-2^{31} \sim (2^{31}-1)$。

➤ uint：一个无符号的 32 位整数型，即不能为负数的整数。数值范围为 $0 \sim 2^{32}-1$。

在使用数值类型时，读者要特别注意整数型的边界，否则会得不到预期结果。查看下面的例子：

```
var a:uint=0;
a=a-1;
trace(a);// 4294967295，即 2³²-1
var a:int= 2147483647;
a=a+1;
trace(a);// -2147483648，即-2³¹
```

提示：使用数值类型应当注意以下事项：

1）能用整数值时优先使用 int 和 uint。

2）如果整数值有正负之分，使用 int。

3）如果只处理正整数，优先使用 uint。

4）处理和颜色相关的数值时，使用 uint。

5）有或可能有小数点时使用 Number。

6）整数数值运算涉及除法，建议使用浮点值。

11.5.3　字符串

字符串是由字母、数字、空格或标点符号等字符组成的序列。字符串应该放在单引号或双引号之间，可以在动作脚本语句中输入它们。如果字符串没有放在引号之间，将被当作变量处理。

注意：在字符串中，除了可以包含空格，还可以包含一些看不见的字符，如换行符（\n）、回车符(\r)、制表符（\t）、转义符(\)等。

下面是声明字符串的例子：

```
var a:String;                        //声明一个字符串变量，此时未定义，默认为null
var a:String="天天向上";             //声明一个字符串变量并赋值
var a:String=new String("天天向上");        //同上例
```

```
var a:String=new String();          //用字符串类包装声明一个空字符串
var a:String="";                     //声明一个空字符串
var a:String='天天向上';             //用单引号声明字符串
```

> **提示：** 如果字符串中包含双引号、单引号或反斜杠符号，则需要使用对应的转义符：\"（双引号）、\'（单引号）、\\（反斜杠符号）。

字符串由字符组成，可以包括所有字符（包括中文和空格等），一个字符串包括的字符总数称为字符串的长度。可以使用字符串变量的 length 属性得到字符串的长度。例如：

```
var stringSample:String="this is an apple";
var stringLength:Number=stringSample.length;
trace(stringLength);  //16
```

11.5.4 数组

一组数据的集合称之为数组，数组最多容纳 $2^{32}-1$ 个元素，默认值为空值 null。

ActionScrip 3.0 中，数组是以非负整数为索引的稀疏数组。稀疏数组不关心存入其中的元素是不是同一类型，因此数组中的对象可以是任何数据类型。数组的声明格式如下：

```
var myArray:Array;//声明一个数组，未定义初始值，默认为 null
var myArray:Array=new Array();//声明一个数组，定义初始值输出为空白，但不是 null
var myArray:Array=[ ];//同上例
var myArray:Array=new Array(1, 2, 3);      //声明一个数组，并定义初始值
var myArray:Array=[1, 2, 3];       //同上例
var myArray:Array= new Array(6);        //定义一个长度为 6 的数组，此时每个元素为空
```

每一个元素都有一个独立数字代表所处的位置，该数字叫索引。数组包含数据的个数称为长度。在已知元素位置的情况下，可以用数组运算符 "[]" 访问数组元素，使用 length 属性得到数组长度。例如：

```
var myArray:Array=[1, 2, 3, 4, 5, 6];
trace(myArray[3]);      //4
trace(myArray.length);      //6
```

> **注意：** 数组中第一个数据的索引是 0。

11.5.5 对象

面向对象编程，是将程序看成一个个不同功能的部件在协同工作。Class（类）用于描述这些部件的数据结构和行为方式，而 Object（对象）就是这些具体的部件。

在编写程序的过程中，可以为每个类创建多个实例，成为 Object（对象）。ActionScript

中的对象可以是数据，也可以是图像，或舞台上的影片剪辑。对象可以拥有两种成员：自身的属性（变量）和方法（函数）。属性（Property）用来存放各种数据，方法（Mehtod）存放函数对象。

对象可以作为属性的集合来使用，每个属性都有名称[称为键（Key）]和对应的值（Value）。属性的值可以是 Animate 中的任何数据类型，甚至可以是对象数据类型，因此可以是对象相互包含或嵌套。

ActionScript 中使用函数定义类，这种函数称为构造函数。可以用如下语句定义一个类：

```
function 类名 {
     //静态属性
     //静态方法
     //实例属性
     //实例方法

}
```

静态属性和静态方法的关键字是 static。使用 static 声明常量时必须赋值。静态属性存储所有对象共同的状态，与任何实例都没有关联；静态方法也是独立于所有实例的。

在类中，可以直接使用静态属性和静态方法名来访问。在类外要访问，必须使用类名加点运算符（.）加属性名或方法名来访问。

实例属性用于存储描述每个对象的状态的值，以变量的形式存在；实例方法描述实例的行为，以函数的形式定义在类中。必须先创建实例，才能使用实例加实例属性或者实例方法名字来访问，可以使用点运算符"."或者数组运算符"[]"访问实例成员。

构造函数用于创建和删除对象。构造函数名必须与类名相同，可以有参数，但是不能声明返回值。

 注意：

在构造函数中，return 只能用于控制函数中的流程，不能返回任何值或者表达式。

下面的示例代码定义了一个 Ball 类：

```
function Ball () {
//里面是空的
}
var myBall:Object = new Ball();  //实例化对象 myBall
```

构造对象时，还可将属性写进去，例如：

```
function Ball (radius, color, xPosition, yPosition) {
  this.radius = radius;
  this.color = color;
  this.xPosition = xPosition;
  this.yPosition = yPosition;
}
```

```
myBall = new Ball(6, 0x00FF00, 145, 200); //实例化对象 myBall
```

11.5.6　影片剪辑

相对于基元数据类型而言，简单的复杂数据类型，其构成是由基元数据类型构成的；稍微复杂点的数据类型，其构成元素本身就是复杂数据类型；更高一级的复杂数据类型，本身能够处理一些事情，如自定义的类和影片剪辑等。

影片剪辑是 Animate 影片中可以播放动画的元件。它们是唯一引用图形元素的数据类型。影片剪辑数据类型允许用户使用 MovieClip 对象的方法控制影片剪辑元件。

在这里需要说明的是，在 ActionScript 2.0 中创建影片剪辑时广泛使用的 duplicate MovieClip()、attachMovieClip()函数在 ActionScript3.0 中已经被去掉了。在 ActionScript 3.0 中要实现相同的效果，应在库中建立类链接，然后使用 new 语句创建该类的实例，实现类似于复制的效果。

11.5.7　无类型说明符

ActionScript 3.0 引入了三种特殊类型的无类型说明符：*，void 和 null。

*类型用于指定属性是无类型的。使用*作为类型注释与不使用类型注释等效。例如：

```
var i:*;    //定义无类型变量
var i;      //同上
```

未定义数据类型只有一个值，即 undefined，是一个适用于尚未初始化的无类型变量或未初始化的动态对象属性的特殊值。

从无类型属性中读取的表达式可视为无类型表达式。该说明符主要用于两个方面：将数据类型检查延缓到运行时、将 undefined 存储在属性中。

void 用于说明定函数无法返回任何值。void 类型只有一个值：undefined。该说明符仅用于声明函数的返回类型。

null 是一个没有值的特殊数据类型。null 数据类型只有一个值：null。null 数据类型可以用来表明变量或函数还没有接收到值或者变量不再包含值。当它作为函数的一个参数时，表明省略了一个参数。不可将 null 数据类型用作属性的类型注释。Array、Object 或自定义类的默认值都是 null。

> **注意：**
> NaN 是 Not a Number（不是一个数）的缩写，是 Number 数据类型的一个特殊成员，用来表示"非数字"值。

11.6　运算符

运算符（Operator）是能够提供对数值、字符串和逻辑值进行运算的关系符号。运算符必须有运算对象（操作数）才可以进行运算。运算符本身是一个特殊的函数，运算对象是它的参数，运算结果是它的返回值。

运算符的分类方法有多种，下面简要介绍几类常见的运算符。

11.6.1 算术运算符

可以说，算术运算符是我们最熟悉的运算符，如加（+）、减（–）、乘（*）、除（/）、求模（%）、求反（–）。算术运算符常用于进行数值（或值为数字的变量）运算。

模运算符（%）就是数学中的除法取余数，也就是说运算后得到的值为除不尽的余数。如果模运算的运算对象不是整数，则有可能出现一些意外的小数。

求反运算符（–）就是给运算对象前面加上一个负号。负负得正，负正得负。

```
var a:int=5;
var b:int=2;
var c:int;
c=a+b;        //加法运算 7
c=a-b;        //减法运算 3
c=a*b;        //乘法运算 10
c=a/b;        //除法运算 2.5
c=a%b;        //求模运算 1
c=-a;         //求反运算 -5
```

使用算术运算符时需注意：表达式的运算按先后顺序执行。括号中的内容优先级最高，最先计算，然后进行乘除运算，最后才进行加减运算。

11.6.2 赋值运算符

赋值运算符（=）是最常用的运算符，它的含义是将等号右边的值赋值给等号左边的变量，经常用于对属性、变量、方法属性的赋值操作。等号左边必须是一个变量而不能是基元数据类型，也不能是没有声明的对象引用。例如：

```
var a:Number=5;
this.width= 300;
```

算术赋值运算符与算术运算符对应，是将算术运算符和赋值运算符组合在一起的运算，含义是运算并赋值。算术赋值运算符+=、—=、*=、/=、%=都是将等号左边的变量和等号右边的值进行运算之后再将得到的值赋给等号左边的变量。与赋值运算符一样，算术赋值运算符的等号左边只能是变量。例如：

```
var a:int=3;
var b:int=4;
a+=b;
```

上例的结果为 7，表示将变量 a 持有的值和变量 b 持有的值相加得到的结果赋值给 a，等同于 a=a+b。

其他运算符举例如下：

```
a*=b;      //a=a*b
a/=3;      //a=a/3
a%=2;      //a=a%2
```

此外，++、--是将变量加上或者减去 1 之后得到的值赋给变量。例如：

```
a++;    //等同于 a=a+1;
b--:     //等同于 b=b-1;
```

11.6.3　比较运算符

比较运算符用于比较两个操作数的值的大小关系。常见的比较运算符一般分为两类：一类用于判断大小关系，一类用于判断相等关系。

判断大小关系的运算符包括：>（大于）、<（小于）、>=（大于等于）、<=（小于等于）。

判断相等关系的运算符包括：＝＝（等于）、!=（不等于）、===（全等）、!==（全不等）。

比较运算符左边可以是表达式、变量或值，不一定是变量，这点与赋值运算符不同。比较运算符运算的结果是布尔值：true 或 false。例如：

```
var a:Number=5;
var b:Number=2;
trace(a==b);    // false
```

对于基元数据类型，如果等式两边值相同，即可判断为相等。但如果是复杂数据类型，则不是判断等号两边的值是否相等，而是判断等式两边的引用是否相等。

```
trace(a!=b);    //true
trace(a>b);     //true
trace(a<b);     //false
trace (2<=1);     //false
trace((a+b)>(b-a));     //true
```

接下来着重讲一下等于和全等的区别。

对于基础类型不同的变量，"=="和"!="运算符会先将等式两边值强制转换为同一数据类型再进行比较；而"==="和"!=="则不进行数据类型转换，如果等式两边数据类型不同则一定会返回 false。例如：

```
var a:Number=5;
var b:Number=5;
trace(a==b);     //true
trace(a===b);    //true
var c:String= "5 ";
trace(a==c);    //true
trace(a===c);     //false
```

```
var d:Uint=1;
var e:Boolean=true;
trace (d==e);      //true
trace(d===e);      //false
```

11.6.4　逻辑运算符

在程序设计过程中，要实现程序设计的目的，必须进行逻辑运算。只有进行逻辑运算，才能控制程序不断向最终要达到的目的前进。

在表达式中，逻辑运算符用于判断某个条件是否成立。逻辑运算符有 3 个，分别为：&&（逻辑"与"）、||（逻辑"或"）和!（逻辑"非"）。逻辑运算符常用于逻辑运算，运算的结果为 Boolean 型。

逻辑与(&&)和逻辑或(||)运算表达式要求左右两侧的表达式或者变量必须是 Boolean 型的值。

➢ &&：左右两侧的表达式任意一侧的值为 false，结果都为 false；只有两侧都为 true，结果才为 true。

➢ ||：左右两侧的表达式的值任意一侧为 true，结果都为 true；只有两侧都为 false，结果才为 false。

➢ !：对运算对象的 Boolean 取反。用法：! 运算对象。

```
var Paycheck:Number= 5000;
var Decision:string= "Buy";
if ((Paycheck >= 3000) &&(Decision = = "Buy"))
{
  gotoAndStop ("NewComputer");
}
else{
  gotoAndStop ("Cry");
}
```

此脚本中的第 1 行语句判断 Paycheck 的数值是否等于或大于 3000，以及 Decision 的字符串值是否等于 Buy。如果是，便购买一台新的计算机；否则，便只好哭泣了！在此脚本中，if 判断为 true，所以该是买一台新计算机的时候了！

读者会发现，如果在表达式中使用逻辑运算符，那么可以同时判断数值和字符串值，并采取相应的动作。

11.6.5　字符串运算符

ActionScript 3.0 将 String 定义为一组有序的 Char16 字符的集合。当计算字符串或任何值为文本的变量时，字符串运算符所执行的任务都是连接和比较字符串的值。"+"和"+=" 运算符在 ActionScript 3.0 中用来连接字符串，是将现有的 String 对象连接到原有对象的后面，不需要频繁生成新的不变对象；关系运算符<、<=、>、>=按照字符串中字符的 Unicode 整型值进行比较。

例如，舞台上有 4 个文本字段，变量名分别为 First、Last、Age 和 Message。分别在前 3 个字段中键入 John、Doe 和 30。当按某个按钮时，将执行以下脚本：

```
Message= ("Hello,")+(First) + (Last) + (".")+("You appear to be
")+(Age)+("year old.");
```

执行此脚本时，变量 Message 显示以下信息：

```
"Hello,John Doe.You appear to be 30 years old."
```

在表达式中，变量 First、Last 和 Age 的值与带引号的文本值相连。

下面看另一个脚本。例如，舞台上有一个变量名为 Password 的文本字段，且将该字段赋值为 Boom Bam。单击某个按钮时，执行以下脚本：

```
if (Password=="Boom Bam"){
gotoAndStop("Accepted");
}
else{
gotoAndStop("AccessDenied");
}
```

执行此脚本时，时间线将跳转至标记为 Accepted 的帧，并停在该帧。

关系运算符<、<=、>、>=按照字符串中字符的 Unicode 整型值进行比较。小写字符（a~z）的值大于大写字符（A~Z）的值。例如，derek 大于 Brooks，而 Derek 则小于 Brooks。

使用字符串运算符时，需注意以下几点：

➢ 字符串的值区分大小写： kathy 不等于 Kathy。
➢ 在字符串表达式中使用数值会使数值自动转换为字符串。例如，表达式("I love to eat ") + (10 + 5) + (" donuts a day! ")会转换为"I love to eat 15 donuts a day! "。

11.6.6 特殊运算符

本节介绍的特殊运算符包括三元条件运算符（?:）、typeof、is、as、in。这几个运算符之间并没有关联，之所以放在一起讲是因为它们都比较特殊。

1. 三元条件运算符（?:）

它是 ActionScript 中唯一的一个三元运算符，也就是有三个运算项，相当于 if...else 条件语句的简写。用法如下：

```
(条件表达式)?(流程1): (流程2);
```

语法说明如下：

➢ 条件表达式：判断表达式，通过逻辑判断，得到一个 Boolean 型的结果。
➢ 流程 1：判断表达式的结果为 true，执行该流程。
➢ 流程 2：判断表达式的结果为 false，执行该流程。

上述表达式相当于：

```
if(条件表达式){
```

```
        流程1;
    }
    else{
        流程2;
    }
```

例如，语句(Paycheck>=3000)?:(gotoAndStop("NewComputer")):(gotoAndStop ("Cry"));
相当于以下语句：

```
if (Paycheck >= 3000){
    gotoAndStop ("NewComputer");
    }
else{
    gotoAndStop ("Cry");
    }
```

2. typeof

typeof 以字符串形式返回对象的数据类型。使用方法如下：

```
typeof(对象);
```

例如：

```
trace(typeof 8);// number
```

注意：

typeof 返回的类型不一定就是类名的小写形式。

typeof 对象类型与返回结果对照表如下：

对象类型	返回结果
Boolean	boolean
String	string
Number	number
int	number
uint	number
Array	object
Object	object
Function	function
XML	xml
XMLList	xml

Chapter 11

3. is

is 运算符用于判断一个对象是否属于某种数据类型。返回值为 Boolean 类型，true 代表属于同一类型，false 代表不属于。

```
trace(8 is Number); // true
```

4. as

as 运算符用于判断对象是否属于某种数据类型，与 is 运算符的使用格式相同，但是返回的值不同。如果对象的类型相同，返回对象的值；若不同，则返回 null。

```
trace(8 as Number);      // 8
trace(8 as Array);       //null
var a:Array=[1,2,3];
var b:Object =a as Object;
trace(b);        //返回 1,2,3 说明数组本身就是对象的事实
```

5. in

in 运算符用于检查一个对象是否作为另一个对象的键或索引，返回 Boolean 型。含有返回 true，否则返回 false。

```
var a:Array=["w","e","f","d","g","j"];
trace (5 in a) ;    // true
trace (6 in a);     //false
var b:Object={name:"kaixin",age:16};
trace("name" in b);     //true
trace("sexy" in b);     //false
```

11.7　表达式

表达式是使 Animate 影片变成真正动态和可交互的核心。表达式是由常量、变量、函数和运算符号按照运算法则组成的计算关系式，如 5+8，a==b-c。每个表达式都产生一个值，这个值就是表达式的值。

在 Animate 中，表达式是一个短语或变量、数字、文本和操作符的集合，它的值可以是字符串、数字或逻辑值。通过计算表达式可执行多项任务，包括设置变量的值、定义将影响的目标、确定将跳转到的帧编号等。Animate 中常见的表达式有以下 3 种：

➤ 算术表达式：算术表达式由数值函数、算术运算符组成，运算结果是数值或是逻辑值。

➤ 字符串表达式：由字符串、以字符串为结果的函数、字符串运算符号组成，运算结果是字符串或是逻辑值。

➤ 逻辑表达式：由逻辑值、以逻辑为结果的函数、以逻辑为结果的算术或字符串表达式和逻辑运算符组成，其计算结果是逻辑值。

例如，下面的脚本使用表达式计算将跳转到的帧编号：

```
var favoriteNumber:int = 24;
var secondFavNumber:int = 26;
```

```
gotoAndPlay (FavoriteNumber + SecondFavNumber);
```

读者可能已意识到，许多函数参数使用表达式来设置值。书写表达式时，需确定的第一件事情就是返回值的类型。它可能是一个字符串，如"Hello,there"，也可能是一个数字，如 560，或是一个逻辑值，如 True。根据要完成的任务来选择值类型。

例如，使用 navigateToURL 方法时，URL 参数需要一个字符串值。如果用表达式产生此参数的值，它必须等于一个字符串。相反，如果想使用表达式设置影片的透明属性 alpha，那么它应等于一个数值。

11.8 流程控制语句

在程序设计过程中，如果要控制程序，需要安排每句代码执行的先后次序，这个先后执行的次序称为"结构"。常见的程序结构有三种：顺序结构、选择结构和循环结构。

1. 顺序结构

顺序结构就是按照代码的顺序，逐句地执行操作。例如下面的示例代码：

```
//执行的第一句代码，初始化一个变量
var a:int;
//执行第二句代码，给变量 a 赋值数值 1
a=1;
//执行第三句代码，变量 a 执行递加操作
a++;
```

2. 选择结构

如果程序有多种可能的选择，就要使用选择结构。选择哪一个分支，要根据条件表达式的计算结果而定。

3.循环结构

循环结构多次执行同一组代码，重复的次数由指定的数值或条件决定。

本节将介绍 ActionScript 3.0 的基本语句以及程序设计的一般过程。首先介绍选择程序结构控制的条件判断语句，然后着重介绍循环语句。

11.8.1 条件判断语句

选择程序结构就是利用不同的条件判断结果去执行不同的语句或者代码。ActionScript 3.0 有四个用于控制程序流的条件判断语句，分别是 if 条件语句、if..else 条件语句、if..else if...else 条件语句、switch 条件语句。本节将详细讲解这四种不同的条件语句。

1. if 语句格式

```
if (条件){
    ……    //执行的语句
    ……    //执行的语句
}
```

如果括号内的条件表达式返回值为 true，则执行大括号内的语句，否则不执行。例如：

```
var choice:String="pear";
if (choice=="apple"){
        trace("答对了！");
}
trace("Your choice is "+choice);
```

上述脚本代码中，由于条件判断(choice=="apple")返回值为 false，因此不执行大括号中的语句，而是直接执行最后一行代码，输出 Your choice is pear。

2. if..else 语句格式

if...else 条件语句根据条件判断的结果做出两种不同的处理，如果条件成立，则执行一个代码块，否则执行另一个代码块。if...else 条件语句基本格式如下：

```
if (表达式){
  流程1；
}
else
{
  流程2；
}
```

例如：

```
var choice:String="pear";
if (choice=="apple"){
  trace("答对了！");
}
else{
  trace("Your choice is "+choice);
}
```

上述脚本代码中，由于条件判断(choice=="apple")返回值为 false，因此直接转到执行 else 语句，输出 Your choice is pear。

3. if...else if...else 语句

if...else 条件语句执行的操作最多只有两种选择，如果有更多的选择，可以使用 if...else if...else 条件语句。该语句是 if 语句中最复杂的一种，允许用户根据不同的条件判断分支做出多种不同的处理。

if...else if...else 条件语句基本格式如下：

```
if (表达式1){
  流程1；
}
else if (表达式2){
  流程2；
}
else if (表达式3){
```

```
    流程 3;
  }
......
  else if (表达式 n){
    流程 n;
  }
```

查看以下的示例代码：

```
  var a:uint=3;
  var b:String;
  if(a==1){
      b="星期一";
  }
  else if(a==2){
      b="星期二";
  }
  else if(a==3){
      b="星期三";
  }
  else if(a==4){
      b="星期四";
  }
  else if(a==5){
      b="星期五";
  }
  else if(a==6){
      b="星期六";
  }
  else if(a==0){
      b="星期日";
  }
  else{
      b="条件不符";
  }
  trace(b);    //星期三
```

4.switch...case...default 语句

switch 语句属于多条件分支语句，相当于一系列的 if...else if...语句，但是要比 if 语句更加符合逻辑而且更加简洁。switch 语句不是对条件进行测试以获得布尔值，而是对表达式进行求值并要根据计算结果来确定要执行的代码块。执行时，将 switch()括号中的值或表达式和各个 case 分支中的值或表达式进行比较，如果相等则执行该分支下的所有代码，直到遇到 break 或者 default 为止。如果没有找到相等的则执行 default 分支。

　　switch 语句通常与关键字 break、continue 配合使用，break 和 continue 用于控制循环流程，都在循环体内使用。break 用于结束循环，不再执行循环。continue 用于终止当前的循环，直接跳到下一轮循环。

　　switch...case...default 的格式如下：

```
switch(值或表达式){
case 值或表达式：//执行的代码
case 值或表达式：//执行的代码
default: //执行的代码;
}
```

　　例如下面的示例：

```
var a:unit=3;
var b:String;
switch (a){
  case 1:
    b="cake";
    break;
  case 2:
    b="Coca";
    break;
  case 3:
    b="fruit";
    break;
  default:
    b="no choice";
    break
}
trace(b);    //fruit
```

11.8.2　循环语句

　　循环语句是指根据指定的条件反复执行一段代码的脚本控制，常用于检索和批量处理。其中重复执行的代码称为循环体，能否重复操作，取决于循环的控制条件。循环语句可以认为是由循环体和控制条件两部分组成。

　　循环语句可分为以下两类：

　　1）先进行条件判断，若条件成立，执行循环体代码，执行完之后再进行条件判断，条件成立继续，否则退出循环。若第一次条件就不满足，则一次也不执行，直接退出。

　　2）先不管条件依次执行操作，执行完成之后进行条件判断，若条件成立，循环继续，否则退出循环。

常用的循环语句有：for 循环、for ..in 循环、for each..in 循环、while 循环和 do..while 循环。下面分别进行简要介绍。

1. for 循环

for 循环语句是 ActionScript 编程语言中最灵活、应用最为广泛的语句。for 循环语句语法格式如下：

```
for(初始化语句;循环条件;步进方式) {
    循环执行的语句;
}
```

初始化语句把程序循环体中需要使用的变量进行初始化。注意要使用 var 关键字定义变量，否则编译时会报错。

循环条件是逻辑运算表达式，运算的结果决定循环的进程。若为 false，则退出循环，否则继续执行循环代码。

步进方式是算术表达式，用于改变循环变量的值。通常为使用递增或递减运算符的赋值表达式。

循环执行的语句称为循环体，通过不断改变变量的值，达到需要实现的目标。

例如，简单点餐的示例代码实例：

```
var menuList:Array=["cake","water","juice","bread"];
var selectItem:String="juice";
for (var i:uint=0;i<menuList.length;i++){
    if(menuList[i]==selectItem){
        trace("Good!"+ "I love juice!");
        break;   //也可以使用关键字 return
    }
else{
        trace(menuList[i]+"  is not my favor!")
        continue;
    }
}
```

初始时 i==0，逻辑运算表达式(menuList[i]==selectItem)返回 false，跳转到 else 语句进行执行，然后 i=i+1，小于 menuList.length，再次进入循环体，直到 i 等于 2，逻辑运算表达式为 true，执行 trace 语句，并退出循环。因此输出结果如下：

```
cake  is not my favor!
water  is not my favor!
Good!I love juice!
```

2. for...in 循环和 for each...in 循环

这两种循环主要用于枚举一个集合中的所有元素，遍历对象内部的键值。普通数组、MXL 或者 XMLIst、拥有可枚举属性的对象都可以看成是集合。

for...in 循环的结构如下：

```
for(var 枚举变量 in 枚举对象){
    //其他语句
}
```

其中，枚举变量为枚举对象的成员名字。如果要访问枚举对象的成员，需要通过：[枚举变量]。例如：

```
//定义一个对象 myRoom，并添加属性 bed,table 和 computer
var myRoom:Object={bed:"单人床", table:"电脑桌",computer:"笔记本"}
//遍历对象 myRoom
for (var i in myRoom){
//输出属性名称和属性值
    trace("属性名为: "+i+"\r 属性值为:"+myRoom[i]);
}
```

输出结果如下：

属性名为: table
属性值为:电脑桌
属性名为: computer
属性值为:笔记本
属性名为: bed
属性值为:单人床

for each...in 的枚举变量为枚举对象的成员。如果要访问枚举对象的成员名字，则只能使用 for...in。

for each...in 的结构如下：

```
for each(var 枚举变量 in 枚举对象){
        //其他语句
}
```

例如：

```
for each (var i:String in myRoom){
    trace("属性值为:"+i);
}
```

输出结果如下：

属性值为:电脑桌
属性值为:笔记本
属性值为:单人床

3. while 循环

while 循环表示当条件表达式满足时，执行循环体。while 循环语句语法格式如下：

```
while(循环条件) {
    循环体
}
```

循环条件是逻辑运算表达式，运算的结果决定循环的进程。若为 true，则继续执行循环代码，否则退出循环。

循环体包括变量改变赋值表达式，执行语句并实现变量赋值。

查看下面的示例：

```
var i:int = 0;
while (i < 5) {
trace(i);
i++;
}
```

输出结果为：0 1 2 3 4

4. do…while 循环

do…while 循环与 while 循环基本相同，只不过 do…while 是先执行循环体，再判断条件表达式。所以 do…while 至少循环一次。

do…while 循环语句语法格式如下：

```
do{
        循环体；
}
while(循环条件)
```

循环体包括变量改变赋值表达式，执行语句并实现变量赋值。

循环条件是逻辑运算表达式，运算的结果决定循环的进程。若为 true，则继续执行循环代码，否则退出循环。

```
var i:int =0;
do{
  trace(i);
  i++;
}
while (i < 5);
```

输出结果为：0 1 2 3 4

11.9 函数

函数在程序设计的过程中是一个革命性的创新。利用函数编程，可以避免冗长、杂乱的代码；可以重复利用代码，提高程序效率；可以便捷地修改程序，提高编程效率。

函数（function）是执行特定任务并可以在程序中重用的代码块。ActionScript 3.0 中有两类函数："方法"（Method）和"函数闭包"（Function closures）。将函数称为方法还是函数闭包，取决于定义函数的上下文。

11.9.1 定义函数

在 ActionScript 3.0 中有两种定义函数的方法：一种是常用的函数语句定义法；一种是

ActionScript 中独有的函数表达式定义法。具体使用哪一种方法来定义，要根据编程习惯来选择。一般的编程人员使用函数语句定义法，对于有特殊需求的编程人员，则使用函数表达式定义法。

1. 函数语句定义法

函数语句是常用的函数使用形式。函数语句属于密封类，拥有标准和简洁的特征，使用 function 关键字定义，其格式如下：

```
function 函数名(参数 1:数据类型,参数 2:数据类型):返回值类型{
    //函数体
}
```

 注意：
使用函数语句定义法，this 会牢牢指向函数当前定义的域。

代码格式说明：
- ➤ function：定义函数使用的关键字。注意 function 关键字要以小写字母开头。
- ➤ 函数名：定义函数的名称。函数名要符合变量命名的规则，尽量给函数取一个与其功能一致的名字，便于阅读。
- ➤ 小括号：定义函数的参数，小括号内的参数和参数类型均可选。
- ➤ 返回值类型：定义函数的返回类型，也是可选的。若要设置返回类型，冒号和返回类型必须成对出现，而且返回类型必须是存在的类型。
- ➤ 大括号：定义函数的必需格式，需要成对出现。函数体是函数定义的程序内容，是调用函数时执行的代码。

例如：
```
function doubleNum(baseNum:int):int
{
    return (baseNum * 2);
}
doubleNum(1);    //2
doubleNum(2);    //4
doubleNum(3);    //6
```

2. 函数表达式定义法

函数表达式定义法也称为函数字面值或匿名函数，是 ActionScript 3.0 特有的一种定义方法。函数表达式属于动态类，拥有灵活的特征，但是同样也拥有编译时不会被提升（hoisting）的缺点。

函数表达式定义的函数的类型是 Function-1... Function-N。使用 var 加上 function 关键字声明，其格式如下：

```
var 函数名:Function = function (参数 1:数据类型,参数 2:数据类型):返回值类型{
    //函数体
}
```

> **注意：** 使用函数表达式定义法，this 会随着函数附着对象不同而改变指向。

代码格式说明：

➤ var：定义函数名的关键字，var 关键字要以小写字母开头。

➤ 函数名：定义的函数名称。

➤ Function：指示定义数据类型是 Function 类。注意 Function 为数据类型，需大写字母开头。

➤ =：赋值运算符，把匿名函数赋值给定义的函数名。

➤ function：定义函数的关键字，指明定义的是函数

➤ 小括号：定义函数的必需的格式，小括号内的参数和参数类型都可选。

➤ 返回类型：定义函数的返回类型，可选参数。

➤ 大括号：其中为函数要执行的代码。

例如：

```
var sumNum:Function=function(a:int,b:int):int
{
    return (a,b,a+b);
}
trace(sumNum(2,3));        //5
trace(sumNum(2,2));        //4
trace(sumNum(2,1));        //3
```

在选择函数定义方法时，推荐使用函数语句定义法，这种方法更加简洁，更有助于保持严格模式和标准模式的一致性。函数表达式更多地用在动态编程或标准模式编程中，主要用于适合关注运行时行为或动态行为的编程，或使用一次后便丢弃的函数或者向原型属性附加的函数。

11.9.2 调用函数

函数只是一个编好的程序块，在没有被调用之前，什么也不会发生。只有通过调用函数，函数的功能才能够实现，才能体现出函数的高效率。本节将简要介绍一般的函数调用方法以及嵌套调用函数的方法。

1. 函数的一般调用

对于没有参数的函数，可以直接使用函数的名字，并后跟一个小括号（称为"函数调用运算符"）来调用。

下面定义一个不带参数的函数 sayHello()，并在定义之后直接调用，其代码如下：

```
function sayHello() {
    trace("Hello! You are welcome!");
}
sayHello();
```

代码运行后的输出结果如下：

```
Hello! You are welcome!
```

对于有参数的函数，则要在小括号中指定参数，如下：

```
function sumNum (a:int,b:int):void
{
    trace(a+b);
}
sumNum(6,3);        //9
sumNum(2,4);        //6
```

2. 嵌套调用函数

嵌套调用的本质是用一个函数调用另一个函数。

 注意:

    递归调用是函数调用自身函数。

下面的示例代码演示了嵌套调用函数的用法：

```
function getProductName():String
{
    return "Animate";
}
function getVersion():String
{
    return "CC";
}
function getNameAndVersion():String
{
    return (getProductName() + " " + getVersion());
}
getNameAndVersion();    //Animate CC
```

11.9.3　函数的参数

函数通过参数向函数体传递数据和信息。函数中传递的参数都位于函数格式的括号中，语法格式如下：

```
(参数 1:参数类型,参数 2:参数类型,…参数 n:参数类型)
```

下面定义一个个性化的点餐语句，针对不同的食物给出不同的语句。代码如下：

```
function niceLunch(food:String,fav:String):void {
    trace(food+fav);
}
niceLunch("apple,"," I like it!");
```

```
niceLunch("cake,"," my favorite!");
```

代码运行后的输出结果如下：

```
apple, I like it!

cake, my favorite!
```

ActionScript 3.0 支持对函数设置默认参数。如果调用函数时没有写明参数，会调用该参数的默认值代替。默认参数是可选项。设置默认参数的格式如下：

(参数 1:参数类型=默认值,参数 2:参数类型=默认值,...参数 n:参数类型=默认值)

下面的示例代码为函数设置了默认参数：

```
function defaultParam(x:int, y:int = 3, z:String = " Go"):void
{
    trace(x, y, z);
}
defaultParam(1); // 1 3 Go
```

ActionScript 3.0 对函数的参数增加了一些新功能，同时也增加了一些限制。有大多数程序员都熟悉的按值或按引用传递参数，也有很多用户陌生的 arguments 对象和...(rest)参数。下面分别进行介绍。

1. 按值或者按引用传递参数

在许多编程语言中，参数的传递基本都有两种类型：按值传递或者按引用传递。

按值传递意味着将参数的值复制到局部变量中以便在函数内使用，参数被传递给函数后，被传递的变量就独立了。若在函数中改变这个变量，原变量不会发生任何的变化。

下面的示例代码为按值传递参数：

```
function passByValue(x:int, y:int):void
{
    x++;
    y++;
    trace(x, y);
}
var xValue:int = 8;
var yValue:int = 9;
trace(xValue, yValue);// 8 9
passByValue(xValue, yValue); // 9 10
trace(xValue, yValue);// 8 9
```

按引用传递意味着将只传递对参数的引用，而不传递实际值。在 ActionScript 3.0 中，可以说所有的参数均按引用传递，因为所有的值都存储为对象。基元型数据是不变的对象，按值还是按引用的效果一样，通常可以看作是按值传递。

下面的示例代码为按引用传递参数：

```
function passByRef(objParam:Object):void
{
    objParam.x++;
```

```
    objParam.y++;
    trace(objParam.x, objParam.y);
}
var myObj:Object = {x:8, y:9};
trace(myObj.x, myObj.y);  // 8  9
passByRef(myObj);  // 9  10
trace(myObj.x, myObj.y);  // 9  10
```

2．arguments 对象和...(rest) 参数

在 ActionScript 3.0 中，一旦函数定义好参数类型和个数，那么在调用时参数类型和个数必须相符，否则编译报错。ActionScript 3.0 中有两种函数调用时检查参数数量的方法：使用 arguments 对象和使用...(rest) 参数。

arguments 对象是一个数组，在函数中传入的所有参数都按顺序被保存在自动生成的 arguments 对象中，可以使用数组的访问方式[]访问传入的参数。如果在函数参数中定义了...rest，则所有传入的参数都被保存在...rest 对象中。

...(rest)参数是 ActionScript 3.0 引入的新参数声明。使用该参数可指定一个自己命名的数组参数来接受任意多个以逗号分隔的参数，实现参数的灵活性，rest 是推荐的命名。

arguments 和...rest 对象都拥有属性 length 和 callee。length 属性记录当前传入的参数数目；callee 属性提供对函数自身的引用，常常用来创建递归。

下面的示例演示了 arguments 对象和...(rest) 参数的使用方法。

```
function traceArgArray(...arguments):void
{
    for (var i:uint = 0; i <arguments.length; i++)
    {
        trace(arguments[i]);
    }
}
traceArgArray(4, 9, 12);    //4  9  12


function traceArgArray(x:int,...rest):void
{
for (var i:uint = 0; i < rest.length; i++)
{
        trace(rest[i]);
}
}
traceArgArray(1, 2, 3);    //2  3
```

11.9.4 函数的返回值

主调函数通过函数的调用得到一个确定的值，此值被称为函数的返回值。利用函数的返回值，可以通过函数对数据进行处理、分析和转换，并获取结果。

ActionScript 使用 return 语句从函数中获取返回值，语法格式如下：

```
 return 返回值;
```

其中，return 是函数返回值的关键字，必不可少。返回值是函数中返回的数据，既可以是字符串和数值等，也可以是对象，如数组和影片剪辑等。

下面的示例代码定义了一个求长方形面积的函数，并返回面积的值。代码如下：

```
function area(w:Number,h:Number):Number{
  var s:Number= w*h;
  return s;
}
trace(area(5,9));  //45
```

函数的返回类型在函数的定义中属于可选参数，如果没有选择，那么返回值的类型由 return 语句中返回值的数据类型来决定。例如，下面的示例代码返回一个字符型数据。

```
function test(){
  var a:String="Guess! Who am I?";
  var b:int=5;
  return b+a;
}
trace(typeof(test()));
```

代码运行后的输出结果为 string。

11.10   思考题

1. ActionScript 中的数据类型有哪些，它们各有什么作用？
2. for…in 循环和 for each…in 循环有什么异同点？

11.11   动手练一练

使用 ActionScript 语句，使得单击一个按钮元件可以得到一个超链接。

提示：ActionScript 语言如下：

myBtn.addEventListener(MouseEvent.CLI CK, ClickToGoToWebPage);
function ClickToGoToWebPage(event:MouseEvent):void
{
    navigateToURL(new URLRequest("index.html"), "_blank");
}

第 12 章 多媒体的使用

本章介绍声音、视频与组件的使用，内容包括在 Animate 2022 中导入声音、编辑声音、对声音的优化与输出、导入视频文件、引入视频链接、对视频对象进行编辑操作，以及添加组件、查看和修改组件的参数、自定义组件外观。

◎ 导入声音

◎ 编辑声音的效果

◎ 导入并编辑视频

◎ 自定义组件外观

12.1 使用声音

Animate 2022 提供了许多使用声音的方法。可以使声音独立于时间轴连续播放，或者使动画与一个音轨同步播放。在按钮中添加声音可以使按钮具有更强的互动性，通过声音淡入淡出还可以使音轨更加优美。

12.1.1 声音的类型

在将声音导入到 Animate 之前，就要明确如何将它使用在作品中。像单击按钮这样的动作是不是比较适合使用一个简短的声音？是否在背景中加入一段音乐？或者是否需要将音轨与动画同步？根据不同的使用方式，Animate 分别做不同的处理，这将有助于缩小文件。

在 Animate 中，声音分为两类：事件驱动式和流式。事件驱动式声音由动画中发生的动作触发。例如，单击了某个按钮，或者时间轴到达某个设置了声音的关键帧。相反，流式声音则在需要时下载到用户的计算机中。

➢ 事件驱动式声音：可以把事件驱动式声音用作单击按钮的声音，也可以把它作为循环的音乐，放在任意一个希望从开始播放到结束而不被中断的地方。

对于事件驱动式声音，要注意以下问题：

1）事件驱动式声音在播放前必须完整下载。声音文件过大会使得下载时间变长。

2）下载到内存后，如需重复播放，不用再次下载。

3）无论发生什么，事件驱动式声音都会从开始播放到结束。不管影片是否放慢了速度，其他事件驱动式声音是否正在播放，还是导航结构把观众带到了作品的另一部分，它都会继续播放。

4）事件驱动式声音无论长短都只能插入到一个帧。

➢ 流式声音：可以把流式声音用于音轨或声轨中，以便声音与影片中的可视元素同步，也可以把它作为只使用一次的声音。

运用流式声音，要注意以下问题：

1）可以把流式声音与影片中的可视元素同步。

2）即使它是一个很长的声音，播放前也只需下载很小一部分声音文件。

3）声音流只在它所在的帧中播放。

既然可以在创建的作品中以不同的方式重复使用导入到 Animate 的声音，那么也可以将某个声音文件在某个地方用作事件驱动声音，在另一个地方用作流式声音，也就是使用声音的实例。因为实例仅仅是存在于库中的原始声音的一个副本，所以对它进行任何设置都不会影响原始声音。

当把声音的一个实例放到时间轴上时，就要决定它是事件驱动式还是流式。对它进行编辑可以产生不同的效果，在音量的淡入淡出时，也要先决定它的类型。下面介绍如何添加声音以及对声音的实例进行修改的方法。

12.1.2 导入声音

Animate 中不能录音，要使用声音只能导入，所以必须用其他软件记录一个声音文件，声音文件可以从 Internet 上下载，也可以购买一个声音集。Animate 可以导入.wav、.aiff 和.mp3 声音文件。如果系统安装了 QuickTime 软件，还可以导入其他格式的声音文件，如 Sound Designer II、只有声音的 QuickTime 影片、Sun AU 以及 System 7 声音等。

将声音导入到文档中后，它们将与位图、元件一起保存到"库"面板中。与元件一样，用户只需要一个声音文件的副本就可以在影片中以各种方式使用该声音。

> **提示：** 在早期的版本中，必须先将音频文件导入到库中，然后才能将音频添加到时间轴上的某个图层中。Animate 2022 支持将音频直接导入到舞台上。

声音一般会占用较大的计算机磁盘空间和内存空间。因此最好用 22kHz 16 位的单声声音。因为 Animate 只能导入采样比率为 11kHz，22kHz 或 44kHz 的 8 位和 16 位的声音，将声音导入 Animate 时，如果声音的采样比率不是 11kHz 的倍数，将会重新采样，所以，如果要在 Animate 中添加声音效果，最好导入 16 位声音。如果计算机内存有限，可使用短的声音剪辑或用 8 位的声音。

在 Animate 2022 中，可以按照下列步骤导入声音文件。

1）执行"文件"|"导入"|"导入到库"命令，如图 12-1 所示，弹出"导入到库"对话框，如图 12-2 所示。或者执行"导入"|"导入到舞台"命令，弹出"导入"对话框。

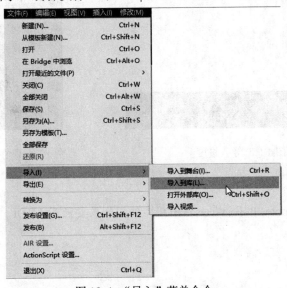

图 12-1 "导入"菜单命令

2）选中需要的声音文件，单击"打开"按钮，将声音文件导入到 Animate 中，这时会在屏幕上显示导入进度，如图 12-3 所示。

3）完成导入后，导入的声音文件就以元件的形式保存在库中，如图 12-4 所示。需要使用导入的声音文件时，直接在库中将其拖放到舞台上即可。如果使用"导入到舞台"命令导入音频，则音频文件插入当前帧中。

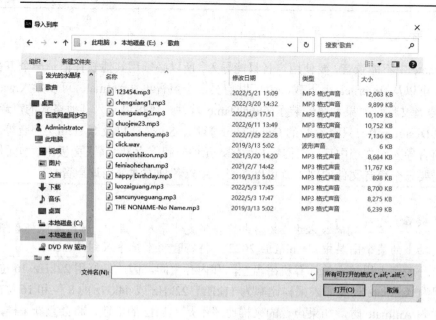

图 12-2 "导入到库"对话框

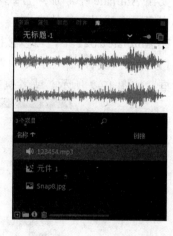

图 12-3 导入进度

图 12-4 保存在库中的声音文件

注意：

　　Animate 中不能导入 MIDI 文件。如果要使用 MIDI，必须使用 JavaScript。

12.1.3　添加声音

　　在 Animate 动画文件中添加声音时，必须先创建一个声音图层，才能在该图层中添加声音，声音图层可以存放一段或多段声音。也可以把声音放在任意多的图层上，每一图层相当于一个独立的声道，在播放影片时，所有图层上的声音都将回放。但是在同一段时间内，一个图层只能存放一段声音，这样可以防止声音在同一图层内相互叠加。

　　在 Animate 2022 中，可按照下列步骤添加声音文件。

1）按照 12.1.2 节介绍的方法，将声音文件导入到"库"面板中。

2）执行"插入"|"时间轴"|"图层"命令，为声音创建一个图层。

3）在声音所在的图层上创建一个关键帧，作为声音播放的开始帧。

> **提示：** 选定新建的声音图层后，将声音从"库"面板中拖到舞台中，声音就会添加到当前图层中。

4）选中关键帧，调出声音属性设置面板，如图 12-5 所示。

5）在"名称"下拉列表中选择要置于当前图层的声音文件。

6）在"效果"下拉列表中选择一种声音效果，用来进行声音的控制。

> **注意：** WebGL 和 HTML5 Canvas 文档中不支持这些效果。

7）在"同步"下拉列表中确定声音同步的方式，如图 12-6 所示。

图 12-5 声音属性设置面板

图 12-6 "同步"下拉列表

- ✓ 事件：将声音和一个事件的发生过程同步起来。当事件声音的开始关键帧首次显示时，事件声音将播放，并且将完整播放，而不管播放头在时间轴上的位置，即使 SWF 文件停止播放也会继续播放。

如果事件声音正在播放时，声音被再次实例化（如再次单击按钮或播放头通过声音的开始关键帧），那么声音的第一个实例继续播放，而同一声音的另一个实例同时开始播放。在使用较长的声音时请记住这一点，因为它们可能发生重叠，导致意外的音频效果。

- ✓ 开始：与"事件"选项的功能相似，但是如果声音已经在播放，则新声音实例就不会播放。
- ✓ 停止：使指定的声音停止播放。
- ✓ 数据流：同步声音，以便在网站上播放。Animate 会强制动画和音频流同步，如果 Animate 不能足够快地绘制动画帧，它就会跳过这些帧。与"事件"声音不同，音频流随着 SWF 文件的停止而停止。

使用"数据流"方式同步音频时，时间轴快捷菜单中的"拆分音频"命令变为可用状态，如图 12-7 所示。使用该命令可以方便地分割时间轴中嵌入的流音频，在需要时暂停音频，然后在时间轴中后面的某帧处从停止点恢复音频播放。

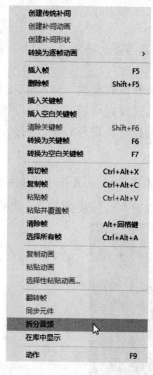

图 12-7 "拆分音频"菜单项

注意：

如果放置声音的帧不是主时间轴的第 1 帧，则选择"停止"选项。在 WebGL 和 HTML5 Canvas 文档中不支持数据流设置。如果使用 MP3 声音作为音频流，应重新压缩声音再导出。

8）在"重复"文本框中输入数字用于指定声音重复播放的次数，如果想让声音不停地播放，可选择"循环"。

这样，一个声音的实例就被添加到选定的帧中了。

注意：

可以添加任意多个带声音的图层。使用多个不同的声音图层，可以更好地组织项目。所有的图层都可以组合到最终的文件中。

12.1.4 编辑声音

1. 定义声音的起点和终点

在声音对应的属性面板中单击"效果"下拉列表框右侧的"编辑声音封套"按钮，打开"编辑封套"对话框，如图 12-8 所示。

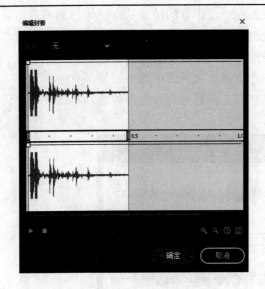

图 12-8 "编辑封套"对话框

在图中可以看到两个波形图，它们分别是左声道和右声道的波形，它们也是对声音进行编辑和控制的基础。在左声道和右声道之间有一条分隔线，分隔线上左、右两侧各有一个控制手柄，它们分别是声音的"开始时间"控件和声音的"停止时间"控件，拖动它们可以改变声音的起点和终点。

定义声音的起点和终点的操作步骤如下：

1）在某一帧中加入声音，或选择包含声音的帧。

2）在属性面板上的"声音"下拉列表中选择要定义起点和终点的声音文件。

3）单击属性面板中的"编辑声音封套"按钮 ，打开"编辑封套"对话框。

4）拖动分隔线左侧声音的"开始时间"滑块，确定声音的起点。

5）拖动分隔线右侧声音的"结束时间"滑块，确定声音的终点，如图 12-9 所示。

定义声音的起点和终点后，如果分隔线的长度随着滑块的拖动而发生变化，则表明定义声音的起点和终点的操作已经生效，这是因为分隔线的长度与声音文件的长度一致。

2．设置声音效果

在 Animate 2022 中，可以对声音的幅度（或称为音量）进行比较细腻的调整。这个调整过程也是通过"编辑封套"对话框完成的。"编辑封套"对话框中的声道波形的上方有一条直线，用来调节声音的幅度，称之为幅度线。在幅度线上有两个声音幅度调节手柄，拖动调节点可以调整幅度线的形状，从而达到调节某一段声音的幅度。

当声音文件被导入 Animate 后，用户可以直接使用鼠标指针在幅度线上拖动声音幅度调节手柄到不同的位置来调节声音幅度。也可以打开"编辑封套"对话框中的"效果"下拉菜单，如图 12-10 所示。

下拉菜单中各个选项的作用简述如下：

➢ "无"：对声音文件不加入任何效果，选择该项可取消以前设定的效果。

➢ "左声道"：表示声音只在左声道播放声音，右声道不发声音。

➢ "右声道"：表示声音只在右声道播放声音，左声道不发声音。

> ➢ "从左到右淡出"：使声音的播放从左声道移到右声道。
> ➢ "从右到左淡出"：使声音的播放从右声道移到左声道。
> ➢ "淡入"：在声音播放期间逐渐增大音量。
> ➢ "淡出"：在声音播放期间逐渐减小音量。
> ➢ "自定义"：自定义声音封套。选择该选项将打开"编辑封套"对话框。

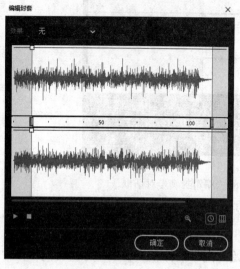

图 12-9 定义声音的起点和终点　　　　　图 12-10 "效果"下拉菜单

从下拉菜单中选择各个选项，可以看到幅度线相应地改变，如图 12-11 所示为声音从右到左淡出效果图；图 12-12 所示为声音从左到右淡出的效果图；图 12-13 所示为声音淡入的效果图。

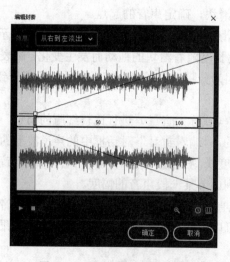

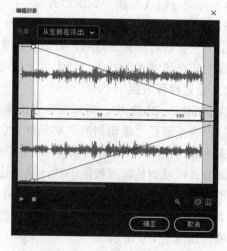

图 12-11 从右到左淡出效果图　　　　　图 12-12 从左到右淡出效果图

使用两个或 4 个声音幅度调节点只能实现简单地调节声音的幅度，对于比较复杂的音量效果来说，声音调节点的数量还需要进一步增加。在幅度线上单击，即可添加声音调节手柄。例如，在幅度线上单击 7 次，将在左声道和右声道上各添加 7 个声音调节手柄，如

图 12-14 所示。

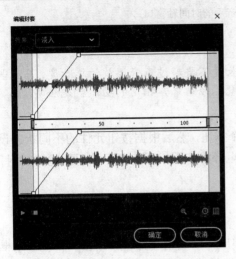 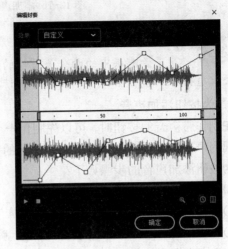

图 12-13 声音淡入的效果图   图 12-14 添加声音调节点

12.1.5 使用声音

在 Animate 动画中使用声音主要有两种方式：在指定关键帧开始或停止声音的播放和为按钮添加声音。

1. 在指定关键帧开始或停止声音的播放

指定关键帧开始或停止声音的播放以使它与动画的播放同步，是编辑声音时最常见的操作。当动画播放到关键帧时，将开始声音的播放。用户也可以将关键帧与舞台上的事件联系起来，这样就可以在完成动画时停止或播放声音。

在指定关键帧开始或停止声音播放的操作步骤如下：

1）将声音导入到"库"面板中。

2）执行"插入"|"时间轴"|"图层"命令，为声音创建一个图层。

3）单击选择声音图层上预定开始播放声音的帧，将其设为关键帧。

4）调出属性面板，在"声音"下拉列表中选择一个声音文件，然后打开"同步"下拉列表，选择"事件"选项。

5）在声音图层上声音结束处创建另一个关键帧。

6）在"声音"下拉列表中选择同一个声音文件，然后打开"同步"下拉列表，选择"停止"选项。

按照上述方法将声音添加到动画内容之后，可以在声音图层中看到声音的幅度线，如图 12-15 所示。

图 12-15 添加声音后的时间轴窗口

注意：
　　声音图层中的两个关键帧的长度不要超过声音播放的总长度，否则当动画还没有播放到第 2 个关键帧时声音文件就已经结束，指定的功能就无法实现。

2. 为按钮添加声音

在制作带声音的按钮时，可以先制作一个按钮，然后根据按钮元件的不同状态设置声音，因为声音与元件一同存储，所以加入的声音将作用于所有基于按钮创建的实例。

为按钮添加声音的步骤如下：

1）新建一个 ActionScript 3.0 文件。

2）执行"文件"|"导入"|"导入到库"命令，导入需要的声音文件。

3）执行"插入"|"新建元件"命令，弹出"创建新元件"对话框，在该对话框中的"名称"文本框中输入元件的名称，"类型"选择"按钮"，单击"确定"按钮，关闭对话框，并跳转到元件编辑窗口中。

4）在元件编辑窗口中加入一个声音图层，在声音图层中为每个要加入声音的按钮状态创建一个关键帧。例如，若想使按钮在鼠标指针经过时发出声音，可在按钮的"指针经过"帧中加入一个关键帧。

5）打开对应的属性面板，在"名称"下拉列表中选择需要的声音文件，打开"同步"下拉列表，从中选择声音对应的事件，将其添加到元件编辑窗口，如图 12-16 所示。

6）添加声音后，返回到主场景。从"库"面板中将刚才创建的按钮拖放到舞台上。现在，可以测试按钮各个状态的音效了。

提示：把不同关键帧中的声音置于不同的图层中，可以使按钮中不同的关键帧中有不同的声音。还可以在不同的关键帧中使用同一种声音，但使用不同的效果。

图 12-16 在按钮元件编辑窗口中添加声音图层

12.1.6 声音的优化与输出

1. 声音属性

Animate 本身并不是一个声音编辑优化程序，但是用户可以通过"声音属性"对话框优化声音。

若要打开"声音属性"对话框，可执行如下操作：

1）执行"窗口"|"库"命令，打开"库"面板。

2）选择要优化的声音右击，在弹出的快捷菜单中选择"属性"命令，打开"声音属性"对话框，如图 12-17 所示。

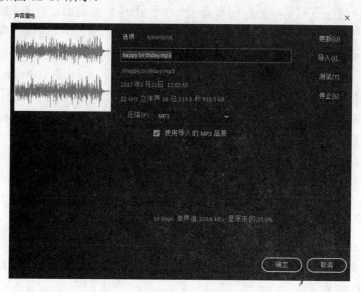

图 12-17 "声音属性"对话框

提示：在"库"面板中选中声音，然后双击声音名称左侧的声音图标 🔊，也可打开"声音属性"对话框。

从图 12-17 可以看出，"声音属性"对话框包含以下区域、设置和按钮：

➤ 预览窗口：显示声音的数字波形。如果文件是立体声的，它的左声道和右声道会出现在预览窗口中。如果声音是单声道的，则只显示一个声道。

➤ 文件名：Animate 基于原始文件名给声音文件分配了一个默认的名字，用来在库中标识这个声音。可以将它改为一个好记的文件名。

➤ 文件路径：声音最初导入的目录路径。

➤ 文件信息：提供文件数据，如上次修改的时间、采样率、采样尺寸、持续时间（以秒为单位）和原始大小。

➤ 压缩类型：这个弹出菜单可设置当导出项目以创建 Animate 影片时，对声音采用的压缩方法。每种压缩类型都有自己独特的设置。

➤ "确定"和"取消"按钮：用此按钮完成或删除在声音编辑对话框中的动作。

> "更新"按钮：在声音编辑程序中，如果改动或编辑了导入到 Animate 的原始文件（即目录路径位置中的文件），可以用这个按钮更新 Animate 中的声音，以反映出所做的改动。

> "导入"按钮：这个按钮可以改变目录路径信息所引用的声音文件。以这种方法导入声音会将对当前声音的所有引用修改为用这个按钮所导入的引用。

> "测试"按钮：单击这个按钮可以看到不同的压缩设置如何影响声音。

> "停止"按钮：这个按钮与"测试"按钮配合使用，单击"测试"按钮，可以完全预览，单击"停止"按钮可以在任意点暂停预览。

2．压缩声音

打开"声音属性"对话框后，即可在"压缩"下拉列表中进行有关声音压缩的设定。"压缩"下拉列表框中有 5 个选项，根据压缩方式的不同，可用的选项也有所不同，下面介绍这 5 种不同的压缩方式。

> 默认：选择这个选项将使用默认的设置压缩声音。导出时，Animate 提供一个通用的压缩设置，可以用同一个压缩比压缩影片中的所有声音，这样便不必对不同的声音分别进行特定设置，从而可以节省时间。但是，不建议这样做，因为首先读者可能想控制声音的各个方面，包括声音的压缩；其次，对声音来说，默认设置并不总是最好的方法，用通用设置，有些声音听起来不错，有些效果却很差。因此，具体情况要具体分析，对不同的声音应该采用不同的压缩比。

> ADPCM：将声音文件压缩成 16 位的声音数据。在输出短的事件声音，如按钮单击事件的声音时最好将它压缩成 ADPCM 格式。这种压缩方式最适用于简短的声音，如单击按钮的声音、音响效果的声音、事件驱动式声音。这个选项用于循环音轨非常好，它的压缩速度比 MP3 快，而 MP3 在循环中会造成延迟（不应有的空白间隔）。

选择 ADPCM 选项后，在对话框的下面将出现如图 12-18 所示的设置选项。

1）预处理：这个选项可以把立体声转化为单声道的声音。它自动地把声音删掉一半从而减少了对整体影片文件大小的影响。用这种方法可以将声音的数据量减少一半。

提示：通过"声音属性"对话框底部的结果信息，可立刻看到"预处理"选项对文件大小的影响。

2）采样率：其选项列表如图 12-19 所示，它可以设置声音导入到最终影片中的采样率。Animate 将在导出时按指定设置进行再采样。采样率小会减少对整体影片文件大小的影响，但是会损失声音的质量。

提示：建议用户做任何选择都要用"测试"按钮试听一下。通常，声轨可以采用较低的采样率，音轨则需要较高的采样率以避免单调。

> MP3：声音以这种方式压缩时，一部分原文件会丢失。用 MP3 压缩原始的声音文件（.wav）会使文件大小减为原来的十分之一，而音质没有明显的损失。在输

出一个较长的声音数据流时适合使用这种格式。

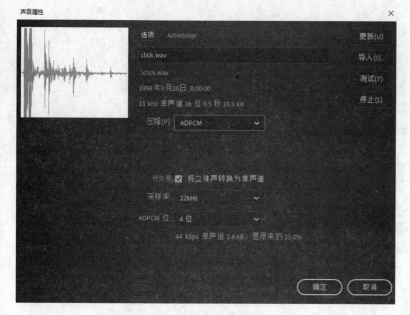

图 12-18 ADPCM 的设置选项　　　　图 12-19 采样率选项列表

➢ Raw：这个选项不是真正的压缩，它允许用户导出声音时用新的采样率进行再采样。例如，原来导入的是 22kHz 的声音文件，用户可以转换为 11kHz 或 5kHz 的文件导出。它并不进行压缩。

➢ 语音：声音不经压缩就输出，用户可以对采样率进行设置。

在输出影片时，对声音设置不同的采样率和压缩比对影片中声音播放的质量和大小影响很大。压缩比越大、采样率越低，会导致影片中声音所占空间越小、回放质量越差，因此这两方面应兼顾。

3．输出声音

Animate 向来以文件输出格式多样而引人注目，不仅可以输出多种的图形图像文件，而且可以将动画中的声音以多种格式进行输出。下面具体阐述怎样使用 Animate 2022 输出声音。

输出带声音的动画的步骤如下：

1）执行"文件"|"导出"|"导出影片"菜单命令，打开"导出影片"对话框，如图 12-20 所示。

2）在"导出影片"对话框中选择保存文件的位置。

3）在"保存类型"下拉列表中选择保存文件的类型，通常选择 SWF 影片(*.swf)。

4）在"文件名"文本框中输入动画文件的名称。

5）单击"保存"按钮。

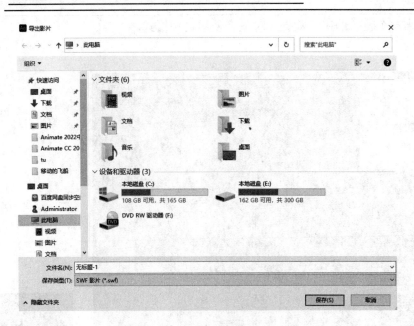

图 12-20 "导出影片"对话框

12.2 应用视频

Animate 2022 允许导入多种格式的视频文件。用户可以将这些视频文件作为视频流或通过 DVD 进行分发,或者将其导入到视频编辑应用程序(例如, Adobe® Premiere®)中。FLV 和 F4V(H.264)视频格式具备技术和创意优势,允许用户将视频、数据、图形、声音和交互式控制融为一体。FLV 或 F4V 视频使用户可以轻松地将视频以几乎任何人都可以查看的格式放在网页上。

导入视频后,Animate 2022 可以对视频进行缩放、旋转、扭曲、遮罩等操作,以及使用 Alpha 通道将视频编码为透明背景的视频,并且可以通过脚本来实现交互效果。

12.2.1 导入视频文件

在 Animate 2022 中导入视频就像导入位图或矢量图一样方便。可以嵌入一个视频片断作为动画的一部分,还可以设置视频窗口大小、像素值等。

利用 Animate 的"导入视频"向导,用户可以轻松地部署视频内容。可以导入存储在本地计算机上的视频,也可以导入已部署到 Web 服务器、FlashVideo Streaming Server 或 Flash Media Server 上的视频。

导入视频有多种方式,通过"文件"菜单下的"导入"子菜单可选择一种导入方式。其中,"导入到舞台"是直接把视频文件导入到 Animate 的工作区,"导入到库"是把视频文件导入到库中。"打开外部库"是打开一个库里存在的视频文件。

在 Animate 2022 中导入视频的步骤如下:

1)执行"文件"|"导入"|"导入视频"命令,弹出"导入视频"向导,如图 12-21

所示。可以选择在本地计算机上或服务器上定位要导入的视频文件。

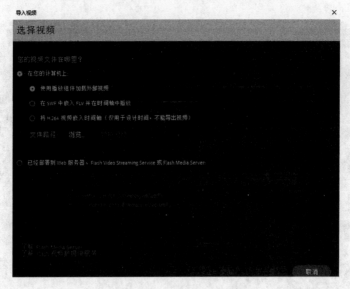

图 12-21 "导入视频"向导

2）单击"浏览"按钮，在弹出的对话框中选择需要导入的视频文件。

若要将视频导入到 Animate 中，必须使用以 FLV 或 H.264 格式编码的视频。否则，系统会弹出一个如图 12-22 左图所示的提示框，提示用户启动 Adobe Media Encoder 以适当的格式对视频进行编码，然后再导入。单击"确定"按钮关闭对话框。

图 12-22 提示对话框

3）如果视频无需转换，则单击"导入视频"对话框中的"下一步"按钮，直接进入步骤 11）。如果需要转换视频，则保存文档，然后单击"转换视频"按钮，弹出如图 12-22 右图所示的提示对话框。单击"确定"按钮关闭对话框，并启动视频转换组件 Adobe Media Encoder 2022，如图 12-23 所示。

4）单击"预设"下方的下拉箭头，在弹出的下拉菜单中选择 Animate 视频编码配置文件，如图 12-24 所示。本例选择"匹配源-高比特率"。

Animate 2022 提供了 106 种视频编码配置文件，每一种配置文件右侧都有较详细的配置的主要相关参数。

5）单击"输出文件"下方的路径，可以选择编码后的视频的保存位置。单击"添加源"按钮➕可以打开资源管理器，打开其他需要编码的视频文件。单击"预设"下方的配置文件，切换到"导出设置"对话框，在这里可以设置影片的音频和视频编码。

6）打开对话框右侧的"视频"选项卡，可以设置影片的视频编码，如图 12-25 所示。

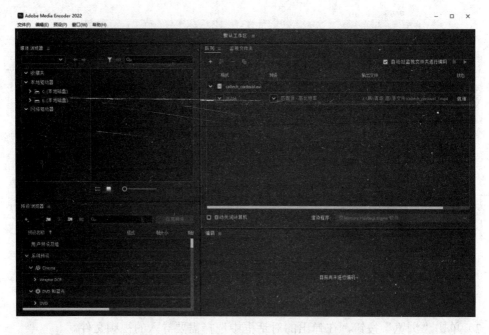

本例采用默认设置。

图 12-23 Adobe Media Encoder 2022 界面

图 12-24 设置视频编码配置文件

Animate 视频并不是每一帧都保留完整的数据，而保留完整数据的帧叫作关键帧。通常，在视频剪辑内搜寻时，默认的关键帧值可以提供合理的控制级别。如果需要选择自定义的关键帧位置值，请注意关键帧间隔越小，文件大小就越大。

7）打开"音频"选项卡，可以设置影片的音频编码，如图 12-26 所示。本例采用默认设置。

图 12-25 设置影片的视频编码

图 12-26 设置影片的音频编码

8）在该对话框左侧区域拖动播放轴线上的◤和◣滑块，可以设置视频剪辑的起始点和结束点。在"选择缩放级别"下拉列表中可以设置对话框左上方视图的缩放大小，如图12-27 所示。

图 12-27 设置视频起止点和缩放

9）单击"确定"按钮，切换到 Adobe Media Encoder 2022 界面，然后单击右上角的"启动队列"按钮▶，即可在对话框右下角的"编码"区域开始按以上设置对视频文件进行编码。编码完毕，对话框"状态"下方将显示"完成"二字，单击"完成"，弹出一个文本文件"AMEEncodingLog.txt"，显示视频编码的详细信息，如图 12-28 所示。

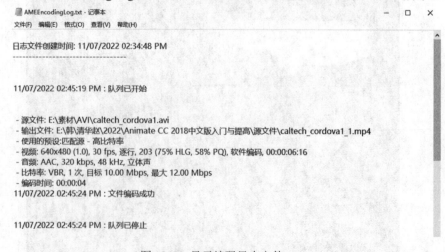

图 12-28 显示编码日志文件

10）单击 Adobe Media Encoder 2022 标题栏右上角的"关闭"按钮，关闭 Adobe Media

Encoder，返回到"导入视频向导"对话框。

11）设置部署视频文件的方式。选中一种需要的导入方式后，"导入视频"对话框底部会显示该方式的简要说明或警告信息，以供用户参考。本例选择"使用播放组件加载外部视频"方式，如图 12-29 所示。

图 12-29 部署视频文件的方式

> 使用播放组件加载外部视频：导入视频并创建 FLVPlayback 组件的实例，以控制视频回放。

> 在 SWF 中嵌入 FLV 并在时间轴中播放：将 FLV 嵌入到 Animate 文档中。

这样导入视频时，该视频放置于时间轴中，可以看到时间轴上各个视频帧的位置。嵌入的 FLV 频文件成为 Animate 文档的一部分。

注意：
　　　　将视频内容直接嵌入到 SWF 文件中会显著增加发布文件的大小，因此仅适合小的视频文件。此外，在使用 Animate 文档中嵌入的较长视频剪辑时，音频与视频会变得不同步。
　　　　如果视频剪辑位于 FlashVideo Streaming Server、Flash Media Server 或 Web 服务器上，则只能将它导入为流文件或渐进式下载文件使用，无法将远程文件导入为嵌入的视频剪辑使用。

> 将 H.264 视频嵌入时间轴(仅用于设计时间，不能导出视频)：除 FLV 视频，Animate 2022 还支持将 H.264 视频嵌入时间轴。嵌入 H.264 视频后，在拖拽时间轴时，在舞台上将呈现该视频的各个帧，可用作同步舞台上动画的参考视频。

注意：
　　　　嵌入时间轴的 H.264 视频仅用于设计阶段，Flash Player 和其他运行时不支持呈现嵌入的 H.264 视频，因此不会发布它们。

12）选择已编码的视频文件，然后单击"下一步"按钮，打开如图 12-30 所示的对话框。在"外观"下拉列表中可以选择一种视频的外观，以及播放条的颜色。

如果要创建自己的播放控件外观，可选择"自定义外观 URL"，并在"URL"文本框中输入外观的 URL 地址。单击后面的颜色图标按钮，可以设置播放控制栏的颜色。

如果希望仅导入视频文件，而不要播放控件，可以在"外观"下拉列表中选择"无"。

13）单击"下一步"按钮完成视频的导入。在对话框中单击"完成"按钮，弹出"另存为"对话框。在该对话框中将视频剪辑保存到与原视频文件相同的文件夹中，然后单击"保存"按钮，即可开始对视频进行编码。

图 12-30 选择视频的外观

编码完成后，即可在 Flash 舞台上看到该视频文件。

14）保存文档后，按 Ctrl + Enter 快捷键，即可播放视频剪辑，如图 12-31 所示。

图 12-31 导入的视频剪辑

12.2.2 对视频对象的操作

在舞台中选中已经导入的视频文件，就可以在属性面板中对其进行相关操作了，如图 12-32 所示。

属性面板上显示了调用的视频对象的尺寸、在舞台上的位置以及当前视频对象在舞台中的名称。在该面板中可以修改视频及相关属性。

图 12-32 属性面板

12.3 使用组件

组件提供了一种简单方法，使用户在动画创作中可以重复使用复杂的元素，而不需要编写 ActionScript。下面将介绍什么是组件、它们的参数以及在 Animate 2022 中创作动画时如何使用组件。

12.3.1 组件概述

在创作过程中包含有参数的复杂的动画剪辑是组件，也是由组件开发者定义的一种具有特殊功能的影片剪辑。它们本质上是一个容器，包含很多资源，这些资源共同工作来提供更强的交互能力以及动画效果。

引入"组件"这一概念，使 Animate 成为一种开放式的、分布式的软件，任何人都能够以制作组件的形式参与到 Animate 的更新开发中来。组件通常由开发者设计好外观，并为它编写大量的复杂的动作脚本。在这些动作脚本中定义了组件的功能与参数。对于普通用户来说，不用关心这些动作脚本的具体内容，只需要了解组件的功能及参数设置就够了。

在 Animate 2022 中包含多种组件，用户可以单独使用这些组件在 Animate 影片中添加简单的交互动作，也可以组合使用这些组件为 Web 表单或应用程序创建一个完整的用户界面。

安装 Animate 2022 后，如果没有添加其他组件，Animate 中有两组组件，如图 12-33 所示。通过这些组件，可以很容易

图 12-33 "组件"面板

制作出网页中常见的各种用户界面。

下面简要介绍一些常用组件的功能。

➤ Button：可以用来响应键盘空格键或者鼠标的动作。

➤ CheckBox：表示复选按钮。

➤ ColorPicker：显示一个颜色拾取框。

➤ ComboBox：显示一个下拉选项列表。

➤ DataGrid：数据网格。允许将数据显示在行和列构成的网格中。

➤ List：显示一个滚动选项列表。

➤ Label：用来显示对象的名称，属性等。

➤ NumericStepper：用来显示一个可以逐步递增或递减数字的列表。

➤ ProgressBar：用琼显示载入的进度。

➤ RadioButton：表示在一组互斥选择中的单项选择。

➤ ScrollPane：提供用于查看影片剪辑的可滚动窗格。

➤ Slider：显示一个滑动条，允许通过滑动与值范围相对应的轨道端点之间的滑块选择值。

➤ TextArea：覆盖了 Animate 自带的 ActionScript 文本区域对象，用来显示文本输入区域。

➤ TextInput：用来显示或隐藏输入文本的具体内容，如密码的输入通常就要用到这个组件。

➤ UIScrollBar：一个显示有滚动条的文本字段容器。

➤ UILoader：一个能够显示 SWF 或 JPEG 的容器。

12.3.2　添加组件

通过如下的步骤可以将控件添加到舞台上。

1）执行"窗口"|"组件"命令，即可打开"组件"面板，如图 12-33 所示。

2）将需要的组件直接拖放到舞台上。双击选中的组件，也可将组件添加到舞台上。

3）选中舞台上的组件，在属性面板上为实例命名。根据需要调整组件的大小。

4）执行"窗口"|"组件参数"命令，打开"组件参数"面板，并设定实例的参数。

12.3.3　查看和修改组件的参数

在 Animate 2022 中可以轻松地修改组件的外观和功能。

选中舞台上的组件实例，打开对应的属性面板，如图 12-34 所示。在这里可以设置组件的实例名称并修改组件的外观。

单击"显示参数"按钮，或执行"窗口"|"组件参数"命令，打开"组件参数"面板。在这里可以修改组件参数，如图 12-35 所示。

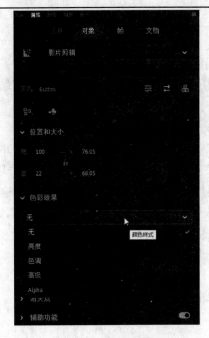

图 12-34 组件的属性面板

图 12-35 "组件参数"面板

12.3.4 设置组件的外观尺寸

在舞台上，如果组件实例不够大，以致无法显示它的标签，那么标签文本就不能正常完全显示；如果组件实例比文本大，那么单击后区域又会超出标签。

在 Animate 2022 中，可以通过使用 width 和 height 属性调整组件的宽度和高度。调整组件的大小，组件内容的布局依然保持不变，这将导致在影片回放时发生扭曲，因此需要使用绘图工具箱中的"任意变形工具"或组件对象的方法来设置组件的宽度和高度，如图 12-36 所示。

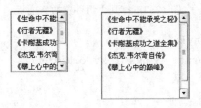

图 12-36 使用任意变形工具改变组件大小

12.3.5 预览组件

修改组件的属性和参数之后，可以在动画预览中看到组件的改变。

执行"控制"|"测试影片"命令，可以在舞台上预览组件的外观和大小，并能对组件进行测试和操作。

...

12.3.6 自定义组件外观

尽管 Animate 2022 自带的组件比早期的版本漂亮了很多，但有时候为了让组件的外观和整个页面的样式统一，必须重新改变组件的外观，如组件标签的字体和颜色、组件的背景颜色等。

下面通过一个简单实例介绍更改组件文本格式的操作方法。

1）新建一个 ActionScript 3.0 文件，在"组件"面板中选择需要的组件并拖放到舞台上。本例选择两个"Button"组件，一个使用默认样式，一个采用自定义样式。

2）选中拖入的第二个组件，在组件属性面板的"实例名称"文本框中输入该实例的名称，如"myBtn"，然后单击 "显示参数"按钮，打开"组件参数"面板，如图 12-37 所示。在这里，用户可以设置组件的相关属性。本例不进行设置。

3）在时间轴中创建一个新图层，用来设置组件属性。

4）选择新图层的第一帧，打开"动作"面板。

5）在脚本窗格中输入下面的语句来指定实例的属性和值。

```
//加载样式管理器 StyleManager
import fl.managers.StyleManager;
```

图 12-37 打开"组件参数"面板

```
//定义文本格式对象 textStyle
var textStyle:TextFormat = new TextFormat();
//定义字体
textStyle.font="Verdana";
//定义字号
textStyle.size = 12;
//定义文本颜色
textStyle.color=0xFF0000;
//设置实例 myBtn 的 label 属性
myBtn.label="Button";
//改变实例 myBtn 的样式
myBtn.setStyle("textFormat", textStyle);
```

6）使用"测试影片"命令，就可以看到组件属性的改变了，如图 12-38 所示。

7）如果要更改舞台上所有按钮组件的样式，可以将上述脚本的最后两行代码修改为如下形式：

```
StyleManager.setComponentStyle(Button, "textFormat", textStyle);
```

注意：

这种方法为场景内某一类型的组件定义样式，只对此类别有效。

8）使用"测试影片"命令，就可以看到组件属性的改变了。

此外，双击舞台上的组件，会转到组件的第二帧，在这里可以编辑组件所使用的皮肤，如图 12-39 所示。

单击舞台上方的"编辑元件"按钮，在弹出的下拉列表中也可以选择修改组件的皮肤，如图 12-40 所示。

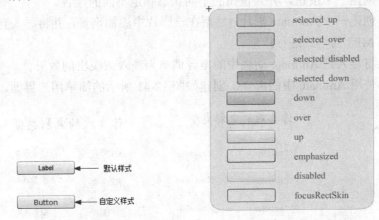

图 12-38 自定义一个组件样式　　　　图 12-39 组件皮肤

图 12-40 "编辑元件"下拉菜单

12.4 思考题

1. 在 Animate 2022 中可以包含哪两种声音，它们在运行时各有什么特点？
2. 在 Animate 2022 中如何控制声音的停止和播放？
3. 如何在 Animate 影片中添加视频？
4. 如何将 QuickTime 视频链接到 Animate 影片中？
5. 如何为 Animate 影片添加组件？
6. 如何设置 Animate 中组件的样式？

12.5 动手练一练

1. 创建一个按钮，并为按钮的不同状态制定不同的声音。
2. 创建一个 Animate 影片，然后在该影片中添加声音，并将导入到 Animate 动画中的声音以 MP3 的格式进行压缩。
3. 将导入到 Animate 动画中的声音调节为淡入或淡出的效果。
4. 使用 Animate 中的组件，创建如图 12-41 所示的简单用户界面。

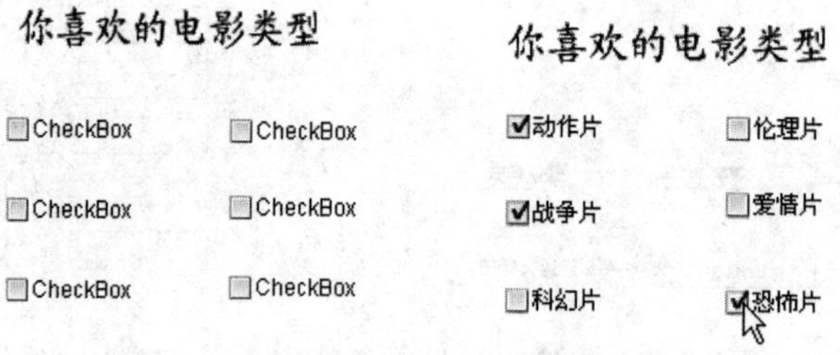

你喜欢的电影类型　　　　　你喜欢的电影类型

☐CheckBox　　☐CheckBox　　☑动作片　　☐伦理片

☐CheckBox　　☐CheckBox　　☑战争片　　☐爱情片

☐CheckBox　　☐CheckBox　　☐科幻片　　☑恐怖片

图 12-41 创建用户界面

第 13 章 发布与导出

本章导读

　　本章介绍完成 Animate 动画后，对动画优化处理并进行发布测试，将 Animate 动画导出为其他格式的文件（包括 GIF、JPEG、PNG、SVG 和 OAM 包等）和 HTML5 内容，以方便其他应用程序使用。将 Animate 动画打包发布到网站，使自己的作品可以在 Internet 上一展风采。

　　◉　优化与测试 Animate 动画

　　◉　发布 Animate 动画

　　◉　打包 Animate 动画

13.1 优化 Animate 动画

在导出影片之前，可以使用多种策略来缩小文件的大小，从而对其进行优化。在影片发布的时候，也可以把它压缩成 SWF 文件。当进行更改时，可分别在不同的计算机、操作系统和 Internet 连接上运行。

作为动画发布过程的一部分，Animate 会自动检查动画中相同的图形，并在文件中只保存该图形的一个版本，而且还能把嵌套的组对象变为单一的组对象。此外，用户还可以使用以下方法进一步减小文件的大小。

1. 线条的优化

➢ 执行"修改"|"形状"|"优化"菜单命令，尽量精简图形中的线条数。
➢ 限制可使用的线条的类型。比较而言，实线占用空间较少，使用铅笔绘图工具画出的线条比使用画笔工具画出的线条占用空间少。

2. 颜色的优化

➢ 尽量多用纯色，少用渐变色，因为使用渐变色填充区域比使用单色填充区域占用的存储空间多。
➢ 使用属性设置面板中"样式"下拉列表中的选项来获得同一元件不同实例的颜色效果。

3. 文本字体的优化

➢ 减少动画中用到的字体和格式，少用嵌入式字体。

4. 元件的优化

➢ 多使用元件。对在动画中多次出现的元素，应尽量把它转换为元件。
➢ 清除不必要的元件。

5. 音频的优化

➢ 输出音频时，尽可能使用体积较小的声音格式。

6. Animate 动画的总体优化

➢ 多用渐变动画产生动画效果，少使用逐帧动画。
➢ 使用图层把运动元素和静止元素分开。
➢ 位图文件大，只适合做背景或静止元素，应避免使用位图做长距离动画。
➢ 限制每个关键帧上发生变化的范围，把动画限制在尽可能小的区域中。

在对 Animate 动画进行优化之后，还应该在不同的计算机、不同的操作系统和网络进行测试，以达到最好的效果。

Animate 动画不一定非要追求华丽的画面，即使是简单的线条、图形，同样可以制作出给人充满视觉冲击力的精彩动画。因此，在制作动画的过程中应随时注意对动画的优化，以减小文件的大小。但是，对 Animate 动画优化是有一个前提条件的，那就是保证 Animate 动画的质量。如果不顾一切地过度追求优化 Animate 动画，从而导致动画质量下降，这样的优化并不是优化的初衷，一定要避免。

13.2 发布 ActionScript 3.0 文档

利用"发布"命令可为 Internet 配置全套所需的文件。也就是说,"发布"命令不仅能在 Internet 上发布动画,而且能根据动画内容生成图形,创建用于播放 SWF 动画的 HTML 文档并控制浏览器的相应设置。同时,Animate 还能创建独立运行的小程序,如.exe 格式的可执行文件。本节将介绍动画发布中各种格式的选项。

在使用"发布"命令之前,需利用"发布设置"命令对文件的格式等发布属性进行相应的设置。一旦完成了所需的设置,就可以直接使用"发布"命令,将动画发布成指定格式的文件了。

发布动画的操作步骤如下:

1)执行"文件"|"发布设置"命令,调出"发布设置"对话框,如图 13-1 所示。

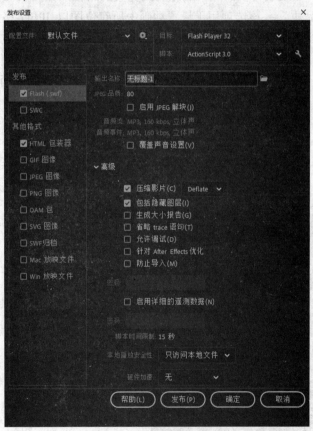

图 13-1 "发布设置"对话框

2)在格式分类中选择要发布的文件格式,每选定一种格式,对话框右侧都将显示相应的选项。

3)在"输出名称"文本框中可以指定动画的名称。

4)如果要改变某种格式的设置,在格式分类中选中该格式,然后在右侧的选项列表中进行设置。

5）执行"文件"|"发布"命令，即可按指定设置生成指定格式的文件。

13.2.1 SWF 影片的发布设置

Animate 动画发布的主要格式是以 swf 为扩展名的文件。在"发布设置"对话框中单击选择"Flash（.swf）"，打开图 13-1 所示的 Flash 选项卡。该选项卡中各个选项的含义及功能如下：

➢ "目标"：打开其下拉列表，设置播放器的版本，可以从"Flash Player 10.3"到"Flash Player 32"，但高版本的文件不能用在低版本的应用程序中。

➢ "脚本"：在其下拉列表中设置脚本的版本为 ActionScript 3.0。

单击"脚本"下拉列表框右侧的"ActionScript 设置"按钮，文件弹出"高级 ActionScript 3.0 设置"对话框，在这里可以添加、删除、浏览类的路径，如图 13-2 所示。

➢ "JPEG 品质"：该选项用于设置动画中所有位图以 JPEG 格式压缩保存时的压缩比。该选项设置较低时，有助于减小文件所占空间；设置较高时，可得到较好的画质；压缩比设为 100 时，可得到最高质量的画质，但文件占用空间也最大。读者可尝试设置不同的压缩比，以便在文件大小和画质两方面达到最佳组合。如果动画中不包含位图，则该选项设置无效。

➢ "启用 JPEG 解块"：选中该选项可以减少低品质设置的失真。

➢ "音频流"和"音频事件"：这两个选项分别用于设置导出的音频和音频事件的取样率和压缩比。如果动画中没有声音流，则该设置将不起作用。单击这两个选项后面的参数设置，将弹出如图 13-3 所示的"声音设置"对话框。

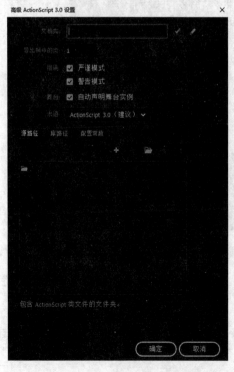

图 13-2 "高级 ActionScript 3.0 设置"对话框　　图 13-3 "声音设置"对话框

注意：
　　　　只要前几帧下载了足够的数据，声音流就会开始播放，它与时间轴同步。事件声音需要完全下载后才能播放，并且在明确停止之前将一直持续播放。

➢ "覆盖声音设置"：该选项使得动画中所有的声音都采用当前对话框中对声音所做的设置。使用该选项，便于在计算机上创建大的、高保真的音频动画，或者在Internet 上创建小的、低保真的音频动画。

➢ **注意：**
　　　　如果取消选择了"覆盖声音设置"选项，Animate 会扫描文档中的所有声音流（包括导入视频中的声音），然后按照各个设置中最高的设置发布所有音频流。如果一个或多个音频流具有较高的导出设置，则可能增加文件占用的空间。

➢ "压缩影片"：该选项可以压缩 Animate 动画，从而减小文件的大小和下载时间。

➢ "包括隐藏图层"：利用该选项可以有选择地输出图层，例如，只发布没有隐藏的图层，或导出隐藏的图层。

➢ "生成大小报告"：选择该选项将生成一个文本文件，内容是以字节为单位的动画的各个部分所占空间的列表，可作为缩小文件大小的参考。

➢ "省略 trace 语句"：选择该选项可以使 Animate 忽略当前动画中的 Trace 语句。Trace 语句可以使 Animate 打开一个输出窗口，并显示指定的内容。

➢ "允许调试"：选择该选项后，将允许远程调试动画。如果需要，可以在下面的"密码"文本框中输入一个密码，以保护作品不被他人随意调试。

➢ "防止导入"：选择该选项时，可防止发布的动画被他人从网上下载到 Animate程序中进行编辑。

➢ "密码"：如果用户使用的是 ActionScript 3.0，并且选择了"允许调试"或"防止导入"复选框，则在"密码"文本字段中输入密码。如果添加了密码，则其他用户必须输入该密码才能调试或导入 SWF 文件。若要删除密码，清除"密码"文本字段即可。

➢ "启用详细的遥测数据"：选中该选项，可以查看详细的遥测数据，并根据这些数据对应用程序进行性能分析。用户还可以选择提供密码来保护应用程序的详细遥测数据的访问。

➢ "脚本时间限制"：设置脚本在 SWF 文件中执行时可占用的最大时间量。Flash Player 将取消执行超出此限制的任何脚本。

➢ "本地播放安全性"：授予已发布的 SWF 文件本地安全性访问权，或网络安全性访问权。

"只访问本地文件"：已发布的 SWF 文件可以与本地系统上的文件和资源交互，但不能与网络上的文件和资源交互。

"只访问网络"：已发布的 SWF 文件可以与网络上的文件和资源交互，但不能与本地系统上的文件和资源交互。

➢ "硬件加速"：使 SWF 文件能够使用硬件加速的模式。

"第 1 级 — 直接"模式通过允许 Flash Player 在屏幕上直接绘制，而不是让浏览器进行绘制，从而改善播放性能。

"第 2 级 — GPU "模式通过允许 Flash Player 利用图形卡的可用计算能力执行视频播放并对图层化图形进行复合。根据用户的图形硬件的不同，这将提供更高一级的性能优势。如果预计您的受众拥有高端图形卡，则可以使用此选项。

在发布 SWF 文件时，嵌入该文件的 HTML 文件包含一个 wmode HTML 参数。选择级别 1 或级别 2 硬件加速，会将 wmode HTML 参数分别设置为 direct 或 gpu。打开硬件加速，会覆盖在"发布设置"对话框的"HTML"选项卡中选择的"窗口模式"设置，因为该设置也存储在 HTML 文件中的 wmode 参数中。

13.2.2 HTML 包装器的发布设置

如果要在 Web 浏览器中放映动画，必须创建一个用来启动该动画并对浏览器进行有关设置的 HTML 文档。使用"发布"命令可以自动创建所需的 HTML 文档。

HTML 文档中的参数可确定动画显示窗口、背景颜色和演示时动画的尺寸等。在"发布设置"对话框中，选中"HTML 包装器"，即可打开 HTML 选项，如图 13-4 所示。

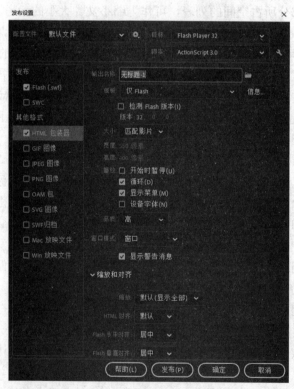

图 13-4 "HTML"包装器选项

Animate 能够插入用户在模板文档中指定的 HTML 参数，模板可以是有基本的用于浏览器上显示动画的模板，也有包含测试浏览器及其属性代码的高级模板。

该选项卡中各个选项的含义及功能如下：

➢ "模板"：指定使用的模板。选择一种模板，单击右侧的"信息"按钮，将弹出对应的描述模板信息的对话框。

图 13-5 所示为选择模板为"仅 Flash"时弹出的对话框。如果未选择任何模板，Animate 将使用名为"Default.html"的文件作为模板。

➢ "检测 Flash 版本"：对文档进行配置，以检测用户拥有的 Flash Player 的版本，并在用户没有指定播放器时向用户发送替代 HTML 页。该选项只在选择的"模板"是"Flash HTTPS""仅 Flash"和"仅 Flash –允许全屏"时才可选择。

➢ "大小"：该选项用于设置在生成文档的 OBJECT 或 EMBED 标签中的宽度和高度值。该选项的下拉菜单中有如下选项：

1）"匹配影片"：该选项为系统默认的选项，OBJECT 或 EMBED 标签尺寸设置为动画的实际尺寸大小。

图 13-5 "HTML 模板信息"对话框

2）"像素"：该选项允许用户指定以像素为单位的宽度和高度值。

3）"百分比"：该选项允许用户指定相对于浏览器窗口的宽度和高度的百分比。

➢ "播放"：该选项组用于设置在生成文档的 OBJECT 或 EMBED 标签中的循环、播放、菜单和设备字体等方面的参数。设置动画在网页中的播放属性，有如下 4 个选项：

1）"开始时暂停"：该选项将一旦载入就暂停动画的播放，直到用户在动画区域内单击或从快捷菜单中选择播放为止。默认情况下该选项被关闭，这可使得动画一旦载入就开始播放。

2）"循环"：选中该选项，将使动画反复播放。如果取消对该选项的选择，则动画播放到最后一帧时将停止播放。默认情况下该选项被选中。

3）"显示菜单"：选中该选项，在 SWF 动画文件上右击时将弹出快捷菜单。如果希望"关于 Flash"成为快捷菜单中唯一的命令，可取消对该选项的选择。默认情况下该选项被选中。

4）"设备字体"：该选项只适用于 Windows，选中该项，将用系统中的反锯齿字体代替动画中指定但计算机中未安装的字体。

➢ "品质"：该选项用于确定反锯齿性能的水平。由于反锯齿功能要求每帧动画在屏幕上渲染出来之前就得到平滑化，因此对机器的性能要求很高。品质参数对动画外观和回放速度的优先级进行了设置。该选项有如下 6 个子选项（见图 13-6）：

图 13-6 "品质"选项

1）"低"：该选项使播放速度的优先级高于动画的显示质量，选择该选项时，将不进行任何消除锯齿的处理。

2）"自动降低"：在确保播放速度的条件下，尽可能地提高图像的品质。因此 Flash 动画在载入时，消除锯齿处理功能处于关闭状态。但放映过程中只要播放器检测到处理器有额外的潜力，就会打开消除锯齿处理功能。

3）"自动升高"：该选项将播放速度和显示质量置于同等地位，但只要有必要，将牺牲显示质量以保证播放速度。在开始播放时也进行消除锯齿处理，如果播放过程中实际帧频低于指定值，消除锯齿功能将自动关闭。

4）"中"：该选项将打开部分消除锯齿处理，但是不对位图进行平滑处理。图像的品质处于"低"和"高"之间。

5）"高"：该选项使显示质量优先级高于播放速度，选择该选项时，一般情况下将进行消除锯齿处理。如果动画中不包含运动效果，则对位图进行处理；如果包含运动效果，则不对位图进行处理。这是"品质"参数的默认选项。

6）"最佳"：该选项将提供最佳的显示质量而不考虑播放速度，包括位图在内的所有的输出都将进行平滑处理。

➤ "窗口模式"：该选项仅用于在安装了 Flash Active X 控件的 Internet Explorer 浏览器中，设置动画播放时的透明模式和位置。该选项有如下 4 个子选项：

1）"窗口"：该选项将 WMODE 参数设为 Window，使动画在网页中指定的位置播放，这也是几种选项中播放速度最快的一种。

2）"不透明无窗口"：该选项将 Window Mode 参数设为"opaque"，这将挡住网页上动画后面的内容。

3）"透明无窗口"：该选项将 Window Mode 参数设为"transparent"，这使得网页上动画中的透明部分显示网页的内容与背景，有可能降低动画速度。

4）"直接"：使用 Stage3D 渲染方法，该方法会尽可能使用 GPU。当使用"直接"模式时，在 HTML 页面中无法将其他非 SWF 图形放置在 SWF 文件的上面。在使用 Starling 框架时需要"直接"模式。

➤ "显示警告消息"：如果标签设置上发生冲突，Animate 将显示出错消息。

➤ "缩放"：该选项确定动画放置在指定长宽尺寸区域中的方式。该设置只有在输入的长宽尺寸与原动画尺寸不符时起作用。该选项有如下 4 个子选项：

1）"默认（显示全部）"：使动画保持原有的显示大小在指定区域中显示，区域边界可能在动画两边显现。

2）"无边框"：使动画保持原有的显示比例和尺寸。即使浏览器窗口大小被改变，动画大小也维持原样。若指定区域小于动画原始大小，则区域外的部分不显示。

3）"精确匹配"：会根据指定区域大小来调整动画显示比例，使动画完全充满在区域中。这样可能会造成变形。

图 13-7 "HTML 对齐"选项

4）"无缩放"：文档在调整 Flash Player 窗口大小时不进行缩放。

➤ "HTML 对齐"：该选项指定动画在浏览器窗口中的位置。该选项有如下 5 个子选项（见图13-7）：

1）"默认"：使动画在浏览器窗口内居中，并裁去动画大于浏览器窗口的各边缘。

2）"左"：该选项使动画在浏览器窗口中居左，如果浏览器窗口不足以容纳动画，将裁去动画大于浏览器窗口的各边缘。

3）"右"：该选项使动画在浏览器窗口中居右，如果浏览器窗口不足以容纳动画，将裁去动画大于浏览器窗口的各边缘。

4）"顶部"：该选项使动画位于浏览器窗口的顶部，如果浏览器窗口不足以容纳动画，将裁去动画大于浏览器窗口的各边缘。

5）"底部"：该选项使动画位于浏览器窗口的底部，如果浏览器窗口不足以容纳动画，将裁去动画大于浏览器窗口的各边缘。

➢ "Flash 水平对齐"和"Flash 垂直对齐"：这两个选项指定动画在动画窗口中的位置，以及如果必要的话，如何对动画的尺寸进行剪裁。"Flash 水平对齐"下拉列表中有"左""居中"和"右"3个选项，"Flash 垂直对齐"下拉列表中有"顶部""居中"和"底部"3个选项。

13.2.3 GIF 图像的发布设置

GIF 文件提供了一种输出用于网页的图形和简单动画的简便易行的方式，标准的 GIF 文件是经过压缩的位图文件；动画 GIF 文件提供了一种输出短动画的简便方式，在 Animate 中对动画 GIF 文件进行了优化，并保存为逐帧变化的动画。

在以静态 GIF 文件格式输出时，如果不做专门指定，将仅输出第 1 帧；如果要把其他帧以静态 GIF 文件格式输出，可以在时间轴窗口中选中该帧，然后在"发布设置"对话框中的"GIF 图像"面板执行"发布"命令。

在以动态 GIF 文件格式输出时，如果不做专门的指定的指定，Animate 将输出动画的所有帧；如果希望仅输出动画中的某一段，可以把这一段的开始帧和结束帧的标签分别设置为"First"和"Last"。

在"发布设置"对话框中选中"GIF 图像"格式，打开 GIF 选项卡，如图13-8 所示。该选项卡中各个选项的含义及功能如下：

➢ "大小"：以像素为单位指定输出图形的长宽尺寸。如果选中"匹配影片"复选框，则设置值无效，Animate 将按动画实际尺寸输出图片。改变输出尺寸时，会使输出图形保持动画的长宽比例。

➢ "播放"：确定输出的图形是静态的还是动态的。选择"静态"将输出静态图形；选择"动画"将输出动态图形，此时还可以选择"不断循环"或"重复次数"，并指定重复播放次数。

➢ "平滑"：确定输出图形消除锯齿或不消除锯齿。打开消除锯齿功能，可以生成更高画质的图形。然而，进行消除锯齿处理的图形周围可能有1 像素灰色的外环，如果该外环较明显或要生成的图形是在多颜色背景上的透明图形，可取消对该选项的选择，并使文件所占存储空间变小。

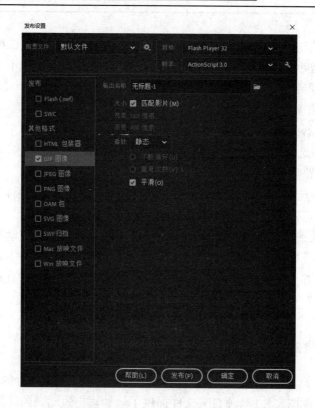

图 13-8 GIF 选项

13.2.4 JPEG 图像的发布设置

JPEG 图像格式是一种高压缩比的 24 位色彩的位图格式。总的来说，GIF 格式较适于输出线条形成的图形，而 JPEG 格式则较适于输出包含渐变色或位图形成的图形。

与输出静态 GIF 文件一样，在以 JPEG 文件格式输出动画的某一帧时，如果不做专门指定，将仅输出第 1 帧。如果要将其他帧以 JPEG 文件格式输出，可以在时间轴窗口中选中该帧，然后在"发布设置"对话框中的"JPEG 图像"面板执行"发布"命令。

在"发布设置"对话框中，单击"JPEG 图像"复选框即可打开 JPEG 选项，如图 13-9所示。

该选项卡中各个选项的含义及功能简述如下：

➤ "大小"：以像素为单位指定输出图形的长宽尺寸。如果选中了"匹配影片"复选框，则设置值将无效，Animate 仍将按动画尺寸输出图片。改变输出尺寸时，会使输出图形保持动画的长、宽比例。

➤ "品质"：控制生成的 JPEG 文件的压缩比。值较低时，压缩比较大，文件占用较少的存储空间，但画质也较差；比值较高时，画质较好，但占用较大的存储空间。用户可以试着选用不同设置以在画质和存储空间上达到平衡。

➤ "渐进"：生成渐进显示的 JPEG 文件。在网络上这种类型的图片逐渐显示出来，较适于速度较慢的网络。该选项与 GIF 图像的"交错"选项相似。

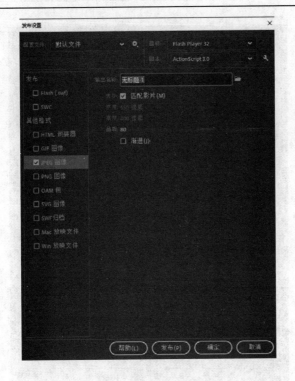

图 13-9 JPEG 选项

13.2.5 PNG 图像的发布设置

PNG 格式是一种可跨平台支持透明度的图像格式。在"发布设置"对话框中，选中"PNG 图像"复选框，打开 PNG 选项卡，如图 13-10 所示。

该选项卡中各个选项的含义及功能简述如下：

> "大小"：以像素为单位在"宽"和"高"文本域设置输出图形的长宽尺寸。如果选中了"匹配影片"复选框，则设置值将无效，Animate 将按动画尺寸输出图片。输出尺寸改变时，会使输出图形保持动画的长宽比例。

> "位深度"：指定创建图像时每个像素点所占的位数。对于 256 色的图像，选择"8 位"；对于上万的颜色，选择"24 位"；对于带有透明色的上万的颜色，选择"24 位 Alpha"。位值越高，生成的文件越大。

13.2.6 SVG 图像的发布设置

SVG（可缩放矢量图形）是使用可扩展标记语言描述二维矢量图形的一种图形格式，由万维网联盟制定，是一个开放的网络矢量图形标准。SVG 是一种与图像分辨率无关的矢量图形格式，SVG 图像在放大或改变尺寸的情况下，其图形质量不会有损失。由于 SVG 是 XML 文件，所以 SVG 图像可以用任何文本编辑器创建，通常与绘图程序一起使用。

与其他图像格式相比，SVG 格式主要有以下优势：

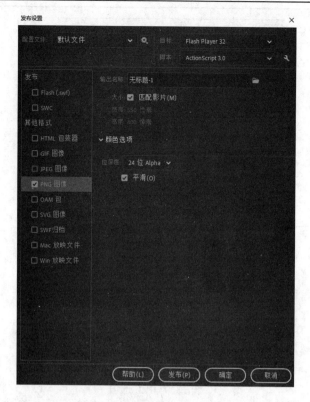

图 13-10 PNG 选项

> 可被非常多的工具读取和修改（如记事本）。
> 与 JPEG 和 GIF 图像相比，尺寸更小，且可压缩性更强。
> 可伸缩。
> 可在任何分辨率下被高质量地打印或放大。
> SVG 图像中的文本是可选的，同时也是可搜索的。
> 可以与 Java 技术一起运行。
> SVG 文件是纯粹的 XML。

在"发布设置"对话框中，选中"SVG 图像"复选框，打开 SVG 选项卡，如图 13-11 所示。

该选项卡中各个选项的含义及功能简述如下：

> "包括隐藏图层"：导出 Animate 文档中的所有隐藏图层。取消选中该选项，任何标记为隐藏的图层（包括嵌套在影片剪辑内的图层）不会导出到生成的 SVG 文档中。通过使图层不可见，可以方便地测试不同版本的 Animate 文档。
> "嵌入"：在 SVG 文件中直接嵌入位图。
> "链接"：在 SVG 文件中提供位图文件的路径链接。如果选中"复制图像并更新链接"选项，位图将保存在 images 文件夹中，该文件夹是在导出 SVG 文件的位置创建的。如果未选中该选项，将在 SVG 文件中引用位图的初始源位置。如果找不到位图源的位置，便将它们嵌入 SVG 文件中。
> "复制图像并更新链接"：将位图复制到 images 文件夹下。如果 images 文件夹

不存在，则在 SVG 的导出位置自动创建。

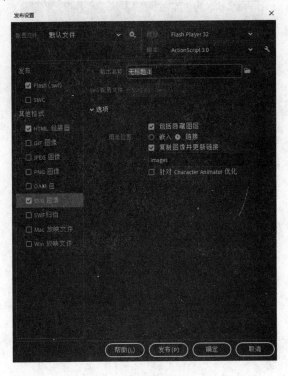

图 13-11 SVG 选项

注意：
　　　　由于一些图形滤镜和色彩效果可能在底版本浏览器（如低于 Internet Explorer 9 的浏览器）上无法正确渲染，建议用户使用业界标准的浏览器并更新到最新版本查看 SVG。

13.2.7　OAM 包的发布设置

在 Animate 2022 中，可以将 HTML5 Canvas、ActionScript 或 WebGL 格式的内容导出为 OAM 包（.oam，动画部件文件），然后将生成的 OAM 文件放在 Dreamweaver、InDesign 等其他 Adobe 应用程序中。

在"发布设置"对话框中，选中"OAM 包"复选框，打开对应的选项卡，如图 13-12 所示。

该选项卡中各个选项的意义及功能简述如下：

➢　"输出名称"：指定输出的包路径和名称。

➢　"从当前帧生成"：将当前帧输出为海报图像。如果选中"透明"，则将当前帧生成为一个透明的 PNG 文件，作为海报图像。

➢　"使用此文件"：单击"选择海报路径"按钮 🖿，选择一个外部 PNG 文件作为海报图像。

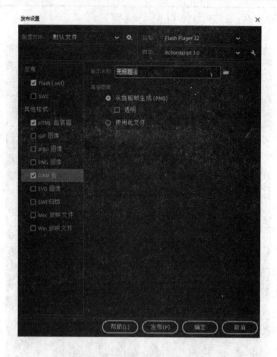

图 13-12 OAM 包的发布设置

13.2.8 SWF 归档文件的发布设置

SWF 归档文件可将不同的图层作为独立的 SWF 进行打包，然后再导入 Adobe After Effects。在"发布设置"对话框中，选中"SWF 归档文件"复选框，打开对应的选项卡，如图 13-13 所示。

图 13-13 SWF 归档文件发布选项

在"输出名称"文本框中填入本地存储的 SWF 归档文件路径和名称。单击"发布"按钮，生成的归档文件是一个 zip 文件。它将所有图层的 SWF 文件合并到一个单独的 zip 文件中。

该压缩文件的命名以一个 4 位数字为前缀，然后是下划线加图层名称。

13.2.9　SWC 和放映文件的发布设置

SWC 文件包含一个编译剪辑、组件的 ActionScript 类文件，以及描述组件的其他文件，用于分发组件。

放映文件是同时包括发布的 SWF 和 Flash Player 的 Animate 文件，可以像普通应用程序一样播放，无需 Web 浏览器、Flash Player 插件或 Adobe AIR。

在"发布设置"对话框中，选中"SWC"复选框，可以设置 SWC 文件的输出路径和名称；选中"Mac 放映文件"和"Win 放映文件"复选框，可以设置放映文件的输出路径和名称，如图 13-14 所示。

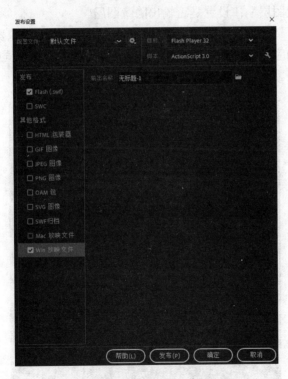

图 13-14　放映文件的发布设置

13.3　发布 HTML5 Canvas 文档

在 Animate 2022 中，可以使用传统的 Animate 时间轴、舞台及工具创建 HTML5 内容，文档和发布选项经过预设生成 HTML 和 JavaScript，可以在支持 HTML5 Canvas 的任何设

Animate 2022 中文版入门与提高实例教程

备或浏览器上运行。

发布的 HTML5 输出包含 HTML 文件和 JavaScript 文件。其中，HTML 文件用于包含 Canvas 元素中所有形状、对象及图稿的定义；JavaScript 文件用于包含动画所有交互元素的专用定义和代码，以及所有补间类型的代码。这些文件默认会被复制到 FLA 所在的位置。通过"发布设置"对话框，可以更改输出路径和默认的选项设置。

13.3.1 设置基本选项

打开一个 HTML5 Canvas 文档，然后执行"文件"|"发布设置"命令，打开如图 13-15 所示的"发布设置"对话框。

在"基本"选项卡中可以设置以下选项：

➢ "输出名称"：指定文件发布的路径，默认为 FLA 文件所在的目录。

➢ "循环时间轴"：设置动画播放到时间轴最后一帧时是否停止。如果选中该项，则循环播放。

➢ "包括隐藏图层"：设置是否输出隐藏图层。

➢ "舞台居中"：设置是否将 HTML 画布或舞台显示在浏览器窗口的中央。

➢ "使得可响应"：设置动画是否响应尺寸的变化，根据不同的比例因子调整输出文件的大小。

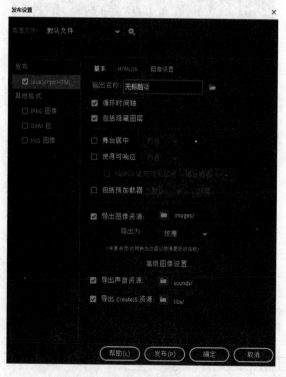

图 13-15 "发布设置"对话框

➢ "缩放以填充可见区域"：用于设置是在全屏模式下查看动画，还是拉伸动画以适合屏幕。

Chapter 13

- "包括预加载器"：设置使用默认的预加载器，还是从文档库中自行选择加载器。
- "导出图像资源"：指定存放或从中引用图像资源的文件夹。
- "合并到 Sprite 表中"：选择是否将所有图像资源合并到一个 Sprite 表中。
- "导出声音资源"：指定存放或从中引用声音资源的文件夹。
- "导出 CreateJS 资源"：指定存放或从中引用 CreateJS 库的文件夹。

13.3.2　HTML/JS

在"发布设置"对话框中打开"HTML/JS"选项卡，可以看到如图 13-16 所示的选项。
- "导入新模板"：单击该按钮导入一个新模板，用来发布 HTML5 输出。
- "导出"：将当前的 HTML5 文档导出为模板。
- "发布时覆盖 HTML 文件"：在 HTML 文件中包含 JavaScript 时，Animate 将在每次发布 HTML 文件时覆盖该文件。
- "托管的库"：设置是否使用在 CreateJS CDN 上托管的库的副本。如果选中，则允许对库进行缓存，并在各个站点之间实现共享。
- "压缩形状"：设置是否以精简格式输出矢量说明。
- "多帧边界"：设置输出时间轴元件时，是否包括一个对应于时间轴中每个帧的边界的 Rectangle 数组。选中该项会大幅增加发布时间。

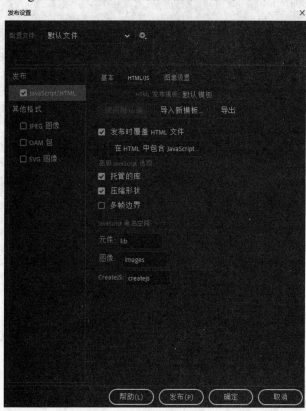

图 13-16　"HTML/JS"选项卡

13.3.3　图像设置

使用"图像设置"选项卡可以将位图导出为一个 Sprite 表，优化 HTML5 Canvas 输出。在"发布设置"对话框中打开"图像设置"选项卡，可以看到选项，如图 13-17 所示。

➢ "导出图像资源：开启按钮![icon]，以将图像资源导出到一个单独的文件夹；关闭按钮![icon]，以将图像资源导出到输出文件所在的文件夹。

➢ 导出为纹理：将复杂形状转换为位图以获得更好的性能。

➢ 导出为 Sprite 表：将所有图像组合到 Sprite 表中。将 HTML5 Canvas 文档中使用的位图导出为一个单独的 Sprite 表，以减少服务器请求次数、减小输出大小，从而提高性能。

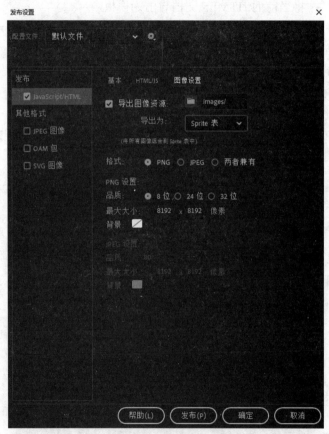

图 13-17　"图像设置"选项卡

➢ 导出为图像资源：按原样发布导入的图像。

➢ "格式"：选择导出 Sprite 表的格式。设置格式后，还需要设置品质、Sprite 表的最大尺寸和背景颜色。

13.4　导出动画

执行"导出图像"命令或"导出影片"命令可以导出图形或动画。"导出"命令用于将动画中的内容以指定的各种格式导出，以便其他应用程序使用。与"发布"命令不同的是，使用"导出"命令一次只能导出一种指定格式的文件。

13.4.1 导出影片

"导出影片"命令可将当前电影中所有内容以支持的文件格式输出，如果所选文件格式为静态图形，该命令将输出为一系列的图形文件，每个文件与影片中的一帧对应。

1）执行"文件"|"导出"|"导出影片"命令，弹出"导出影片"对话框，如图 13-18 所示。

2）定位到要保存影片的文件路径，然后输入文件名称，保存类型为 SWF 影片（*.swf）。

图 13-18 "导出影片"对话框

3）单击"保存"按钮，保存影片，关闭对话框。

13.4.2 导出图像和动画 GIF

"导出图像"命令可将当前帧中的内容或选中的一帧以静态图形文件的格式输出。将一个图形导出为 GIF、JPEG 或 PNG 格式的文件时，图形将丢失其中有关矢量的信息，仅以像素信息的格式保存，可以在诸如 Photoshop 之类的图形编辑器中进行编辑，但不能在基于矢量的图形应用程序中进行编辑。

Animate 2022 的"导出图像"对话框支持优化功能，用户可以同时查看图像的多个版本以选择最佳设置组合；可以指定透明度和杂边，设置仿色选项，还可以按指定尺寸调整图像大小。导出图像和动画 GIF 的基本步骤如下：

1）执行"文件"|"导出"|"导出图像"或"导出动画 GIF"命令，调出"导出图像"对话框，如图 13-19 所示。

对话框左侧显示以 GIF 格式优化后的预览图，图像下方显示优化的格式和优化后的文件大小；对话框右侧显示优化设置和图像尺寸。

图 13-19 "导出图像"对话框

2）单击对话框左下角的"预览"按钮，可以在默认浏览器中预览优化后的图像效果，详细的优化信息，以及生成的 HTML 代码，如图 13-20 所示。

3）单击"导出图像"对话框顶部的"2 栏式"，可以同时查看图像的原始版本和优化版本，或同时查看两种不同的优化效果，以选择最佳设置组合。单击其中一栏，可以在对话框右侧的"预设"区域进行优化设置，如图 13-21 所示。

4）在对话框的"图像大小"区域设置导出的图像大小。可以按像素大小进行指定，也可以指定为原始图像的比例。

5）设置完毕，单击"保存"按钮，在弹出的"另存为"对话框中选择保存文件的位置，在"文件名"文本框中指定文件名称。

6）单击"保存"按钮，关闭对话框。

```
格式: GIF
尺寸: 550宽 x 400高
大小: 152.4K
设置: 可选择, 256 色, 100% 扩散仿色, 透明度: 关, 无透明度仿色, 非交错, 0% Web 对齐


<html>
<head>
<title>无标题-1</title>
<meta http-equiv="Content-Type" content="text/html; charset=gb2312">
</head>
<body bgcolor="#FFFFFF" leftmargin="0" topmargin="0" marginwidth="0" marginheight="0">
<img src="无标题-1.gif" width="550" height="400" alt="">
</body>
</html>
```

图 13-20 在浏览器中预览效果

图 13-21 栏式效果

13.4.3 导出视频

使用"导出视频"命令，可以将动画导出为 MOV 视频文件。

1）执行"文件"|"导出"|"导出视频/媒体"菜单命令，弹出 "导出媒体"对话框，如图 13-22 所示。

2）在"渲染大小"区域，设置导出的视频尺寸。

3）在"间距"区域设置导出的视频范围。

4）在"格式""预设"区域设置导出的视频格式和预设。

5）在 "输出"区域，设置导出的视频存放的路径和文件名称。

6）"立即启动 Adobe Media Encoder 渲染队列"：决定是否立即启动 Adobe Media Encoder 进行渲染。

7）单击"导出"按钮，即可导出视频文件

图 13-22 "导出媒体"对话框

13.5 打包动画

在网页中浏览 SWF 动画时，需要安装 Flash 播放插件。如果想将自己的作品用 Email 发送出去，但又怕对方因为没有安装 Flash 播放插件而无法欣赏，此时就需要将动画打包成可独立运行的 EXE 可执行文件。该文件不需要附带任何程序就可以在 Windows 系统中播放，并且与原动画的效果一样。

若要打包 SWF 动画，创建 EXE 可执行文件的方法如下：

1）在 Windows 操作系统的资源管理器中，浏览到 Adobe Animate 2022 安装目录下的"Players"文件夹，打开后可以看到如图 13-23 所示的窗口。

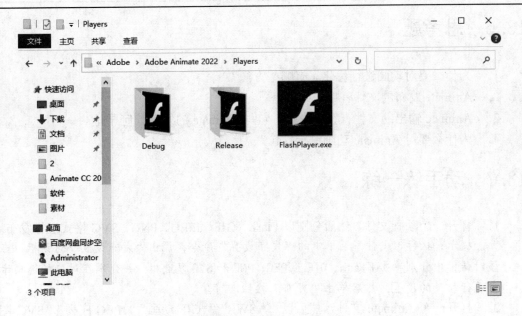

图 13-23 "Players" 文件夹

2）双击 "FlashPlayer" 文件，即可打开动画播放器。

3）在播放器中执行 "文件" | "打开" 命令，在弹出的如图 13-24 所示的 "打开" 对话框中单击 "浏览" 按钮，打开一个 SWF 动画。

4）执行 "文件" | "创建播放器" 命令，弹出 "另存为" 对话框，设置路径和文件名，单击 "保存" 按钮，就可以生成 EXE 文件。

由于打包文件中已经加入了动画播放器，所以双击动画文件时，系统会自动打开一个动画播放器，并在其中播放动画。

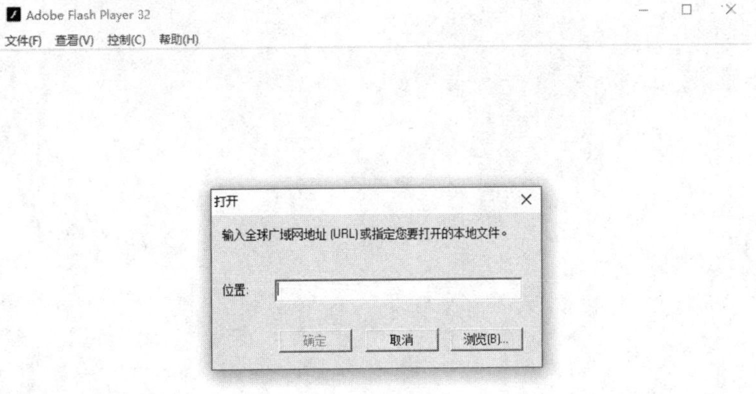

图 13-24 "打开" 对话框

13.6　思考题

1.　为什么要对动画进行优化？有哪些方法？
2.　Animate 发布的文件有哪些格式？
3.　Animate 输出的文件有哪些格式？它与 Animate 的发布有何异同？
4.　为什么要对 Animate 动画进行打包？

13.7　动手练一练

1.　打开一个动画文件，然后分别以 Flash、GIF、JPEG、PNG、SVG 格式进行发布。

提示：执行"文件"菜单中的"发布设置"命令，调出"发布设置"对话框，在该对话框中分别单击 Flash、GIF、JPEG、PNG 和 SVG 复选框，并分别在对应的选项卡中进行相关的设置，然后单击"发布"按钮即可。

2.　打开一个 Animate 文件，然后以"*.SWF""*GIF 动画""JPEG 序列""SVG 图像"4 种不同类型的文件格式进行输出。

提示：执行"文件"|"导出影片"命令，调出"导出影片"对话框，在该对话框中选择需要发布的文件类型，输入文件名后单击"确定"按钮，即可打开对应的对话框，再根据需要进一步进行设置，设置完成后单击"确定"按钮即可。

第 14 章 彩图文字

 本章导读

　　本章介绍在 Animate 中制作彩图文字的操作步骤，内容包括通过导入图片创建彩图背景，并运用柔化效果制作文字边框，最后通过图文合并得到所需的彩图文字。

　　◎　导入并分离图片
　　◎　填充与柔化文本

14.1 创建彩图背景

制作彩图文字首先需要一个彩图背景，下面先来创建一个彩图背景。

1）执行"文件"|"新建"命令，创建一个新的 Animate 文件（HTML5 Canvas 或 ActionScript 3.0）。

2）执行"文件"|"导入"|"导入到舞台"命令，弹出"导入"对话框，如图 14-1 所示。

图 14-1 "导入"对话框

3）在"导入"对话框中选择用于填充文字的图片名称，然后单击"打开"按钮。此时，在舞台上将出现刚才导入的图片。

4）单击绘图工具箱中的"选择工具" ，将导入的图片拖动到舞台中央。

5）使用"任意变形工具" 调整图片的大小，使之与舞台尺寸匹配，且图片左上角与舞台左上角对齐，如图 14-2 所示。

图 14-2 导入图片后的舞台

6）执行"修改"|"分离"命令，将图片打散。分散后的效果如图 14-3 所示。

图 14-3 分散图形

14.2 文字的输入与柔化

完成了彩图背景的创建，接下来的任务就是对文字的操作了。步骤如下：

1）选择绘图工具箱中的"文本工具" ，在属性面板上设置字体为"Broadway BT"，文本颜色为蓝色，字体大小为 90。

2）在舞台上单击输入"wahaha"。

3）使用"选择工具" 将文字拖动到舞台上方。

4）连续两次执行"修改"|"分离"命令，将文字打散，如图 14-4 所示。

5）执行"修改"|"形状"|"柔化填充边缘"命令，在弹出的"柔化填充边缘"对话框，设置"距离"为 20 像素，"步长数"为 4，"方向"选择"扩展"，如图 14-5 所示。

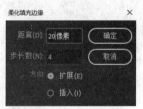

图 14-4 打散文字　　　　　　　　　　　　图 14-5 设置柔化参数

6）单击"确定"按钮，此时文字周围出现渐渐柔化的边框，如图 14-6 所示。

图 14-6 文字周围出现柔化边框

7）使用"选择工具" 在工作区的空白处单击，取消对文字的选择。

8）按住 Shift 键，依次选中文本的填充部分，将它们全部选中。

9）执行"编辑"|"清除"命令，删除选择的文字填充部分。此时文字只剩下柔化边框，如图 14-7 所示。

图 14-7 柔化边框

14.3 图文合并

背景图形和文字创建完成后，只需将它们组合起来即可完成彩图文字的制作。

1）用"选择工具"![icon]在文字周围拖动一个方框，将文字边框全部选中，再将它们向下拖动到分散的图片中，如图 14-8 所示。

图 14-8 将文字拖放到图片中

2）单击图片文字外围部分，将它们全部选中。

3）执行"编辑"|"清除"命令，删除选择的图片部分，这时就得到要制作的彩图文字了，效果如图 14-9 所示。

图 14-9 彩图文字效果图

14.4 思考题

1. 图形的分散操作与文字的分散操作有何不同？
2. 如何设置文字的柔化填充边缘？
3. 如何创建简单的彩图文字？

第 15 章 水波涟漪效果

本章介绍水波涟漪效果的制作方法，内容包括制作波纹扩大的动画，制作水滴下落过程以及溅出水珠的效果。本实例在基本的图形绘制基础上，通过改变填充色和 Alpha 值，设置水滴、波纹和水珠的颜色，并使用传统补间和形状补间的原理，完成水滴下落和波纹荡漾的动画效果。

- ◎ 制作波纹扩大的动画
- ◎ 制作水滴下落效果
- ◎ 制作溅起水珠的效果

15.1 制作波纹扩大的动画

1）新建一个 Animate 文件（ActionScript 3.0）。执行"修改"|"文档"命令，弹出"文档设置"对话框，将其中的背景色设置为深蓝色，其他设置不变，如图 15-1 所示。

2）执行"插入"|"新建元件"命令，在弹出的"创建新元件"对话框中输入元件的名称为"波纹"，指定类型为"图形"，如图 15-2 所示。单击"确定"按钮，进入波纹元件的编辑模式。

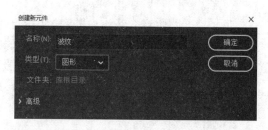

图 15-1 "文档设置"对话框　　　　　　　图 15-2 "创建新元件"对话框

3）选择绘图工具箱中的椭圆工具，在属性面板中设置线条颜色为白色，宽度为 2，无填充。在元件编辑模式的工作区中绘制一个椭圆形线框，如图 15-3 所示。

4）用"选择工具"选中这个椭圆形线框，从"窗口"菜单中调出"信息"面板，设置"宽"为 30、"高"为 6、X 为-15、Y 为-3，使元件的注册点位于椭圆中心，如图 15-4 所示。

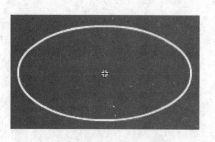

图 15-3 绘制一个椭圆形线框　　　　　　　图 15-4 "信息"面板

5）执行"修改"|"形状"|"将线条转化为填充"命令，将椭圆的线框转变为填充区域。

6）选择"颜料桶工具"，并调出"颜色"面板，设置填充类型为"径向渐变"，第一个颜色游标为"#ADAEFF"，Alpha 值为 75%，如图 15-5 所示。在椭圆上单击，椭圆线框变成渐变色，如图 15-6 所示。

7）执行"修改"|"形状"|"柔化填充边缘"命令，在弹出的对话框中设置"距离"为 2 像素、"步长数"为 6、"方向"为"扩展"，如图 15-7 所示。然后单击"确定"按钮

Chapter 15

关闭对话框，此时椭圆线框将出现柔化效果，如图 15-8 所示。

图 15-5 颜色设置

图 15-6 填充后的椭圆

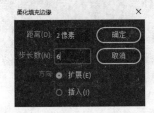

图 15-7 "柔化填充边缘"对话框

图 15-8 柔化后的椭圆

8）在图层 1 的第 30 帧上右击，在弹出的快捷菜单中选择"插入关键帧"命令，在第 30 帧添加一个关键帧。执行"编辑"|"清除"命令，删除第 30 帧的图形。

9）用同样的方法绘制一个椭圆线框，并通过"信息"面板将"宽"设置为 300、"高"为 60、X 和 Y 分别为-150 和-30。执行"修改"|"形状"|"将线条转化为填充"命令，将椭圆线框转化为可填充图形，并用同样的颜料桶进行填充。

10）执行"修改"|"形状"|"柔化填充边缘"命令，在弹出的如图 15-9 所示的对话框中设置"距离"为 12 像素、"步长数"为 6。单击"确定"按钮，此时的柔化效果如图 15-10 所示。

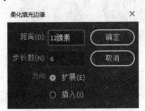

图 15-9 柔化属性设置

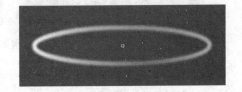

图 15-10 柔化后的效果

11）在第 1 帧到第 30 帧之间的任意一帧上右击，在弹出的快捷菜单中选择"创建补间形状"命令。此时按 Enter 键就可以看到波纹变化的效果了。

15.2 制作水滴下落效果

1）执行"插入"|"新建元件"命令，在弹出的对话框中输入元件名称"水滴"，类

型为"图形"。单击"确定"按钮，进入水滴元件的编辑模式。

2）选择椭圆工具，在属性面板上设置笔触颜色为白色，线条宽度为 1，填充设置为与波纹相同的渐变模式。

3）在舞台上按住 Shift 键绘制一个圆，如图 15-11 所示。

4）将"选择工具" ▶移到圆形上端，当鼠标指针下方显示弧线时按住 Ctrl 键，在圆形上端拖动鼠标，使图形变为水滴形，如图 15-12 所示。

 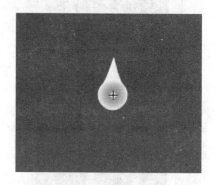

图 15-11 绘制一个圆　　　　　　　　　　图 15-12 使圆变成水滴

5）单击编辑栏上的"返回场景"按钮 ←，返回主场景。

6）执行"窗口"|"库"命令，打开"库"面板，从中选择"水滴"元件，并将其拖动到工作区中，位置尽量靠近上方，因为接下来要制作水滴下落的动画。

7）选择第 7 帧，添加一个关键帧。按住 Shift 键，用选择工具向下拖动水滴，拖动到舞台的中下位置时释放鼠标，如图 15-13 所示。

图 15-13 水滴始末位置

8）在第 1 帧到第 7 帧之间的任一帧上右击，在弹出的快捷菜单中选择"创建传统补间"命令，创建水滴下落的动画。

9）执行"插入"|"时间轴"|"图层"命令，添加一个新图层，使用默认名称"图层 2"。

10）选择图层 2 的第 10 帧，按 F6 键将其转换为关键帧。从"库"面板中将波纹元件拖放到舞台上，并移动到水滴的下方，位置如图 15-14 所示。

提示：为便于观察，在图层 1 的第 10 帧插入帧。动画创建完成后，记得删除图层 1 的第 8 帧到第 10 帧。

11）选中图层 2 的第 36 帧，设置为关键帧。在舞台上选中波纹实例，在属性面板"色彩效果"区域的"样式"下拉列表中选择"Alpha"，值设置成0%，如图15-15所示。

图 15-14 波纹的位置

图 15-15 第 36 帧的色彩效果设置

12）在图层 2 的第 10 帧至第 36 帧中的任意一帧右击，然后在弹出的快捷菜单中选择"创建传统补间"命令。至此，水波纹扩大并消失的效果就完成了。

13）新建 4 个图层，按住 Shift 键单击图层 3 的第 1 帧，然后单击图层 6 的第 36 帧，选中新增图层所有自动添加的帧。在选中的帧上右击，在弹出的快捷菜单中选择"删除帧"命令，删除选中的帧，如图 15-16 所示。

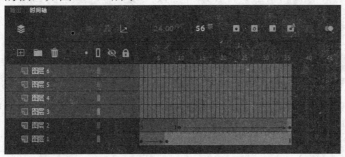

图 15-16 选中图层

14）选中图层 2 的第 10 帧至第 36 帧，右击选中的任意一帧，在弹出的快捷菜单中选择"复制帧"命令。然后在图层 3 的第 15 帧右击，在弹出的快捷菜单中选择"粘贴帧"命令，将图层 2 第 10 帧到第 36 帧的内容复制到图层 3 上，如图 15-17 所示。

15）在图层 4 的第 19 帧右击，在弹出的快捷菜单中选择"粘贴帧"命令，此时的舞台效果如图 15-18 所示。

图 15-17 图层 3 中的第 15 帧

图 15-18 图层 4 中的第 19 帧

16）在图层 5 的第 25 帧右击，在弹出的快捷菜单中选择"粘贴帧"命令，此时的舞台效果如图 15-19 所示。

17）在图层 6 的第 31 帧右击，在弹出的快捷菜单中选择"粘贴帧"命令，此时的舞台效果如图 15-20 所示。

图 15-19 图层 5 中的第 25 帧   图 15-20 图层 6 中的第 31 帧

18）将播放头拖放到第 1 帧，按 Enter 键，就可以看到水滴下落并荡开涟漪的效果了。

15.3 制作溅起水珠的效果

1）执行"插入"|"新建元件"命令，在弹出的"创建新元件"对话框中输入元件名称"水珠"，设置类型为"图形"，单击"确定"按钮关闭对话框。

2）选择工具箱中的椭圆工具，在属性面板上设置笔触颜色为白色、宽度为 1、填充颜色为与波纹和水滴相同的径向渐变。在舞台上按住 Shift 键绘制一个圆形，然后单击编辑栏上的"返回场景"按钮，返回主场景。

3）新建图层 7，在第 10 帧右击，在弹出的快捷菜单中选择"转换为关键帧"命令。在"库"面板中选择"水珠"元件，拖动到舞台上，位置如图 15-21 所示。

4）按住 Ctrl 键，单击图层 7 的第 12 帧和第 14 帧，右击，在弹出的快捷菜单中选择"转换为关键帧"命令，将第 12 帧和第 14 帧设置为关键帧。

5）选中图层 7 的第 12 帧，然后选中舞台上的水珠实例，在属性面板上设置 Alpha 值为 50。使用任意变形工具，将舞台上的水珠实例略微放大，然后向上移动，移动到如图 15-22 所示的位置。

6）选中图层 7 的第 14 帧，然后选中舞台上的水珠实例，在属性面板上设置 Alpha 值为 0。使用选择工具将舞台上的水珠实例向下移动，移动后的位置如图 15-23 所示。

7）在图层 7 的第 10 帧至第 12 帧之间右击，在弹出的快捷菜单中选择"创建传统补间"命令。在图层 7 的第 12 帧至第 14 帧之间右击，在弹出的快捷菜单中选择"创建传统补间"命令。

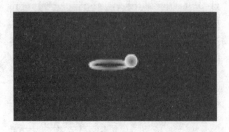
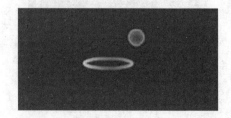

图 15-21 水珠实例在工作区中的位置   图 15-22 图层 7 第 12 帧水珠的位置

8）新建图层 8，将第 10 帧转换为关键帧。从"库"面板中选择水珠元件，拖动到舞台上，将它略微放大并拖动到如图 15-24 所示的位置。

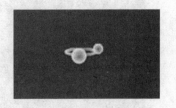

图 15-23 图层 7 第 14 帧中水珠的位置　　　图 15-24 图层 8 第 10 帧的水珠位置

9）分别将图层 8 的第 13 帧和第 16 帧转换为关键帧。用前面的方法将图层 8 第 13 帧的水珠实例变成半透明，再略微放大后拖动到如图 15-25 所示的位置。然后选中图层 8 的第 16 帧，选中舞台上的水珠实例，在属性面板中设置 Alpha 值为 0，并拖放到合适的位置。

10）选中图层 8 的第 10 帧至第 13 帧并右击，在弹出的快捷菜单中选择"创建传统补间"命令。选中图层 8 的第 13 帧至第 16 帧并右击，在弹出的快捷菜单中选择"创建传统补间"命令。

11）新建图层 9，将第 10 帧转换为关键帧。在"库"面板中选择水珠元件，并拖动到舞台上，将它略微放大后拖动到如图 15-26 所示的位置。

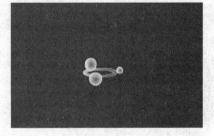

图 15-25 图层 8 第 13 帧中的水珠位置　　　图 15-26 图层 9 第 10 帧中水珠的位置

12）将图层 9 的第 13 帧和第 16 帧转换为关键帧。用前面的方法将第 13 帧实例变成半透明，略微放大后拖动到如图 15-27 所示的位置。

13）将图层 9 的第 16 帧实例变成全透明，并拖动到如图 15-28 所示位置。

14）分别在图层 9 的第 10 帧至第 13 帧，第 13 帧至第 16 帧之间创建传统补间动画。至此，制作工作就完成了。此时时间轴窗口如图 15-29 所示。

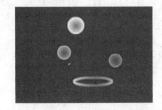

图 15-27 图层 9 中第 13 帧中水珠的位置　　　图 15-28 图层 9 第 16 帧中水珠的位置

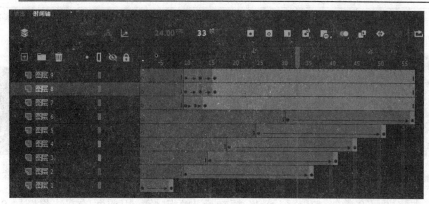

图 15-29 动画全过程的时间轴

水滴下落泛起涟漪的全过程如图 15-30 所示。

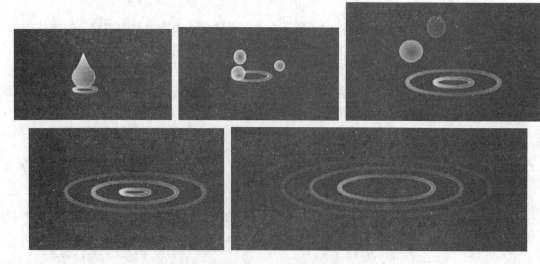

图 15-30 水滴下落泛起涟漪的全过程

15.4 思考题

1. 执行"修改"|"形状"|"将线条转化为填充"命令有什么作用？
2. 使用"信息"面板可以调整对象的哪些属性？
3. 如何通过"颜色"面板改变对象的填充效果？
4. 如何设置实例的 Alpha 值？
5. 如何快速对图层和帧进行复制、粘贴等操作？
6. 创建一个传统补间动画的流程是什么？

第 16 章 运动的小球

本章导读

  本章介绍小球下落再弹起，以及左、右运动的效果制作。制作一个小球和阴影，通过添加缓动和阴影透明度的变化，模拟小球自由落体并跳动的效果。最后建立两个按钮，分别控制小球的运动，单击向右按钮时，跳转到小球向右运动的动画剪辑；单击向左按钮，跳转到小球向左运动的动画剪辑。并且在每一个动画剪辑的最后一帧，添加帧动作，使动画停在最后一帧。

◎ 创建小球元件

◎ 制作下落效果

◎ 设置阴影的效果

◎ 制作弹起的效果

◎ 设置缓动

16.1 创建小球元件

1）新建一个 Animate 文件（ActionScript3.0），设置背景颜色为白色。

2）执行"插入"|"新建元件"命令，在弹出的"创建新元件"对话框中设置元件名称为"ball"，类型为"图形"，如图 16-1 所示。

3）选择椭圆工具，按住 Shift 键绘制一个正圆。使用选择工具删除正圆周围的边线，并且把这个圆移动到"ball"元件编辑窗口的中央，使圆心与注册点对齐，如图 16-2 所示。

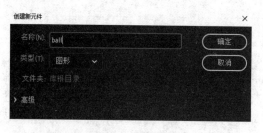

图 16-1 新建"ball"元件　　　　　　　图 16-2 绘制正圆

4）选中绘制的正圆，在属性面板上设置填充颜色为灰白径向渐变，如图 16-3 所示。

5）选择绘图工具箱中的"渐变变形工具"，调整小球的填充方向和角度，使它更有立体感，如图 16-4 所示。

图 16-3 选择填充色　　　　　　　图 16-4 调整填充色

这样小球就画好了。

16.2 绘制阴影

1）执行"插入"|"新建元件"命令，在弹出的"创建新元件"对话框中设置元件名称为"shadow"，类型为"图形"，如图 16-5 所示。

2）选择椭圆工具，在属性面板上设置无笔触颜色，然后在舞台上绘制一个圆，如图 16-6 所示。

3）选中绘制的圆，执行"窗口"|"颜色"菜单命令，或者按 Ctrl+Shift+F9 组合键打开"颜色"面板，将圆的填充颜色设置为黑白径向渐变，Alpha 值为 50%，效果如图 16-7 所示。

4）改变阴影的形状，因为是从正面看小球下落的，所以阴影应该为扁平状。选择任意变形工具，将小球沿纵向进行压缩，得到阴影的最终效果如图 16-8 所示。

图 16-5　建立阴影元件

图 16-6　绘制阴影

图 16-7　调整填充色

图 16-8　小球的阴影

16.3　制作下落的效果

1）返回主场景，选中第 1 帧，将小球拖动到舞台的顶部，如图 16-9 所示。

2）选中第 10 帧，按 F6 键转换为关键帧。

3）选中第 1 帧并右击，在弹出的快捷菜单中选择"创建传统补间"命令。然后在属性面板上设置缓动值为-30，这样可以控制小球的下落速度越来越快。

4）选中第 10 帧，将小球移动到舞台的中部，这样小球的第一次下落就完成了。单击时间轴上的"绘图纸外观"按钮，可以看到如图 16-10 所示的效果。

图 16-9　调整小球位置

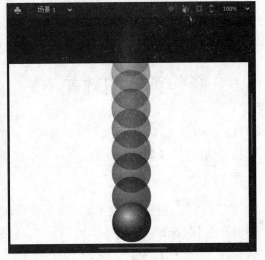

图 16-10　小球下落效果

提示: 为了观察动画的效果, 在按 Enter 键测试影片时, 可以选择位于时间轴下方的洋葱皮工具, 这样可以同时观察到除当前帧以外的其他邻近的帧。还可以拖动时间轴标尺上的洋葱皮括号扩大显示的帧数。

16.4 设置阴影的效果

1) 在主场景中添加一个图层, 命名为 "shadow"。从 "库" 面板中将元件 "shadow" 拖入场景中, 调整位置, 使 "shadow" 图层位于 "ball" 图层的下面。

这样, 当小球下落时, 可以挡住阴影被遮住的部分, 使效果更加逼真, 如图 16-11 所示。

2) 选中 "shadow" 图层的第 10 帧, 按 F6 键插入一个关键帧。

图 16-11 动画效果

接下来利用透明度的渐变实现随着小球的下落, 地上的影子逐渐变暗, 变得清晰和明显的效果。

3) 选中 "shadow" 图层的第 1 帧并右击, 在弹出的快捷菜单中选择 "创建传统补间" 命令, 然后选择舞台上的阴影实例, 在属性面板 "色彩效果" 区域的 "样式" 下拉列表中选择 "Alpha", 并将值设为 0%。

4) 选中 "shadow" 图层的第 10 帧, 然后选择舞台上的阴影实例。在属性面板 "色彩效果" 区域的 "样式" 下拉列表中选择 "Alpha", 并将值设为 100%。

注意: Alpha 值就是透明度的值, 调节它的大小可以使对象能够看到下层的物体, 通常也用来实现渐隐渐现的效果。例如, 第 1 帧透明度设为 0%, 第 20 帧的透明度设为 100%, 这样在第 1 帧和第 20 帧之间物体就会慢慢呈现出来。

16.5 制作弹起的效果

1) 选中第 10 帧并右击, 在弹出的快捷菜单中选择 "创建传统补间" 命令, 创建传统补间。然后打开 "属性" 面板, 在 "补间" 区域设置缓动为 45。

提示: 将缓动值设为 45, 可以使小球的运动逐渐减慢, 更加符合抛体运动的特征。

2) 选中 "ball" 图层的第 20 帧, 按 F6 键插入关键帧, 在这一帧上将小球向上移动一段距离, 使小球有弹起的感觉, 如图 16-12 所示。然后选中第 20 帧, 打开 "属性" 面板, 在 "补间" 区域设置缓动为 –20。

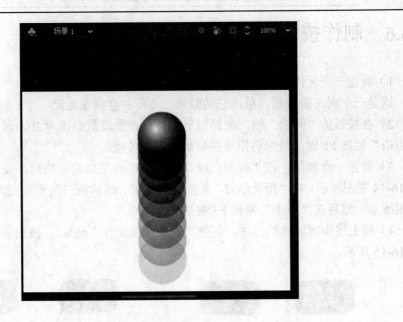

图 16-12 将小球上移

> **注意：**
> 　　因为小球越跳越低，所以第二次弹起的高度要比落下时低，如果还有第 3 次、第 4 次下落，也要一次比一次低。

3）选中 "shadow" 图层的第 20 帧，按 F6 键插入一个关键帧。选中 "shadow" 实例，在属性面板中设置 Alpha 值为 25%。

4）按照同样的原理，再新建几个关键帧，并使小球越弹越低，最后停在地上。在本例中，小球经过几次下落、弹起运动后，最终停在第 64 帧，时间轴如图 16-13 所示。

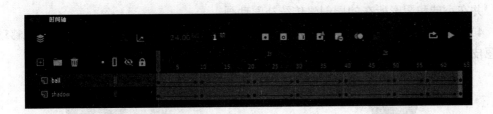

图 16-13 动画的时间轴

> **注意：**
> 　　小球越跳越低，所以阴影也不可能像一开始的时候那样透明度为 0，看不见阴影。现在小球的位置变低了，应该有较浅的阴影，所以设置 Alpha 的值为 25%。读者也可以根据自己的经验设置。

5）执行 "控制" | "测试影片" 命令，就可以看到跳动的小球了。

16.6 制作按钮

1）新建一个元件，命名为"left"，设置类型为"按钮"。

这是一个向左的按钮，单击它的时候，小球将会向左运动。

2）在按钮的"弹起"帧，选择矩形工具，设置边角半径为 20，画一个圆角矩形。在"点击"帧按 F5 键，使绿色矩形扩展到按钮的各帧。

3）新建一个图层，在"弹起"帧绘制一个指向左边的三角形，设置颜色为橙色，如图 16-14 左图所示。在"指针经过"帧插入关键帧，然后将三角形填充为红色，如图 16-14 右图所示。然后在"点击"帧按 F5 键插入帧。

4）按上述步骤同样的方法，创建向右的按钮元件"right"，按钮中箭头指向右边，如图 16-15 所示。

图 16-14 向左按钮　　　　　　　　　图 16-15 向右按钮

16.7 制作运动动画

1）回到主场景，选择"ball"和"shadow"图层最后一帧（第 64 帧）的下一帧（第 65 帧），然后按 F7 键，插入一个空白关键帧，并且在场景中新建一个图层，命名为"button"。

2）在新建的空白关键帧中分别拖入小球和阴影实例到舞台中央，并将它们对应起来，效果如图 16-16 所示。

3）按住 Shift 键的同时选中"ball"和"shadow"图层的第 75 帧，按 F6 键插入关键帧，并在小球和阴影所在的层创建传统补间动画。

4）在步骤 3）的动画中指定小球和阴影缓慢向左移动，且逆时针旋转 3 次。移动的洋葱皮效果如图 16-17 所示。

图 16-16 拖入小球和阴影　　　　　　　图 16-17 小球左移

5）将"ball"图层和"shadow"图层中开始向左运动的第 1 帧分别复制粘贴到第 76 帧，然后在第 90 帧插入关键帧，并建立一段传统补间动画。与向左的动画相似，只不过小球是从起点开始向右运动，顺时针旋转 3 次，其他设置与上一段动画相似，如图 16-18 所示。

6）在"button"图层的第 65 帧（本例中小球开始向左运动的第一帧）插入一个空白关键帧，并将向左和向右两个按钮拖入场景。在第 90 帧按 F5 键，使按钮内容扩展到第

90 帧。按钮效果如图 16-19 所示。

图 16-18 小球右移

7）新建一个图层，命名为"Actions"，这一图层主要用于添加帧动作。在这一图层的第 65 帧、第 75 帧和第 90 帧分别建立空白关键帧，并添加动作"stop();"。

这样，当影片播放到这一帧时，动画就停下来，等待观看者做出响应，如单击向左和向右两个按钮等。这就是交互动画的初步，此时的时间轴如图 16-20 所示。

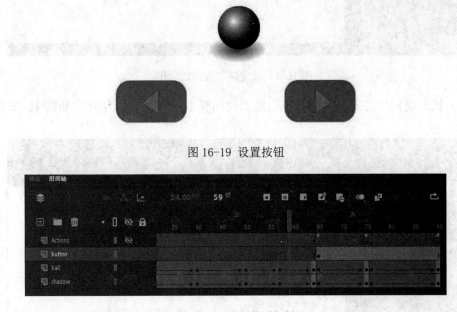

图 16-19 设置按钮

图 16-20 动画的时间轴

接下来将使用"代码片断"面板为向左、向右两个按钮添加动作。向左按钮的动作是跳转到第 66 帧，播放小球向左运动的动画；向右的按钮则是跳转到第 76 帧，播放小球向右运动的动画。

8）选中第 65 帧，然后选择舞台上向左的按钮实例，在属性面板上指定实例名称为 left_btn。打开"代码片断"面板，单击"时间轴导航"折叠图标，展开"代码片断"列表，然后双击"单击以转到帧并播放"，将相应的代码添加到"动作"面板的脚本窗格中。

9）切换到"动作"面板，按照代码片断的说明，将代码中的数字 5 替换为 66，如图 16-21 所示。

之所以将跳转的目的帧设置为 66，是因为在控制层的第 65 帧添加了动作脚本 stop();。如果将目的帧设置为 65，在测试动画时可以看到，小球向右运动后，如果单击向左按钮，则小球会停下来，再次单击向左按钮，小球才开始向左运动。

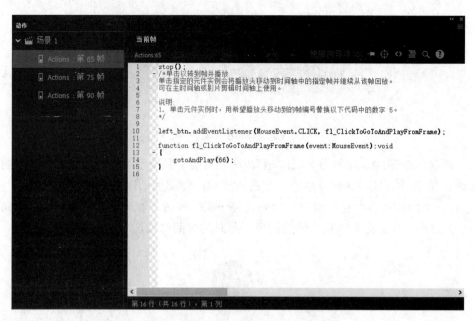

图 16-21 设定向左按钮的动作

10）按上述同样的方法为向右按钮添加控制脚本，将数字改为 76，如图 16-22 所示。

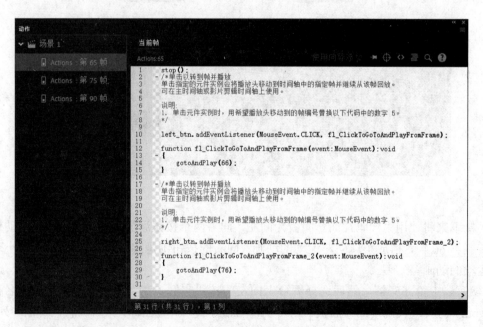

图 16-22 设定向右按钮的动作

11）保存文件，并测试动画。运动的小球其中几帧的效果如图 16-23 所示。

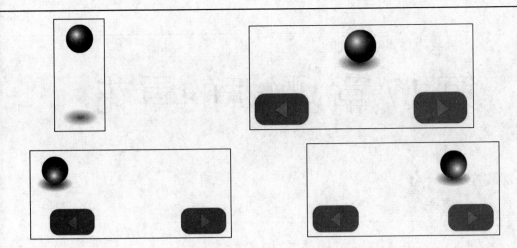

图 16-23 运动的小球效果图

16.8　思考题

1. 时间轴上的绘图纸工具按钮有什么作用？如何使用？
2. 帧属性面板中的"缓动"选项有什么作用？
3. 如何制作按钮？
4. 如何使用"代码片断"面板为帧和按钮添加动作？

第 17 章 飘舞的雪花

　　本章介绍雪花飞舞效果的制作方法，内容包括雪花图形元件的创建，通过创建关键帧制作飘落动画，然后将各个元件组合成下雪的场景，最后把这些元件合理地布置在场景中，制作雪花纷纷扬扬下落的场景。

　　◉　使用矩形工具制作雪花

　　◉　使用"变形"面板旋转对象

　　◉　任意变形工具的使用方法

17.1　制作雪花元件

1）新建一个 ActionScript3.0 文件，并将背景颜色设置为黑色，如图 17-1 所示。

2）执行"插入"|"新建元件"命令，在弹出的"创建新元件"对话框中设置元件名称为"snow1"、类型为"图形"，如图 17-2 所示。

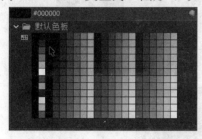

图 17-1　设置背景色　　　　　　　　　　图 17-2　新建"snow1"元件

3）选择绘图工具箱中的矩形工具，在属性面板上设置无笔触颜色，填充颜色为浅灰色，在舞台上绘制一个长条状的矩形。

4）选中绘制的矩形，打开"信息"面板，通过修改矩形的坐标位置移动矩形，使矩形中心点与注册点对齐，如图 17-3 所示。执行"窗口"|"变形"命令，打开"变形"面板，设置旋转角度为 60，如图 17-4 所示。

5）单击"变形"面板右下角的"重制选区和变形"按钮 ，得到一个旋转后的矩形。再次单击"重制选区和变形"按钮 ，得到如图 17-5 所示的雪花形状。

图 17-3　使矩形中心点与注册点对齐　　　图 17-4　"变形"面板　　　图 17-5　创建雪花

17.2　制作飘落动画

1）执行"插入"|"新建元件"菜单命令，在弹出的"创建新元件"对话框中指定元件名称为"snowmove1"、类型为"影片剪辑"，如图 17-6 所示。

2）打开"库"面板，将元件"snow1"拖入元件"snowmove1"的编辑窗口中。

3）选中第 30 帧，按 F6 键创建一个关键帧。

4）选中第 1 帧并右击，在弹出的快捷菜单中选择"创建传统补间"命令，在第 1 帧至第 30 帧之间创建传统补间。

5）选中第 1 帧，将雪花拖动到与场景中的十字符号对齐，如图 17-7 所示。

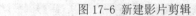

图 17-6 新建影片剪辑   图 17-7 调整雪花位置

6）选中第 30 帧，将雪花拖动到舞台底部，如图 17-8 所示。

图 17-8 调整雪花位置

这样元件"snowmove1"就创建完成了，按下 Enter 键，就可以看到雪花下落的动画。

7）按照上述相同的步骤制作两个影片剪辑"snowmove2"和"snowmove3"，通过调整两个关键帧之间的距离，使雪花的下落速度不同；调整雪花实例在两个关键帧的位置，使雪花飘落的轨迹各不相同。这样制作出来的雪景才更贴近真实情况。

17.3   将元件组合成场景

1）回到主场景，打开"库"面板，把"snowmove1""snowmove2"和"snowmove3"从"库"面板中拖入主场景的第 1 帧，如图 17-9 所示。

2）拖入多个雪花飘动的元件，并随机地摆放，使它们有高有低，如图 17-10 所示。

3）调整雪花的大小，使距离较近的雪花看起来比较大，远处的雪花看起来比较小，这样可以使雪景更加真实，如图 17-11 所示。

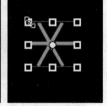

图 17-9 将影片剪辑拖入场景   图 17-10 随机地摆放雪花   图 17-11 调整雪花大小

4）选中第 50 帧，按 F6 键插入一个关键帧，这样动画的第一图层就制作完成了。

注意:

在调整雪花大小的过程中，要对雪花实例的长和宽进行等比例缩放，否则得到的将是一堆压扁的雪花实例。

17.4 制作分批下落的效果

1）新建一个图层，选择第 7 帧，按 F7 键，将第 7 帧转换为空白关键帧。

2）从"库"面板中拖入几个雪花运动的实例，并且调整大小和位置。这样新拖入的雪花就会在第 7 帧开始飘落了。即实现了雪花分批降落的目的，如图 17-12 所示。

3）按照同样的方法，再新建几个图层，并在不同的起始帧引入雪花实例，这样雪花看起来自然一些。

4）执行"控制"|"测试影片"菜单命令，就可以看到制作的雪景了，如图 17-13 所示。

图 17-12 雪花分批降落

图 17-13 飘动的雪花

17.5 思考题

1. 在时间轴上加入空白帧有什么作用？
2. 使用"变形"面板能够对对象进行哪些调整？
3. 如何通过帧的操作来改变雪花下落的速度？

第18章 翻动的书页

本章导读

　　本章介绍一个很漂亮的翻页动画，单击"下一页"按钮，书页向后翻动；翻到最后一页时，单击"完"按钮，书本合上。内容包括封面的设计，隐形按钮的制作、书页翻动的动画，以及各层动画和播放时间的设置。

学 习 要 点

◎　封面设计

◎　页面设计

◎　制作翻页动画

◎　使用 AS 控制书页翻动

18.1 封面设计

1）新建一个 Animate 文档，执行"修改"|"文档"命令，打开"文档设置"对话框。设置舞台大小为 600×640 像素，然后单击"确定"按钮关闭对话框。

2）执行"插入"|"新建元件"菜单命令，打开"创建新元件"对话框，新建一个元件，设置名称为"cover"、类型为"图形"。选中绘图工具栏中的"矩形工具"，设置笔触颜色为无，填充颜色为蓝色，在舞台上绘制一个矩形。选中绘制的矩形，在属性面板上设置宽为 300、高为 400，且左上角与舞台的中心点对齐。

3）新建一个图层，执行"文件"|"导入"|"导入到舞台"命令，导入一幅图片，执行"修改"|"转换为元件"命令，将其转换为影片剪辑。然后在属性面板上单击"滤镜"折叠按钮，打开滤镜面板，再单击"添加滤镜"按钮，打开滤镜菜单，选择"发光"命令，设置"模糊 X"和"模糊 Y"均为 10，发光颜色为白色。

> **提示：** 由于不能直接对位图应用滤镜，所以先将位图转换为影片剪辑。

4）新建一个图层，选择绘图工具箱中的"文本工具"，设置字体为"行楷"、大小为 50、颜色为红褐色，在舞台上输入文本"似水流年"。

5）将图片和文字拖放到矩形的适当位置，完成封面的制作，效果如图 18-1 所示。

图 18-1 书本封面

18.2 页面设计

1）执行"插入"|"新建元件"命令新建一个名为"page"的图形元件。选择"矩形工具"，在舞台上绘制一个宽为 300、高为 400 的矩形，设置填充色为线性渐变，如图 18-2 所示，并将其左上角对齐舞台的中心点，图形元件效果如图 18-3 所示。

图 18-2 设置填充颜色

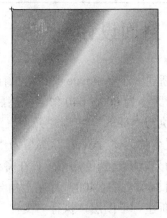

图 18-3 图形元件效果

2）返回主场景，执行"插入"|"新建元件"命令，新建一个名为 button 的按钮元件。选中"点击"帧，按 F6 键插入一个关键帧，在舞台上使用"矩形工具"绘制一个矩形，且矩形左上角与舞台中心点对齐。

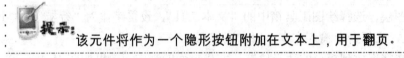

该元件将作为一个隐形按钮附加在文本上，用于翻页。

3）返回主场景，执行"插入"|"新建元件"命令，新建一个名为"pages"的影片剪辑。单击"新建图层"按钮🔳，新建一个图层，然后在该图层名称上双击，将其重命名为"book"。

4）在第 2 帧按 F7 键，插入空白关键帧，在"库"面板中将元件"cover"拖放到舞台上，左上角与舞台中心点对齐。

5）在第 3 帧按 F7 键，插入空白关键帧，将元件"page"拖放到舞台上，并与"cover"实例对齐，即左上角与舞台中心点对齐。

6）在第 8 帧按 F5 键，插入帧，使"book"图层的帧扩展到第 8 帧。

7）单击"新建图层"按钮🔳，在"book"图层之上新建一个图层，然后在该图层名称上双击，将其重命名为"button"。将第 2 帧转换为关键帧，然后将按钮元件"button"拖放到舞台上，在属性面板上设置宽为 300、高为 400，并覆盖在"cover"上方，如图 18-4 所示。

8）在"button"图层的第 3 帧按 F6 键，插入关键帧，删除隐形按钮，并用文本工具输入页码 1，如图 18-5 所示。按下 Shift 键单击第 4 帧和第 8 帧，按 F6 键，将第 4 帧至第 8 帧转换成关键帧。然后分别删除各帧中的隐形按钮，并用文本工具修改页码为 2、3、4、5、6。

9）单击"新建图层"按钮，在"button"图层上新建两个图层，然后在这两个图层名称上双击，分别重命名为"pagebutton"和"text"。其中，"pagebutton"图层用于放置翻页按钮"下一页"和结束按钮"完"，"text"图层用于放置各个页面的内容。

10）将"pagebutton"图层的第 4 帧转换为关键帧，使用"文本工具"制作向后翻页按钮"下一页"。然后拖入一个隐形按钮，调整隐形按钮的大小，使其大小与"下一页"的文本宽度相当，然后拖放到"下一页"上。

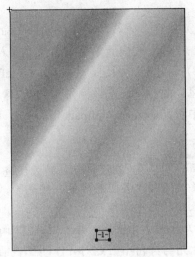

图 18-4 隐形按钮页面效果　　　　　　　　　图 18-5 插入页码

11）将"text"图层的第 4 帧转换为关键帧，插入图片或输入文本，完成后的页面效果如图 18-6 所示。

12）按照上一步的操作，将"pagebutton"图层的第 5、6、7、8 帧转换为关键帧，在第 6 帧制作向后翻页按钮"下一页"。将"text"图层的第 5、6、7 帧转换为关键帧，输入文本或插入图像。

13）调整第 5 帧至第 8 帧中隐形按钮的尺寸，使隐形按钮覆盖在文本"下一页"上。

14）将"pagebutton"图层的第 8 帧转换为关键帧，制作按钮"完"，如图 18-7 所示。按下此按钮时，书本合上，返回到初始状态。

图 18-6 页面效果　　　　　　　　　　　图 18-7 制作"完"按钮

18.3　制作翻页动画

1）执行"插入" | "新建元件"命令，新建一个名为"flip"的影片剪辑，在第 37 帧右击，在弹出的快捷菜单中选择"插入帧"命令，将帧扩展至第 37 帧。

2）新建一个图层，重命名为"leftpage"。将影片剪辑"pages"放置在舞台上，打开"信息"面板，设置坐标为 x=-300、y=0，即实例右上角与舞台中心点对齐。然后在属性面板中将其命名为"leftpage"。

> 📱 **提示：** 为在设计动画时方便查看舞台效果，可以进入元件"pages"的编辑窗口，将时间轴中各图层的第一帧删除。动画制作完毕后，再在各图层加上一个空白关键帧及相应的帧动作命令。

3）新建一个图层，重命名为"rightpage"。将影片剪辑"pages"放置在舞台上，使其左上角与舞台中心点对齐，即在"信息"面板中，其坐标为 x=0、y=0。在属性面板上将其命名为"rightpage"。此时，"leftpage"和"rightpage"的位置如图 18-8 所示。

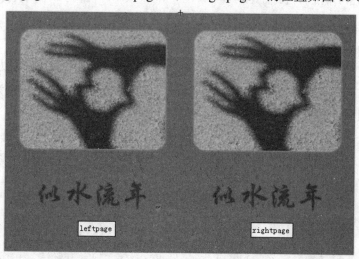

图 18-8　"leftpage"和"rightpage"的位置

4）在"rightpage"图层上方新建一个图层，重命名为"flip"。将影片剪辑"pages"拖放到舞台上，与"rightpage"对齐，即实例左上角与舞台中心点对齐，并将其命名为"leftflip"。这个图层主要用来实现翻页效果。

5）选中实例"leftflip"，在绘图工具箱中选择"任意变形工具"，将实例的中心点移至左上角。

6）选中"flip"图层的第 2 帧和第 10 帧，按 F6 键转换为关键帧。选中第 10 帧，在"变形"面板中将"pages"实例的"水平缩放"设置为 85%，"垂直倾斜"设置为

图 18-9　"leftflip"的变形设置

-85°，如图 18-9 所示。变形后的效果如图 18-10 所示。

7）将"flip"图层的第 11 帧转换为空白关键帧，将影片剪辑"pages"拖放到舞台上，在"信息"面板中设置其坐标为 x=-300、y=0，即实例右上角与舞台中心点对齐。然后选择绘图工具箱中的"任意变形工具"，将实例的中心点移至右上角。

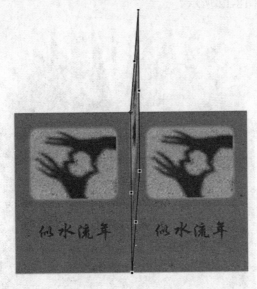

图 18-10 变形后的效果图

8）选中"flip"图层的第 19、20 帧并右击，在弹出的快捷菜单中选择"转换为关键帧"命令，将选中的帧转换为关键帧。

9）选中第 11 帧的"pages"实例，在"变形"面板中设置"水平缩放"为 85%、"垂直倾斜"为 85°，参数设置效果如图 18-11 所示。

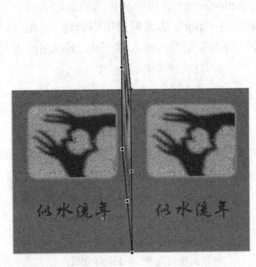

图 18-11 参数设置及效果图

10）将第 20 帧的"pages"实例拖离舞台。

注意：

不能将第 20 帧的实例删除。

11）在时间轴面板中，将第 2 帧至第 10 帧、第 11 帧至第 19 帧的渐变设置为传统补间动画。翻页效果如图 18-12 所示。

图 18-12 翻页效果图

18.4 使用 ActionScript 控制翻页

使用 ActionScript 语句控制页面的翻动方式。

1）在元件"flip"的编辑窗口中新建"Actions"图层，在第 1 帧按 F6 键，建立关键帧，打开"动作"面板，输入以下 ActionScript 语句：

```
//等待用户动作
stop();
//显示右页的第 2 帧，即封面
rightpage.nextFrame();
```

2）在第 2、11、19、20 帧建立关键帧，并分别设置其 ActionScript 语句如下：

第 2 帧：

```
//右页前进 2 帧，显示偶数页
rightpage.nextFrame();
rightpage.nextFrame();
//左页前进 1 帧，显示奇数页
leftflip.nextFrame();
```

第 11 帧：

```
                //左页翻动到一定角度，显示下一页
                leftflip.nextFrame();
```
第 19 帧：
```
                //向后翻完一页，左边页码加 2
                leftpage.nextFrame();
                leftpage.nextFrame();
```
第 20 帧：
```
                stop();
```

3）单击编辑工具栏上的"编辑元件"按钮，切换到元件"pages"的编辑窗口，选中所有帧，按下鼠标左键向右拖动一帧。然后新建"Actions"图层，并选中"Actions"图层的第 1 帧，打开"动作"面板，输入脚本 stop();。

4）单击"button"图层的第 2 帧，选中舞台上的隐形按钮，在属性面板上设置实例名称为"button_cover"，然后选中"Actions"图层的第 2 帧，转换为关键帧，在"动作"面板中输入如下代码：

```
import flash.events.MouseEvent;
button_cover.addEventListener(MouseEvent.CLICK, clickCoverBtn);
//定义侦听器
function clickCoverBtn(event:MouseEvent):void
{
MovieClip(this.parent).gotoAndPlay(2);
}
```

5）在"pagebutton"图层，单击第 4 帧（第 2 页），选中舞台上的"下一页"按钮，在属性面板上设置实例名称为"button_2"，然后选中"Actions"图层的第 4 帧，转换为关键帧，在"动作"面板中输入如下代码：

```
button_2.addEventListener(MouseEvent.CLICK,clickButton2);
//定义侦听器
function clickButton2 (event:MouseEvent):void
{
MovieClip(this.parent).gotoAndPlay(2);
}
```

6）同理，设置第 6 帧（第 4 页）"下一页"按钮"button_4"的代码如下：

```
button_4.addEventListener(MouseEvent.CLICK, clickButton4);
//定义侦听器
function clickButton4(event:MouseEvent):void
{
MovieClip(this.parent).gotoAndPlay(2);
}
```

第 8 帧（第 6 页）"完"按钮"button_close"的代码如下：

```
button_close.addEventListener(MouseEvent.CLICK, clickButtonFinish);
```

```
//定义侦听器
function clickButtonFinish (event:MouseEvent):void
{
MovieClip(this.parent).leftpage.gotoAndStop(1);
MovieClip(this.parent).leftflip.gotoAndStop(1);
MovieClip(this.parent).rightpage.gotoAndStop(1);
MovieClip(this.parent).gotoAndPlay(1);
}
```

7）回到场景，将影片剪辑"flip"放置在场景中，打开"信息"面板，设置 x 为 300、y 为 240。按 Ctrl+Enter 快捷键测试效果。

本实例中制作的书页背景色为线性渐变填充，读者也可以将书页填充为喜欢的颜色，书页翻动的效果如图 18-13 所示。

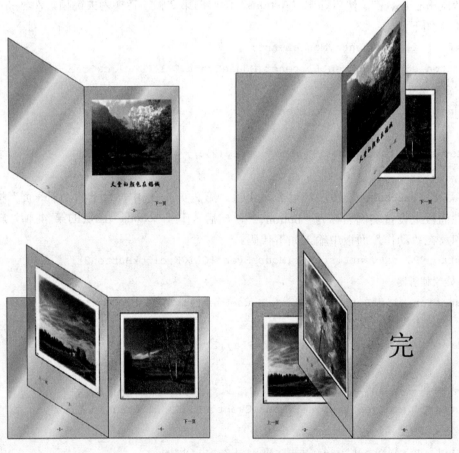

图 18-13 书页翻动的效果图

18.5　思考题

在本实例中，如果没有对齐"rightpage"和"leftflip"，结果会怎样？

第 19 章 课件制作

本章导读

　　本章介绍包括数学、物理、化学在内的一个实验课件的制作过程。内容包括文字和按钮的制作，按钮对应的影片剪辑的制作，最后使用 ActionScript 控制影片剪辑。在本实例中，单击不同的按钮可以进入不同的动画演示，包括实验名称的渐显动画和一小段实验演示。

学　习　要　点

◎ 制作静态元件

◎ 制作实验的影片剪辑

◎ 将元件布置到场景

◎ 使用 ActionScript 控制影片播放

19.1　制作静态元件

1）在舞台上新建一个 Animate 文件（ActionScript 3.0），设置舞台大小为 550×400 像素，背景颜色为白色。

2）执行"插入"|"新建元件"命令，创建一个名为"按钮背景"的图形元件。在元件编辑窗口中，选择绘图工具箱中的矩形工具 █，在属性面板上设置无笔触颜色，边角半径为 30，如图 19-1 所示。

图 19-1　设置矩形圆角半径

3）在舞台上绘制一个矩形。使用选择工具选取矩形的下半部分，然后按 Delete 键删除，形成按钮形状，如图 19-2 左图所示。

4）打开"颜色"面板，设置填充模型为"线性渐变"，调制绿白渐变色。选择工具箱中的"渐变变形"工具，改变填充方向，最终效果如图 19-2 右图所示。

5）返回主场景。新建一个名为"数学"的图形元件，用于显示按钮上的文字。选择文本工具，设置字体为"方正粗倩简体"、字号为 22、颜色为黑色，输入"数学"，如图 19-3 左图所示。

图 19-2　调整填充　　　　　　　　　　　　　　图 19-3　按钮文字

6）按照步骤5）同样的方法，创建一个名为"数学2"的图形元件，文本属性与"数学"元件相同，但文本颜色为橙色，如图19-3右图所示。

7）按照步骤5）和步骤6）的方法创建其他两个科目的按钮文本图形元件，设置文本分别为"物理"和"化学"。

> **提示：** 之所以制作两种不同颜色的文字，是为了使按钮的几个状态有所区别。例如，按钮弹起时，按钮文字显示为黑色；鼠标指针经过时，按钮文字变成橙色；单击时文字又变成黑色。

8）使用文本工具制作实验标题的图形元件，如虚拟实验系统、函数曲线的认识、抛体实验演示、烧杯的使用，分别设置不同的填充颜色，字体均为"方正粗宋简体"，如图19-4所示。

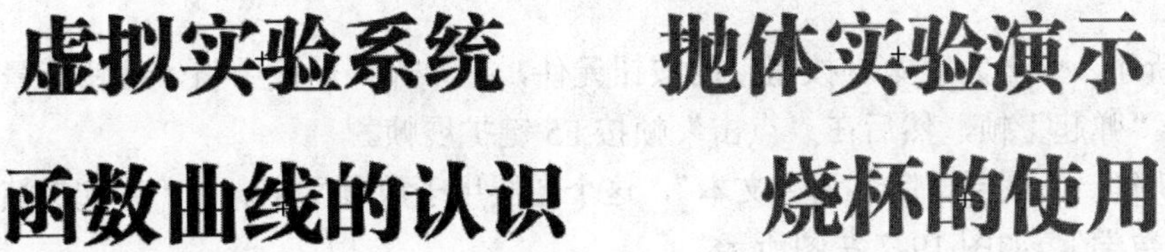

虚拟实验系统　　抛体实验演示
函数曲线的认识　　烧杯的使用

图 19-4 实验标题元件

9）新建一个名为"背景边框"的图形元件。选择矩形工具，设置笔触颜色为橙色、笔触大小为2、无填充颜色，矩形边角半径为10，绘制一个圆角矩形。

10）新建一个名为"烧杯"的图形元件。选择矩形工具，设置笔触大小为2，无填充颜色，矩形边角半径为15，绘制一个圆角矩形，如图19-5左图所示。使用"选择工具"选择圆角矩形上部，并按Delete键删除。然后选择"线条工具"绘制两条线段，如图19-5中图所示。使用"选择工具"选中多余的线段，按Delete键删除，此时的烧杯如图19-5右图所示。

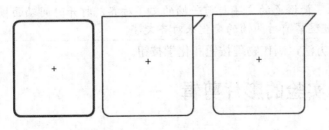

图 19-5 绘制烧杯

11）新建一个名为"函数曲线"的图形元件。选择"线条工具"，在元件编辑窗口中绘制坐标轴，如图19-6左图所示。然后绘制两条线段，为与坐标轴区分，可以选用不同的笔触颜色，如图19-6中图所示。选中"选择工具"，将选择工具移到曲线线段上，当鼠标指针变为时按下鼠标左键并拖动，调整曲线形状，如图19-6右图所示。

12）新建一个名为"小球"的图形元件。选择"椭圆工具"，在属性面板上设置无笔触颜色，填充颜色为黑白径向填充，按下Shift键的同时在舞台上拖动鼠标绘制一个正圆。

至此，本实例中所需的图形元件制作完毕。

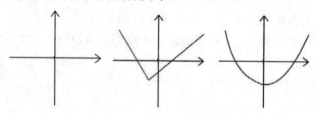

图 19-6　绘制函数曲线

19.2　制作按钮

本实例中需要制作 3 个按钮，每个按钮包含两个图层，图层 1 是按钮背景，图层 2 是按钮文本。

1）新建一个名为"数学按钮"的按钮元件，在"库"面板中将"按钮背景"元件拖到按钮的"弹起"帧，然后在"点击"帧按 F5 键扩展帧。

2）新建一个图层，命名为"文本"，这个图层用于放置文字。在"弹起"帧拖入黑色的文字"数学"，如图 19-7 左图所示。

3）将"指针经过"帧转换为关键帧，把橙色文本拖入编辑窗口，按钮效果如图 19-7 所示。

图 19-7　按钮效果

> **提示：** 为了使橙色的文字与前一帧的文字对齐，打开时间轴面板下方的绘图纸选项，可以通过观察前后两帧的变化来对齐文字。

4）用同样的方法，制作物理按钮和化学按钮。

19.3　制作实验的影片剪辑

1．制作物理实验的动画

新建一个影片剪辑，在第 1 层拖入背景边框，在第 20 帧插入帧。在第 2 层中制作一个 10 帧的逐帧动画，形成抛出小球的轨迹动画。在第 3 层的第 11 帧至第 20 帧设置实验标题"抛体实验演示"从无到有渐显的动画，如图 19-8 所示。

2．制作化学实验的动画

新建一个影片剪辑，在第 1 层拖入背景边框，在第 20 帧插入帧；在第 2 层第 1 帧拖入烧杯，在第 7 帧插入关键帧，将烧杯的变形中心点拖放到烧杯右下角，并稍微旋转一下，从而在第 1 帧至第 7 帧之间形成烧杯倾倒的动画。在第 3 层第 8 帧至第 20 帧制作实验标题"烧杯的使用"从无到有渐显的动画，如图 19-9 所示。

3．制作数学实验的动画

新建一个影片剪辑，在第 1 层拖入背景边框，在第 20 帧插入帧。在第 2 层放置函数曲线。在第 3 层制作标题渐显的动画，如图 19-10 所示。

抛体实验演示

烧杯的使用

函数曲线的认识

图 19-8 物理实验　　　　　　图 19-9 化学实验　　　　图 19-10 数学实验

19.4　将元件添加进场景

1）建立 3 个图层，分别命名为"背景""按钮"和"内容"。
2）在"背景"图层中拖入"背景边框"元件，在第 80 帧按 F5 键插入帧。
3）在"按钮"图层放置 3 个按钮，如图 19-11 所示，然后在第 80 帧按 F5 键插入帧。

图 19-11　"按钮"图层

4）在"内容"图层的第 1～19 帧设置"虚拟实验系统"的渐现动画，在第 20~40 帧拖入物理实验的动画，在第 41~60 帧拖入化学实验的影片剪辑，在第 61~80 帧拖入数学实验的影片剪辑，此时的时间轴如图 19-12 所示。

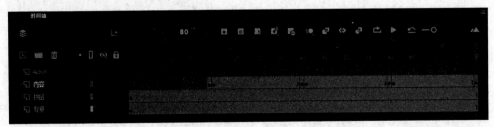

图 19-12 完成"内容"图层设计的时间轴

注意:

　　3 个实验影片剪辑中的背景边框要与舞台上"背景"图层的背景边框对齐。

19.5　用 ActionScript 控制影片播放

　　1）分别打开 3 个实验的影片剪辑，在元件编辑窗口选中最后一帧，添加帧动作"stop();"，使动画停留在最后一帧。

　　2）返回主场景，选择第 19 帧，打开"动作"面板，输入"stop();"，使影片停留在该帧。

　　3）在"内容"图层设置脚本。在第 40 帧、第 60 帧和第 80 帧分别添加动作脚本"stop();"，此时的时间轴如图 19-13 所示。

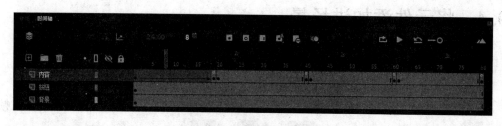

图 19-13 设置脚本后的时间轴

　　4）使用"代码片断"面板为按钮设置动作。选中"物理按钮"实例，在属性面板上设置实例名称为" wuli"，打开"代码片断"面板。双击"事件处理函数"分类下的"Mouse Click 事件"，将相应的代码片断添加到脚本窗格中。

　　此时读者会发现，Animate 自动添加了一个名为 Actions 的图层，添加的脚本放置在该层的第 1 帧中。

　　5）切换到"动作"面板，删除事件处理函数中的示例代码，然后添加自定义代码"gotoAndPlay(20);"，如图 19-14 所示。

　　单击按钮实例"wuli"，触发动作"gotoAndPlay(20)"，即转到当前场景的第 20 帧，开始播放物理实验的影片剪辑。播放到最后一帧时，触发最后一帧的帧动作"stop()"，影片停留在最后一帧。

　　6）按照上述相同的方法，为"化学按钮"实例指定动作，代码如下：

gotoAndPlay(41);

　　7）设置"数学按钮"的动作，代码如下：

gotoAndPlay(61);

此时的"动作"面板如图 19-15 所示。

　　8）执行"控制"|"测试影片"菜单命令，就可以看到动画效果了。

实验课件的制作结果如图 19-16 所示。

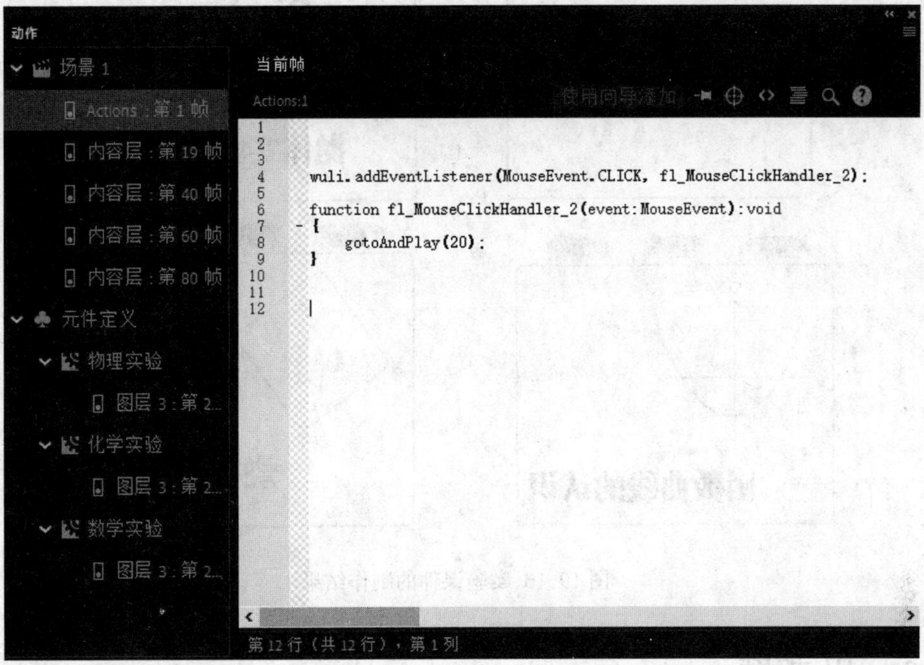

图 19-14 设置完成"物理按钮"后的"动作"面板

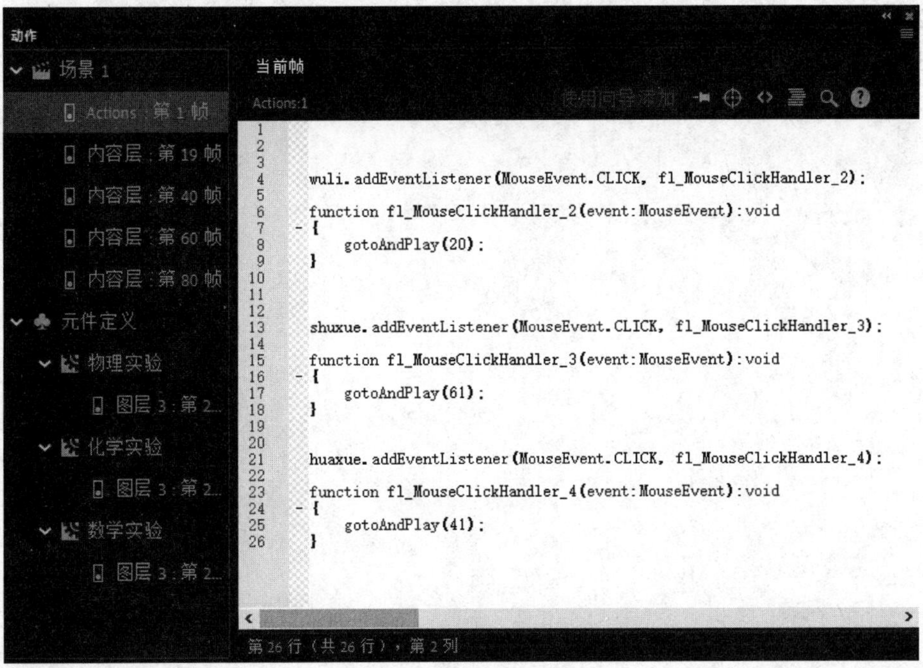

图 19-15 动作脚本

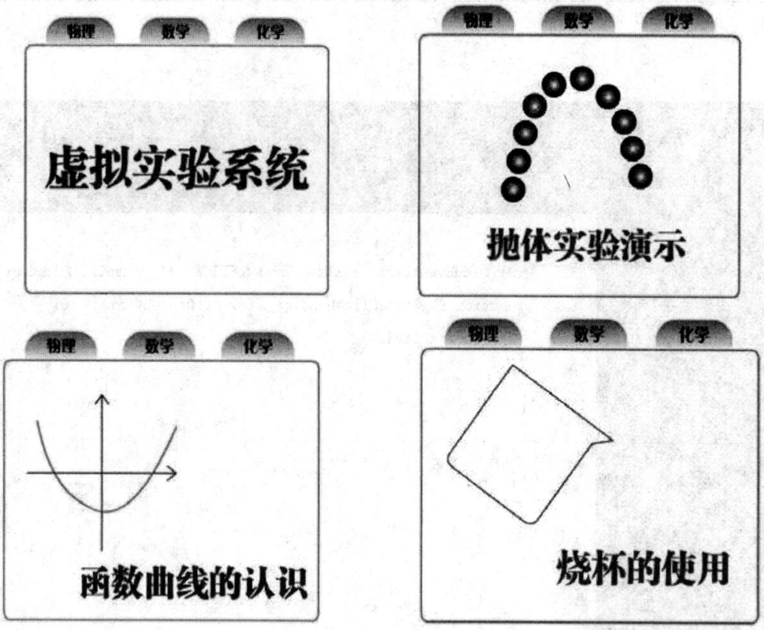

图 19-16 实验课件的制作结果

19.6 思考题

1. 按钮制作的具体过程是什么？
2. 本实例中为什么要在实验影片剪辑的最后一帧添加脚本 stop();？
3. 对物理、化学和数学按钮编写的代码有什么不同？为什么？